全国影视动画专业人才开发培训系列教材

U0456522

MAYA 材质

完美动力影视动画课程实录

中国国际人才开发中心 组编
✳完美动力 编著

2DVD

教学光盘
案例工程文件
约2000分钟教学视频
相关素材及参考视频

海洋出版社
2021年·北京

内 容 简 介

"完美动力影视动画课程实录"系列丛书是根据完美动力动画教育的影视动画课程培训教案整理改编而成的，按照三维动画片制作流程分为《Maya 模型》、《Maya 绑定》、《Maya 材质》、《Maya 动画》和《Maya 动力学》5 册。本书为其中的材质分册。

主要内容：全书分为两篇。第一篇（寻找光与材质世界的钥匙）为 Maya 材质基础篇，第 1 章从光与色彩的基础知识过渡到 Maya 灯光，帮助读者建立对光、色彩及质地的基本认知；第 2 章首先介绍 Maya 软件中的基础材质工具，然后通过实例对这些工具进行综合应用，制作出多种基础材质效果；第 3 章深入讲解材质制作方法，建立从拆分 UV 到编辑贴图的材质制作思维意识；第 4 章结合实际工作流程对渲染的专业技术——分层渲染进行讲解。第二篇（进入迷幻般的材质世界）为 Maya 材质应用篇，第 5 章、第 6 章分别通过案例详细介绍角色材质和场景材质的制作方法；第 7 章介绍高级渲染器——Mental Ray 的基础及应用；第 8 章归纳初学者在 Maya 材质制作过程中容易出现的问题并给出实用操作技巧。

读者对象：

● 影视动画社会培训机构的初级学员

● 中高等院校影视动画相关专业学生

● CG 爱好者及自学人员

图书在版编目（CIP）数据

Maya 材质/完美动力编著. —北京：海洋出版社，2012.6（2021.8 重印）

（完美动力影视动画课程实录）

ISBN 978-7-5027-8267-2

Ⅰ.①M… Ⅱ.①完… Ⅲ.①三维动画软件 Ⅳ.①TP391.41

中国版本图书馆 CIP 数据核字（2012）第 093275 号

总 策 划：吕允英		发 行 部：（010）62100090 62100072（邮购）
责任编辑：张鹤凌 张翚嫘		总 编 室：（010）62100034
责任校对：肖新民		网 址：www.oceanpress.com.cn
责任印制：安 淼		承 印：中煤（北京）印务有限公司
排 版：海洋计算机图书输出中心 晓阳		版 次：2012 年 6 月第 1 版
		2021 年 8 月第 4 次印刷
出版发行：海洋出版社		开 本：889mm×1194mm 1/16
地 址：北京市海淀区大慧寺路 8 号		印 张：17.5 （全彩印刷）
100081		字 数：618 千字
经 销：新华书店		定 价：95.00 元（含 2DVD）

本书如有印、装质量问题可与发行部调换

编审委员会

主　　任　孙力中　杨绥华

副 主 任　卢　岗　房海山

总 策 划　邹华跃　张　霁

特邀专家（排名不分先后）

缪印堂　著名漫画家

费广正　中国传媒大学动画学院系主任

张建翔　四川省教育厅动漫研究中心秘书长

赵晓春　青岛数码动漫研究院院长

邹　龑　完美动力动画教育学术总监

陈　雷　北京万豪天际文化传播有限公司董事长

高　媛　撼天行文化艺术（北京）有限公司总经理

周春民　国家科学图书馆高级美术师

　　　　中国科学院美术协会秘书长

技术支持　完美动力集团

策划助理　孙　燕

编写委员会

主　编　房海山　李　甫

副主编　邹　龑　张亚晓

编委会　纪　强　刘　猛　韩　燕　王　葛　徐丽波

　　　　杨立君　胡　杰　郑志亮　黄汇钟　齐靖宁

执笔人　吕冬梅　郑成龙　单　湛　李　倩　陶　磊

　　　　高　勇　哈建忠　母　宁　刘国威　李治国

　　　　李超群　王　婧

序

在 2012 年的初春，接到了为"完美动力影视动画课程实录"系列丛书作序的邀请，迟迟未能动笔，皆因被丛书内容深深吸引之故。

自从 2000 年国家在政策层面上提出"发展动画产业"以来，中国动画产业的发展突飞猛进。据统计，2011 年全国制作完成的国产电视动画片共 435 部、261224 分钟，全国共有 21 个省份以及有关单位生产制作了国产电视动画成片。国产动画产量的大幅增长，一定程度上反映了我国动画产业蓬勃发展的势头和潜力。尽管中国跃居世界动画产量大国之列，但是却不是动画强国，中国与美国、日本等动画强国相比存在着诸多差距。

这些差距表现在多个方面，又有多种因素制约着中国动画行业的发展，其中最为突出的是我国缺乏大批优秀的动画创作人才，要解决这一困境，使我国的动画产业得到长足发展，动画教育是根本。

目前全国各地的院校纷纷建立了动画专业，也有很多动画公司、培训机构开展了短期培训。随着动画产业的不断发展，动画教育面临着诸多的挑战，很多院校的动画专业课程设置不合理，学习的内容与实际生产脱节，甚至有些社会培训机构都是教软件怎么使用。对于动画教育存在的这些弊端，多媒体行业协会也在不断地探索，动画教育应该是有章法的，应该由项目管理者，或者项目经理来规划课程。动画教育不应单纯讲授软件的操作，我觉得应该能做到让学生明白整个动画生产流程，学习专业的动画创作知识。

除了系统、科学的课程体系外，一套完备的、科学的、系统的专业教材，也是动画教育的关键。自进入多媒体事业，特别是多媒体教学、人才培养事业之后，笔者早已认识到目前多媒体教学领域中，针对初学者的优秀教学书籍的匮乏。

完美动力此次编著的系列图书按照动画生产流程，以由浅入深、循序渐进的原则从基础知识和简单实例逐步过渡到符合生产要求的成熟案例解析。图书内容均为完美动力动画教育讲师亲自编写，将动画制作经验和教学过程中发现的问题在书中集中体现。每本书中的案例都经过讲师精心挑选，具有典型性和代表性，且知识的涵盖面广。该系列图书的公开出版，实在是行业内一大幸事。

　　完美动力是北京多媒体行业协会不可缺少的会员单位之一，在北京及全国多个省份设有分支机构和子公司，承担着中国文化传播、影像技术、动画艺术、网络技术与影视动画教育的领军任务，并为中国的 CG 产业培育出大批实战队伍。完美动力主要从事影视动画制作、电视包装、影视特效等业务，对北京多媒体行业协会的工作，也一直给予了支持。相信"完美动力影视动画课程实录"系列图书能够给广大 CG 爱好者，尤其是想进入影视动画行业的读者及刚刚从事影视动画工作的行业新人，带来实实在在的帮助，成为大家学习、工作的良伴。

北京多媒体行业协会秘书长

前　言

　　影视动画，是一门视听结合的影视艺术。优秀的影视动画作品能给人们带来欢笑与快乐，带来轻松与享受，甚至带来人生的感悟与思考。在我们或迷恋于片中的某个角色，或为滑稽幽默的故事情节捧腹大笑，或感叹动画作品的丰富想象时，一定在想是谁创造了如此的视听盛宴？是他们，一群默默努力奋斗的 CG 动画从业者。或许，你期望成为他们中的一员；也可能，已走在路上。

　　你可能是动画院校的学生，或者动画培训机构的学员，也可能是正在进行自学的爱好者。不论采取哪种方式进行学习，拥有一套适合自己的教程，都可以让你在求学的道路上受益，或者用最短的时间走得最远。

　　之所以说是一套，是因为影视动画的制作需要经过由多个环节组成的完整生产流程。对于三维动画，其中最主要的是建模、绑定、材质渲染、动画制作及动力学特效。可以说，每一部动画作品的诞生都是许许多多人共同努力的成果。你可能在日后的工作中只负责其中的一个模块，但加强对其他模块的了解能够帮助我们与其他部门进行有效协作。全面了解、侧重提高，是动画初学者惯常的学习模式。

　　为了帮助大家学习、成长得更快，我们特别推出"完美动力影视动画课程实录"系列图书。该系列图书是根据完美动力动画教育的影视动画课程培训教案整理改编而成的，按照三维动画片制作流程分为《Maya 模型》、《Maya 绑定》、《Maya 材质》、《Maya 动画》、《Maya 动力学》5 本。

　　《Maya 模型》介绍了道具建模、场景建模、卡通角色建模、写实角色建模、角色道具建模、面部表情建模等动画片制作中常用的模型制作方法。卡通角色建模与写实角色建模是本书的重点，也是学习建模的难点。

　　《Maya 绑定》首先依次介绍了机械类道具绑定、植物类道具绑定、写实角色绑定、蒙皮与权重、附属物体绑定、角色表情绑定的方法，然后说明了绑定合格的一般标准，并对绑定常见问题及实用技巧进行了归纳和总结，最后指出了绑定进阶的主要方面。

　　《Maya 材质》分为两篇，第 1 篇"寻找光与材质世界的钥匙"依次为走进光彩的奇幻世界、熟悉手中的法宝——材质面板应用、体验质感的魅力——认识 UV 及贴图、登上材质制作的快车——分层渲染；第 2 篇"打开迷幻般的材质世界"依次为成就的体验——角色材质制作、场景材质制作、Mental Ray 渲染器基础与应用、少走弯路——初学者常见问题归纳。

《Maya 动画》同样分为两篇，在第 1 篇"嘿！角色动起来"中首先介绍了 Maya 动画的基本类型、动画基本功——时间和空间，然后重点讲解人物角色动画和动物角色动画的制作方法；在第 2 篇"哇！角色活起来"中首先说明在动画制作中如何表现生动的面部表情和丰富的身体语言，然后指出动画表演的重要性，并说明如何通过"读懂角色"、"演活角色"来赋予角色生命。

　　《Maya 动力学》共 8 章，分别是粒子创建（基础）、粒子控制、流体特效、刚体与柔体特效、自带特效（Effects）的应用、Hair（头发）特效、nCloth（布料）特效和特效知多少。

　　本套图书由一线教师根据多年授课经验和课堂上同学们容易出现的问题精心编写。内容安排上，按照由浅入深、循序渐进的原则，从基础知识、简单实例逐步过渡到符合生产要求的成熟案例。为了让大家能够在学习的过程中知其然知其所以然，还在适当位置加入了与动画制作相关的机械、生物、解剖、物理等知识。每章末尾除了对本章的知识要点进行归纳和总结，帮助大家温故与知新外，还给出了作品点评、课后练习等内容。希望本套图书能给大家带来实实在在的帮助，成为你影视动画制作前进道路上的"启蒙老师"或"领路人"。

　　本套图书由完美动力图书部组织编写。在系列图书即将出版之际，感谢北京多媒体行业协会、中国国际人才开发中心的殷切关心和大力支持。感谢丛书顾问们的学术指导和编委会成员的通力合作。同时，还要感谢哈建忠、曲强、陶磊、刘斌、张建荣、李倩等参与本书案例视频的讲解录制，感谢完美动力学员王岩、王丹、綦超、孟彦君、陈峰、田永超、孙艳彬、赵鑫、姜南、王宇慧、乌力吉木任等参与本书的通读核查。最后，感谢海洋出版社编辑吕允英、张曌嫘、张鹤凌等为本书的成功出版所提供的中肯建议和辛勤劳动。

　　由于时间仓促，难免存在疏漏之处，敬请广大读者和同仁批评指正。

完美动力集团董事长

光盘说明

章次及名称	教学视频	工程文件
第 1 章 走进光彩的奇幻世界	1.1 认识光与色彩 1.2.1 1）灯光的类型 1.2.1 2）灯光的基础属性 1.2.2 灯光阴影 1.2.3 灯光雾 1.2.5 灯光链接 1.2.6 GI——灯光阵列模拟全局光照 1.3.1 三点光 1.3.2 角色光 1.3.4 综合案例	1.2.2 Desk Lighting 1.2.3 Light Fog 1.2.4 Light Glow 1.3.1 Three Light 1.3.2 CH Lighting 1.3.4 Interior Lighting 1.5 Home Work
第 2 章 熟悉手中的法宝——材质面板应用	2.1.1 Hypershade（材质编辑器） 2.1.2 类型 2.1.3 属性 2.1.4 特殊材质球 2.2.1 1）～2）二维程序纹理投射方式及通用属性 2.2.1 3）二维程序纹理特有属性 2.2.2 三维程序纹理 2.3.1 层材质应用——光盘 2.3.2 渐变（Ramp）节点拓展——黄瓜 2.3.3 半透明效果——树叶 2.3.4 反射折射效果——装饰品	2.3.1 Optical Disc 2.3.2 Cuke 2.3.3 Translucence 2.3.4 Glass And Steel 2.5 Home Work
第 3 章 体验质感的魅力——认识 UV 及贴图	3.1 认识 UV 及贴图 3.2 UV 及贴图应用——木墩 3.3 置换贴图——墙面材质 3.4 双面材质——易拉罐 3.5 Body Paint 3D 绘制无缝贴图——金鱼	3.2 Wooden pier 3.3 Wall 3.4 Beverage Can 3.5 Fish 3.7 Home Work

章次及名称	教学视频	工程文件
第 4 章 登上材质制作的快车——分层渲染	4.1 ～ 4.2 认识分层渲染及角色分层渲染 4.3.1 创建特殊分层 4.3.2 场景后期合成	4.2 CH Layered Rendering 4.3 Layered Rendering 4.5 Home Work
第 5 章 成就的体验——角色材质制作	5.1 ～ 5.2 Unfold 3D 介绍及拆分角色 UV 5.3 ～ 5.8 绘制皮肤贴图和绘制头发、手表、小配饰贴图及材质 5.9 设置灯光及最终渲染效果	5.1.4 Jack 5.11 Home Work
第 6 章 场景材质制作	6.1 拆分场景 UV 6.2 材质制作 6.3 ～ 6.4 为场景设置灯光及后期合成处理	6.1 Summer House 6.6 Home Work
第 7 章 Mental Ray 渲染器基础与应用	7.1.1 在 Maya 中加载 Mental Ray 渲染器 7.1.2 Mental Ray 常用材质球 7.1.4 Mental Ray 渲染演示 7.2.1 HDRI 照明 7.2.2 体验 IDRI 的魅力——制作车漆材质 7.3 焦散 7.4 Mental Ray 建筑全局照明的应用 7.5 次表面散射（SSS）	7.2.2 HDRI Car 7.3.2 Caustic 7.4.2 GI 7.5SSS 7.7 Home Work

目 录

第一篇　寻找光与材质世界的钥匙

1 走进光彩的奇幻世界 006

2 熟悉手中的法宝——材质面板应用 058

3 体验质感的魅力——认识UV及贴图 089

4 登上材质制作的快车——分层渲染 135

第二篇　进入迷幻般的材质世界

5 成就的体验——角色材质制作 154

Maya材质

场景材质制作 194

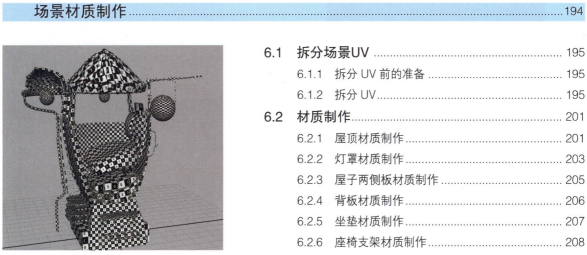

开 篇

所谓材质，是材料与质感的结合。在CG（计算机视觉设计）当中，常常通过表面的色彩、纹理、光滑度、透明度、反射、折射等各种表面可视属性来体现。

在真实世界中，由于不同质地的物体对光的吸收、反射不同，因此产生了非常丰富的视觉效果，例如发亮的金属会直接反射光线，而粗糙的麻布则会散射光线。在三维世界中，物体受CG灯光照明后不会反射光线到其他物体的表面。材质师的工作就是用材质和不同的纹理去模拟真实世界中的光线效果，在电脑中为观众重现真实世界。

材质工作在任何一个CG项目中都是举足轻重的。物体的纹理、质感，再加上场景的光线配合，营造出画面的整体气氛，使人物更加真实生动，空间更加逼真可信。想象一下，如果不给模型赋予材质而直接渲染，出来的将是没有色彩、没有光线、没有生机的一片灰色世界，这样的效果就显得不真实。所以，材质制作是把项目推向成功的最关键的一步。

材质灯光在动画项目生产中处于什么环节呢？

CG项目的生产流程包括模型、材质、绑定、动画、灯光、特效、渲染、合成等环节，如图0-1所示，其中，材质、灯光、渲染这三个环节贯穿了整个生产流程，从这个角度也可以看出材质灯光在CG项目生产中非常重要。

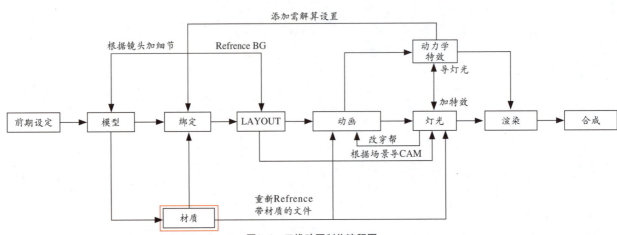

图0-1　三维动画制作流程图

材质灯光制作的流程是怎样的呢？

在制作动画的时候，不仅有整个制作的大流程，具体到材质灯光环节也有自己的小流程：

①添加素模灯光；②添加材质质感和纹理；③调整灯光颜色，营造氛围；④渲染效果。图0-2（a）是我们通常所讲的素模，添加完材质并加入基础灯光的效果如图0-2（b）所示，添加完材质并调节好灯光氛围的最终效果如图0-2（c）所示。

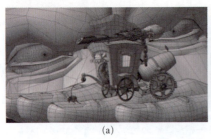
(a)

(b)

(c)

图0-2　材质灯光制作流程

在制作材质时，应根据项目的需求（基本脚本、画面风格、表达内容等）进行。下面以如图0-3所示的场景渲染为例，说明材质制作的工作流程。

（1）建立模型。模型是材质制作的基础，材质环节的工作就是为模型添加效果，模型的细致程度直接影响材质灯光效果。我们将要使用的场景模型如图0-4所示。

（2）确立初步灯光环境。场景材质的制作过程具有材质与灯光同步进行的特殊性，所以要根据故事板确定时间顺序及主光的强度、方向、位置等，并考虑在这种情况下所造成的补光的效果，以确立大的灯光环境，如

图 0-5 所示。注意在这一环节中，尽量不要改变灯光的颜色，而应使用默认的白色，如果这时的灯光带有颜色将影响材质制作。本例中模拟太阳光从窗户照进来的效果，打开投影并且要加上环境光（在1.3.4 节综合案例中将会详细讲解）。

（3）确定材质色彩。在对光源进行初步的设置后，根据彩色设计图，确定场景的颜色基调和物体的质感，如图 0-6 所示。

（4）调节灯光颜色处理氛围。材质制作完成后，将确定光源的颜色以及光源照射到物体后产生反射光线的补光效果，并且要继续添加灯光来更好地营造环境氛围，如图 0-7 所示。

图0-3 场景的最终渲染图

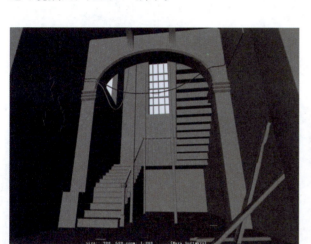

图0-4 场景模型

图0-5 灯光完成效果

图0-6 确定场景的颜色基调和物体的质感

图0-7 调节灯光颜色并处理氛围

当完成这一环节后，材质灯光工作就基本完成了，最后，将完成的效果渲染输出。本书将以材质灯光制作流程为主线，对灯光应用、基础材质、UV 贴图制作、渲染合成等内容进行循序渐进的讲解。

任何科目的学习，都要把基础功底打牢。除了本书讲解的内容，了解光与色彩的理论知识，有针对性地训练手绘能力，也是材质灯光制作人员平时的必修功课。任何一款软件都只是创作的工具，能否制作出好的效果关键在于制作人员的自身能力。基础不扎实（例如：缺乏手绘能力）的读者要靠更多的知识积累和更多的练习来提高自己。

同时，在制作过程中应联系实际，将核心三维软件 Maya 与图形图像处理软件 Photoshop 或后期特效处理软件 After Effects 等辅助软件结合使用，以达到预期效果。

第一篇

寻找光与材质世界的钥匙

在现实生活中，光与材质是最常见的事物，人们睁开眼睛就能看到形形色色的材质与光线。想要在Maya中做出**真实可信**的材质效果，以具备**合理**的灯光为前提。如果没有灯光，Maya就不能将画面呈现在观众的眼前，这就如同生活中没有光将是一片黑暗一样，所以"**光**"是学习本书内容的基础。本书第1章就将带领大家走进光彩的奇幻世界。

当人们看到世间万物的时候，感受到的是物体的颜色、质地等信息，在Maya中实现这些效果就是材质部分的工作了。本书第2章，将带领读者认识Maya为我们提供的**基础材质工具**，并通过实例介绍使用它们的方法。

制作高质量的材质作品，只运用基础材质是远远不够的，本书第3章将详细讲解**UV**、**贴图**知识，并结合实例讲解UV、贴图在材质制作中的应用。熟练掌握这些内容，将为你的作品增光添彩。

材质制作过程中把Maya三维场景的物体、灯光以及质感转化成一张二维图片的工作我们称之为渲染，渲染是计算机通过计算用户的参数设置自动完成的。为了提高工作效率，Maya提供了分层渲染设置，对于带有动画的文件，采用分层渲染可以大大缩短渲染时间，第4章将为大家揭开**分层渲染**神秘的面纱。

本篇所包含的第1~4章是材质制作最**基础**也是最**核心**的内容，掌握这些知识，并能够熟练应用是第一篇的学习目标，在此基础上学习第二篇将更加得心应手。

走进光彩的奇幻世界

> 了解光与色彩的基础知识

> 认识Maya灯光

> 熟悉Maya灯光属性

> 掌握Maya灯光应用

从本章开始我们将走进绚丽多彩的材质世界。这一章是学习 Maya 材质的基础，作者先带领大家认识光与色彩，了解 Maya 灯光的基础知识，然后通过实例讲解 Maya 灯光在实际生产过程中的使用方法。

1.1 认识光与色彩

在走进材质世界之前，先要了解一下什么是光，光与色彩之间到底有什么联系？在 CG 制作中，光与色彩起到了什么样的重要作用？

1.1.1 光

光是人类眼睛可以看见的一种电磁波，也称可见光谱。科学的定义为所有的电磁波谱。它可以在真空、空气、水等透明的物质中传播。对于可见光的范围没有一个明确的界限，一般人的眼睛所能接受光的波长在 400 ～ 700 纳米之间（图 1-1）。人们看到的光来自于太阳或借助于产生光的设备（也就是通常所说的人工光），包括白炽灯泡、荧光灯管、激光器等。

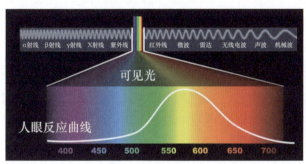

图 1-1　可见光光谱

光是人类生存不可或缺的物质，万物都需要光的呵护。我们最最依赖的光源就是太阳了，太阳的光线以每秒 30 万千米的速度，只需 8 分钟左右便可到达地球。

有实验证明：光就是电磁辐射，这部分电磁波的波长范围为 770 纳米（红光）到 390 纳米（紫光）之间。波长在 770 ～ 1000 纳米的电磁波称为"红外线"。波长在 40 ～ 390 纳米的电磁波称为"紫外线"。红外线和紫外线不能引起视觉，但可以用光学仪器或摄影方法去探测和度量。所以在光学中光的概念也可以延伸到红外线和紫外线领域，甚至 X 射线均被认为是光，可见光的光谱只是电磁光谱中的一部分。

1.1.2 光的特性

上一小节简单介绍了光的定义，其实光作为一种物质，有其特殊的性质。我们知道，光线在均匀同种介质中是沿直线传播的。当一束光投射到某一物体上时，物体会吸收光，并且会发生反射、折射、漫射等

现象。光的吸收、发射和折射现象称之光的特性。

1）光的吸收

光的吸收是指原子在光照下，会吸收光子的能量由低能态跃进到高能态的现象。从实验上研究光的吸收，通常用一束平行光照射在物质上，测量光强随穿透距离衰减的规律，光的吸收效果在图 1-2 中发圈的质感上有很好的体现。

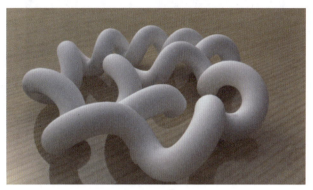

图 1-2　光的吸收

2）光的反射

光的反射是一种光学现象，指光在传播到不同物质时，在分界面上改变传播方向又返回原来物质中的现象。在现实生活中，可以将反射分为镜面反射和漫反射两种。

（1）镜面反射：顾名思义就是说物体的反射面光滑得像镜子一样，光线是平行反射的。如果光的反射都是镜面反射的话，人只有站在特定的地方才能看得到物体。比如日常生活中经常看到的镜子、水面等。光的反射效果在图 1-3 中发圈的质感上有很好的体现。

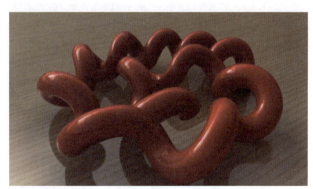

图 1-3　光的反射

（2）漫反射：当一束平行的入射光照射到粗糙的表面时，因表面凹凸不平，所以入射线虽然互相平行，但由于各点的法线方向不一致，造成反射光线向不同的方向无规则地反射，这种反射称之为漫反射。很多物体，如植物、墙壁、衣服等，其表面粗看起来似乎是平滑的，但用放大镜仔细观察，就会看到其表面是凹凸不平的，所以本来是平行的太阳光被这些表

面反射后，弥漫地射向不同方向，漫反射的效果如图1-4所示。

图1-4 光的漫反射

物体对光的反射能力受物体表面肌理状态影响的程度很大，表面光滑、平整、细腻的物体，对色光的反射较强，如镜子、磨光石面、丝绸织物等；表面粗糙、凹凸、疏松的物体，易使光线产生漫射现象，故对色光的反射较弱，如毛玻璃、呢绒、海绵等。

3）光的折射

光由一种介质斜射入另一种介质或在同一种不均匀介质中传播时，方向发生偏折的现象叫做光的折射。生活中经常可以看见折射的现象，比如注满水的池子，因为光的折射现象，看到的水深比实际的要深得多；铅笔经过水面会产生"断掉"等现象。光的折射效果在图1-5中发圈的质感上有很好的体现。

图1-5 光的折射

1.1.3 光觉与色觉

现代科学证明，色彩是光刺激眼睛，再传至大脑视觉神经中枢而产生的一种感觉。所以，光线、物体和视觉就成为三个最基本的构成要素，如图1-6所示。

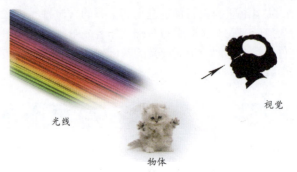

光线　物体　视觉

图1-6 光被感知的三要素

1）光觉

光是人的眼睛可以看到的电磁波中的一部分，其波长为400～760纳米，即可见光谱，波长在其范围之外的是不可见光谱，如红外线、紫外线。当可见光线穿过角膜、晶状体、玻璃体在视网膜上被感光细胞所吸收，感光细胞即产生一系列复杂的化学变化，将其转换为神经兴奋，并通过视神经传至大脑，在大脑中产生光的感觉，从而形成光觉。

因此光觉是指视网膜对光的感受能力，它是视觉的基础。为了产生视觉，进入眼睛的光线必须达到能引起视神经兴奋的能量；并且要有足够的作用时间。光觉的调节主要依靠视网膜的适应机能，另外通过瞳孔的大小变化来控制入眼光量，也能起到部分调节作用。产生光觉的物质基础是视色素。在光线作用下，视网膜感受器中视色素可产生光化学变化及生物电变化，从而表现出明暗视觉。

2）色觉

光觉仅仅能感受光的强弱，而不能识别物体的颜色。识别物体的颜色，则依靠色觉。

当人们欣赏大自然中春天的绿色、夏天的火红、秋天的橙黄、冬天的雪白，观赏落日的晚霞、天空的彩虹时，会赞叹这五彩缤纷的世界。这是由于人的眼睛不仅能够感受光线的强弱，而且还能辨别不同的颜色。人辨别颜色的能力叫色觉，换句话说，是指视网膜对不同波长光的感受特性，即在一般自然光线下分解各种不同颜色的能力。这主要是黄斑区中的锥体感光细胞的功劳，它非常灵敏，只要可见光波长相差3～5纳米，人眼即可分辨。色的感觉有色调、亮度、饱和度（色彩度）三种性质，正常人色觉光谱的范围，由400纳米的紫色到约760纳米的红色，其间大约可以区别出16个色相。

人眼视网膜锥体感光细胞内有三种不同的感光色素，它们分别能吸收570纳米的红光、445纳米的蓝光和535纳米的绿光，红、绿、蓝三种光混合比例不同，就可形成不同的颜色，从而产生各种色觉。红、绿、蓝三种颜色称为光的三原色，彩色电视机就是根据这一理论研制而成的。

1.1.4　固有色与环境色

由于每一种物体对各种波长的光都具有选择性的吸收、反射和折射，所以在相同条件下，具有固定不变的颜色。固有色指物体在未受到特定光源的照射和环境色彩的影响时的本来色相。人们所见到的物体都处在某种光源的照射和环境色彩的影响之中，物体的固有色都或多或少地受到改变，只有充足光照下的物体亮部的中间色部位，才较多地呈现出物体的固有色。反光弱的物体其固有色较强，如呢绒、布匹、头发等；反光强的物体其固有色较弱，如玻璃、金属、白粉墙等。

物体色彩的呈现是与照射物体的光源色、物体的物理特性有关的。同一物体在不同的光源下将呈现不同的色彩。例如，在白光照射下的白纸呈白色，在红光照射下的白纸呈红色，在绿光照射下的白纸呈绿色。而且物体表面受到光照后，除吸收一定的光外，还能将光反射到周围的物体上，这就产生了环境色。由此可见，在非白色光源或在其他固有色物体反射光的照射下，物体的色彩会偏离原来的固有色，这一偏离的成分就是环境色。

光源强度也会对照射物体产生影响，强光下的物体色会变淡，弱光下的物体色会变得模糊晦暗，中等光线强度下的物体色最为清晰，如图 1-7 所示。

(a) 强光

(b) 正常光

(c) 弱光

图1-7　光源强度对物体的影响

1.1.5　认识三原色

大千世界五彩斑斓，其中的大部分颜色都可以通过原色调配出来。原色是指不能通过其他颜色的混合调配得出的"基本色"。以不同比例将原色混合，可以产生其他的新颜色。原色的色纯度最高、最纯净、最鲜艳。

三原色通常分为两类：一类是色光三原色，另一类是颜料三原色。在美术上还把红、黄、蓝定义为色彩三原色。

1) 色光三原色

色光三原色分别为红色、绿色和蓝色。这三种色光既是白光分解后得到的主要色光，又是混合色光的主要成分，并且能与人眼视网膜细胞的光谱响应区间相匹配，符合人眼的视觉生理效应。这三种色光以不同比例混合，几乎可以得到自然界中的一切色光，混合色域最大。这三种色光具有独立性，也就是说其中一种原色是不能由另外的原色光混合而成的。色光三原色如图 1-8 所示。

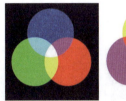

图1-8　色光三原色

2) 颜料三原色

颜料三原色分别为品红、黄、青。此三种颜色的颜料或染料，按不同比例混合后，因对各种色光吸收和反射的程度不同，可以合成各种色彩。颜料三原色如图 1-9 所示。

图1-9　颜料三原色

　知识拓展

色彩混合可分为加光混合、减光混合与中性混合三个类型。

（1）加光混合：将光源体辐射的光合照一处，将光源叠加，可以产生出新的色光。例如面前有一块白色幕布，在没有光照时，它在黑暗中，眼睛看不到它。如果此时幕布只被红光照亮则幕布呈红色，只被绿光照亮时呈绿色，同时被红绿光所照的幕布则呈现为黄色。（加光混合就是色光三原色的混合，计算机、电视运用的都是这种混合模式）。

（2）减光混合：指不能发光，却能将入射光吸收一部分，将剩下的光反射出去的色料混合方式。色料不同，吸收色光的波长与亮度的能力也不同。色料混合之后形成的新色料，一般都能增强吸光的能力，削弱反光的亮度。在入射光不变的条件下，新色料的反光能力低于混合前的色料的反光能力的平均数，因此，新色料的明度降低了，纯度也降低了（颜料混合即为减光混合，通常应用于印刷印染等领域，人们常说的CMYK即为此混合模式的基本颜色）。

（3）中性混合：指混成色彩既没有提高，也没有降低的色彩混合方式。

1.1.6　色彩三要素

人眼看到的彩色光都是综合了明度、色相及饱和度这三个特性以后呈现出来的效果，这三个特性即为

色彩的三要素，其中色相与光波的波长有直接关系，明度、饱和度与光波的幅度有关。

1）明度

明度是辐射色光在视觉效果上所表现出来的明暗程度，但一般是指在物体表面上反射出来的色光相对于光源光照的明暗程度。所以明度是具有两极的，如图1-10中的灰度测试卡所示。最低明度对应于0%反射率的黑，最高明度对应于100%反射率的白。

图1-10　灰度测试卡

色彩可以分为有彩色和无彩色，有彩色包括红、橙、黄、绿、青、蓝、紫。无彩色包括黑、白、灰。无论有彩色或无彩色都有明度变化（图1-11）。作为有彩色，每种色其各自的亮度在灰度测试卡上都具有相应的位置值，饱和度对明度有很大的影响，不太容易辨别。

图1-11　明度变化

2）色相

色相是指颜色的种类和名称，即颜色的"相貌"。红、橙、黄、绿、青、蓝、紫代表了自然界中的7种颜色，也是7种基本的色相。中间色相以相邻二色相为其名称，如橙红、蓝紫等。这样便得到红、橙红、黄橙、黄、黄绿、绿、绿蓝、蓝绿、蓝、蓝紫、紫11种色相。在红和紫之间再加一个中间色红紫，可制出12种基本色相。

这十二色相的色相变化，在光谱色感上是均匀的。如果进一步再找出其中间色，便可以得到24种色相。在色相环里，各色相按不同角度排列，12色相环每两色间隔30°，24色相环每两色间隔15°，如图1-12所示。

3）饱和度

饱和度是色的基本特征之一，指某一种颜色与相

同明度的消色（即黑、白、灰色）差别的程度，也称为色纯度，即某一颜色的鲜艳程度。一种颜色所含彩色成分与消色成分比例越小，该色越不饱和、越不鲜艳；含彩色成分的比例越大，颜色越饱和、越鲜艳。最饱和的色为光谱色。饱和度变化对图像的影响如图1-13所示。

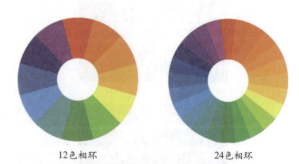

12色相环　　　　24色相环

图1-12　色相环

图1-13　饱和度变化

知识拓展

色彩三要素的集中体现——门塞尔立体色标

门塞尔立体色标（图1-14）是由美国教育家、色彩学家、美术家门塞尔创立的色彩表示法。该表示法以色彩的三要素作为区分的维度。（色相称为 Hue，简写为 H，明度叫做 Value，简写为 V，纯度为 Chroma，简称 C）。其色相环以红 R、黄 Y、绿 G、蓝 B、紫 P 这心理五原色为基础，再加上它们的中间色相：橙 YR、黄绿 GY、蓝绿 BG、蓝紫 PB、红紫 RP，共计为 10 色相。再把每一个色相细分为 10 等份，色相总数为 100。以各色相中央第 5 号为各色相的代表，将其按顺时针排列，即形成如图1-14所示的立体色标。

图1-14 门塞尔立体色标

门塞尔认为在立体色标中，不论什么方向、什么系列选色，只要保持一定间隔就能够令色彩协调（表1-1）。

表1-1 立体色标协调方式

序　号	协调方式	色彩表现
1	垂直协调：明度变化，色相和纯度不变	
2	水平协调：明度一致，纯度变化	

（续）

序　号	协调方式	色彩表现
3	斜内面协调：色相不变，明度和纯度变化	
4	椭圆协调：纯度不变，明度的变化在补色间协调	
5	横斜内面协调：明度和纯度变化，类似邻近色的协调	
6	螺旋形协调：先在色立体上按螺旋形任意选取颜色，再按一定间隔取得各色相。当纯度高时，明度应降低	
7	圆周协调：明度和纯度协调一致，色相变化，具有各色相的彩虹般的秩序感	

1.1.7 灯光三要素

前面了解了物理学上光与色彩的基础知识，学习这些内容能够帮助读者在 Maya 中进行灯光制作。

灯光最主要也是最直接的作用就是把所展现的物体照亮。只有将物体照亮，人们才能感知物体的颜色、形状、质感等。但是仅照亮是不够的，我们还要关注怎么照亮才是最舒服、最好看的。为此，需要学习灯光的三要素：颜色、方向和强度。

1）灯光颜色

灯光颜色在画面上表现为冷暖和色调。通过色彩的冷暖和饱合度的合理搭配能够拉开主次，体现出空间感，给观众带来视觉上的愉悦享受，如图 1-15 所示。

色调在冷暖方面分为暖色调与冷色调。红色、橙色、黄色等为暖色调，象征着太阳、火焰等。绿色、蓝色、黑色等为冷色调，象征着森林、大海、蓝天

走进光彩的奇幻世界

等。灰色、紫色、白色则为中间色调。冷色调的亮度越高，其整体感觉越偏暖；暖色调的亮度越高，其整体感觉越偏冷。灯光颜色是烘托和渲染气氛的有力手段，它应根据故事情节的需要而发生改变。

(a)

(b)

图1-16 冷暖色调的对比

图1-15 灯光的颜色搭配

【典型颜色的应用案例赏析】

《后天》是一部灾难题材的影片，整部影片主要使用了蓝、白、灰黑三种色彩，如图1-16（a）所示。其中蓝色又按照剧情的发展分为深蓝和天蓝两种。灾难开始时，狂风暴雨，雷电交加，大水淹没城市，此时整个地球都被笼罩在一种有些混沌的深蓝色之中，加之象征着恐怖的黑色，连人们的着装几乎一概都是深色系，银幕前光线一片昏暗。这样的色彩和光线的使用，很好地渲染了灾难的可怕，给人以震撼。而当全世界都被冰冻，此时的纽约只有两种色彩：天蓝和雪白。光线在此时又变得明亮起来。这样的蓝色与白色正是地球本身应该有的色彩，这样的色彩运用清晰明了地点明了本片的主题，即唤醒人们对于环境保护的重视。片中使用的暖色调色彩很少，而大多集中在火上，如图1-16（b）所示。在那样的环境之中，火象征着生命、希望，象征着人们之间的关爱和人类的坚强。

2）**灯光方向**

无论是在现实世界还是虚拟的三维空间中，光都是有方向的。按照射方向不同，光大致分为顺光、顺侧光、侧光、逆光、顶光和底光等。

（1）顺光：光源和摄像机处于同一方向，几乎消除阴影，画面较平淡，缺乏立体感，如图1-17所示。

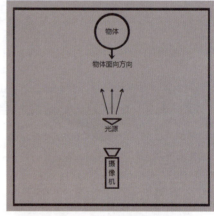

图1-17 顺光

（2）顺侧光：光源与摄像机成45°左右，在制作时，顺侧光是比较理想的光线，被照主体具有体积感，阴影柔和，常做为主要光源。光源位置及照明效果如图1-18所示。

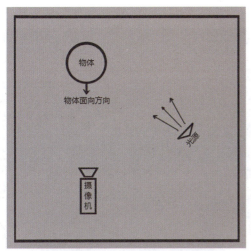

图1-18　顺侧光

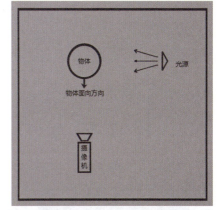

图1-19　侧光

图1-20　逆光

（3）侧光：光源与摄像机成90°左右，光源位于摄像机和被摄物体形成的直线的侧面，从侧方照向物体，能使物体的明暗对比强烈，从而形成比较好的效果（图1-19）。但是侧光缺乏明暗过渡，在使用侧光的时候需要注意。

（4）逆光：光源与摄像机成180°左右，在逆光照射下，被摄物体的轮廓线比较清晰，因此也叫轮廓光。逆光一般用于勾勒轮廓，使前后景更好地分离开，从而形成优美的线条，如图1-20所示。

（5）顶光：顶光是摄像机从视图的上方来照明的，容易形成强烈的明暗变化，凸显被摄对象的立体感和表面质感，如图1-21所示。有时通过添加光晕效果（本章1.2.4节中将详细讲解），营造神圣庄严的感觉。

图1-21 顶光

（6）底光：底光是光线从下向上照射的。它营造出的气氛充满邪恶、恐怖和神秘感，一般来说，在体现这种效果的时候用冷光，更能表现出阴森的感觉，如图1-22所示。

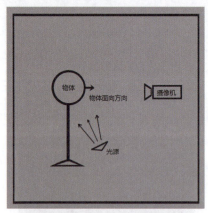

图1-22 底光

Maya材质

014

3）灯光强度

灯光的另一个要素是灯光强度。可以通过不同的灯光强度来凸显或淡化对象，达到突出所要表达主体的目的。同一画面在不同灯光强度下的对比如图1-23所示。

图1-23 不同灯光强度对比

在制作中，灯光强度（明暗调子）要调节适中。在后期制作中经常需要根据客户的要求进行修改，如果灯光调节得过于明亮或者过于昏暗，后期调整时容易出现障碍。假定在制作中灯光过于明亮，在后期调节的时候，即使用属性去降低其明度，也会出现颜色亮度不均匀的现象。

在同一个场景中，不同强度和颜色的灯光可以拉开景深和分离远近景，使画面主题更为突出，如图1-24、图1-25所示。

 提 示

景深是指在摄影机镜头或其他成像器前沿着能够取得清晰图像的成像器轴线所测定的物体距离范围。通俗一些讲，在聚焦完成后，在焦点前后的一定范围内都能形成清晰的图像，在焦点范围以外就会因距离不同产生不同的模糊效果。

图1-24　光拉开景深

图1-25　分离远近景

4）案例分析

图1-26是一个很温馨的日间光照画面。

图1-26　白天

方向：45°阳光为主光。

范围：受光面积大。

强度：主光强度中等偏上，由于有树荫遮挡，使面积强度降低。

颜色：乳黄色。

阴影：偏暖的褐色。

整个画面起伏不大，画面比较祥和，没有突出的地方，整体是个暖色调。

图1-27则是一个很灵异的夜间光照景象。

图1-27　夜景

方向：门内光为主光。

范围：受光面积小。

强度：主光强度强，由于周围氛围暗，更突出了主光。

颜色：青蓝色。

阴影：偏冷的暗蓝色。

整个画面起伏大，画面比较尖异，突出了门附近的光效，整体是个冷色调。

【小结】

（1）材质就是光与色的世界。光有三种特性：吸收、反射、折射。色有三种要素：明度、色相、饱和度。这些知识贯穿于Maya灯光材质学习的整个过程中。

（2）灯光最基本的功能是照明。对灯光颜色、方向、强度的合理运用可以为我们的作品增色。

（3）对光与色彩理论的学习是材质灯光学习的基础，对这些理论知识的研究越深入，对材质灯光的理解就越轻松。

1.2　Maya灯光

上一节认识了光与色彩，本节学习Maya灯光的基础知识，并通过实例掌握Maya灯光的应用。

1.2.1 灯光分类及基础属性

Maya 中有 6 种基本灯光，这些灯光可以模拟不同的光源进行照明。这些灯光既有相同的通用属性，又有各自的用途和特点。对于不同的事物和希望实现的特定效果，需要选取不同属性的灯光进行照明。

1）灯光的类型

Maya 菜单中 6 种基本灯光的位置，如图 1-28 所示。

在"Lights"子菜单中，从上至下依次为：Ambient Light（环境光）、Directional Light（平行光）、Point Light（点光源）、Spot Light（聚光灯）、Area Light（区域光）和 Volume Light（体积光）。

各种灯光在 Maya 场景中的显示形状及照射形态如图 1-29 所示。

图1-28　6种灯光命令的菜单位置

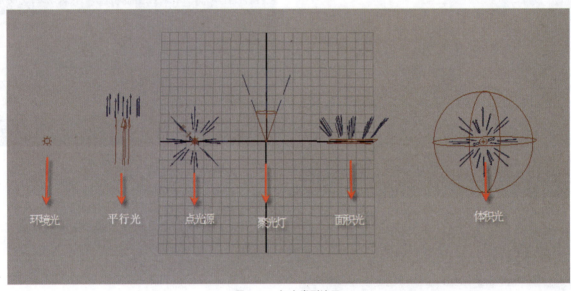

图1-29　灯光类型演示

下面对这 6 种灯光的作用分别进行介绍。

（1）🌞 Ambient Light（环境光）

环境光能够从各个方向均匀地照射场景中的所有物体。它最大的特点是具有"双重性格"，表现为有向性和无向性。它的一部分光是向各个方向照亮物体的（即无向性），而另一部分光是从光源的位置发出的（即有向性，这部分光类似于一个点光源）。通过设置环境光的 Ambient Shade 属性，可以调节这两部分光所占的比例，当 Ambient Shade 属性的数值为"0"时表现为无向性，当数值为"1"时，环境光就完全成了一个点光源。

环境光一般不作为主光源，通常用来模拟漫反射，将整个场景均匀地照亮。环境光可以投射阴影，但只有打开光线追踪算法，才能计算阴影。环境光的照明及阴影效果如图 1-30 所示。

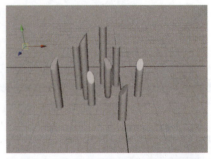

图1-30　环境光照明及其阴影效果

Maya材质

（2）⚔ Directional Light（平行光）

平行光用来模拟一个非常明亮、遥远的光源。平行光所有的光线都是平行的。虽然太阳是一个点光源，由于它离地球非常遥远（约为 1.5 亿千米），以至于太阳光到达地球后几乎是没有角度的，因此通常用平行光源来模拟太阳光。要注意的是，平行光没有衰减属性，也就是说，无论场景有多大，平行光照射方向的物体都会被照亮。由于平行光的光线都是平行的，所以它投射的阴影也是平行的，这是它的一大特征。平行光的照明及阴影效果如图 1-31 所示。

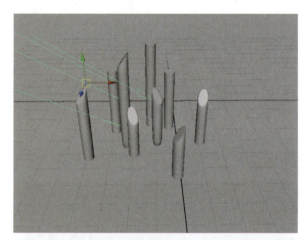

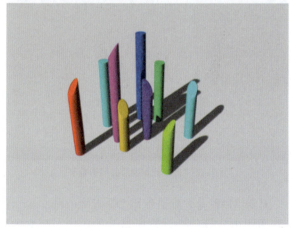

图1-31　平行光照明及其阴影效果

物体被照射的范围和平行光的方向有很大关系（与平行光的大小和亮度没有关系），平行光正对着哪个面，只是会把这个面照亮（在场景里没有其他光源的情况下），平行光的方向稍有变化，所照的范围也会变化，如图 1-32 所示。

（3）⊞ Point Light（点光源）

点光源是最普通的光源。这个灯光用来模拟光从一个点向四周进行发散，所以光线是不平行的，光线交汇的地方就是光源的所在地。点光源可用于模拟一个挂在空间里的无遮蔽的电灯泡。当点光源投射阴影时，阴影的形状是向外发散的。点光源的照明及阴影效果如图 1-33 所示。

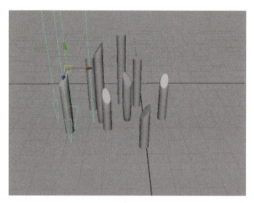

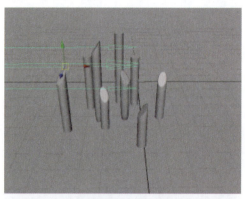

图1-32　平行光照明方向的区别

（4）⚔ Spot Light（聚光灯）

聚光灯是具有方向性的灯，所有的光线是从一个点出发并以用户定义的圆锥形状向外扩散。可以用来模拟手电筒、汽车灯等光源。聚光灯的光照锥角是可以调节的，这样可以更好地控制灯光所照的范围。聚光灯同样可以投射阴影，其照明及阴影效果如图 1-34 所示。

二维的面积光源。它的亮度不仅和强度相关，还和它的面积大小直接相关。通过 Maya 的变换工具可以改变区域光的大小和方向，从而改变区域光照射面积的大小。

区域光可以模拟窗户等射入的光线。区域光的计算是以物理计算为基础的，没有衰减选项。区域光的照明及阴影效果如图 1-35 所示。

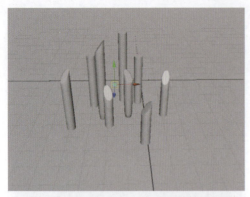

图1-33　点光源照明及其阴影效果

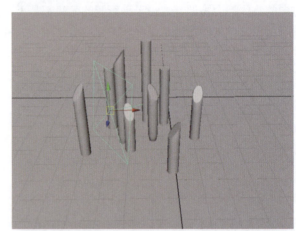

图1-35　区域光照明及其阴影效果

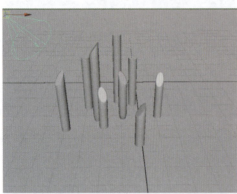

图1-34　聚光灯照明及其阴影效果

（5）✳ Area Light（区域光）

区域光也叫面积光，是 Maya 灯光中比较特殊的一种灯光类型。和其他灯光不同的是，区域光是一种

需要指出的是，如果使用 Depth Map Shadow（深度贴图阴影）算法来计算区域光的阴影，则它的阴影和其他的灯光是没有区别的。要想得到真实的区域光阴影，必须使用光影追踪算法（二者的区别详见 1.2.2）。使用光影追踪计算得到的区域光阴影，是随着阴影与物体的距离而变化的，距离越远，其阴影越虚，这是区域光阴影的特点。但是为了得到这种高质量的阴影，计算量的大幅增加会造成运算速度比较慢。区域光不同算法的阴影效果如图 1-36 所示。

（6）✸ Volume Light（体积光）

体积光是一种可以控制光线照射范围的光，操作很灵活，可以手动控制衰减的效果。相对其他几种灯光来说比较特殊。

体积光只对它线框包括范围内进行照明，其照明及阴影效果如图 1-37 所示。

(a) Depth Map Shadow的阴影渲染效果

(b) Use Ray Trace shadows的阴影渲染效果

图1-36 区域光不同算法的阴影效果

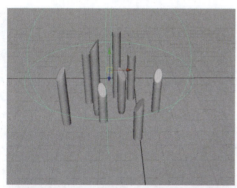

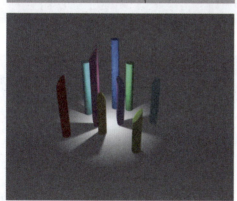

图1-37 体积光照明及其阴影效果

这6种灯光都有各自不同的特点，在实际工作中，灯光师会根据所要实现的效果，运用灯光不同的属性来制作灯光。

建立好灯光后，可使用手柄工具对灯光进行控制，如图1-38所示。方法是先选中灯光，然后按【T】键，激活灯光的手柄工具，在灯光控制手柄不动的情况下，调节目标控制手柄就可以改变灯光的位置和方向。

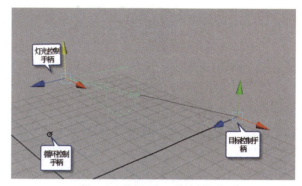

图1-38 使用手柄工具控制灯光

为了更好地观察灯光所照的范围，还可以用视图菜单里的 Panels → Look Through Seleted 命令来以灯光的视角观察物体，如图1-39所示，可以根据需要进行灯光设置。

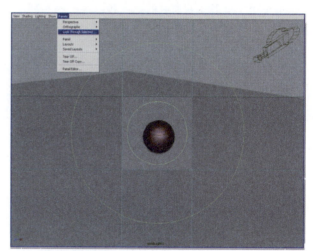

图1-39 以灯光视角观察物体

> **提 示**
>
> （1）当新建一个场景时，为了能够在渲染时看到场景中的物体，Maya提供了默认灯光，这种灯光只是为了照亮整个场景中的物体，而没有任何的光影效果。如果将默认灯光关闭，对场景进行渲染将是漆黑一片。
>
> （2）在Maya场景中创建任意一盏灯光，Maya默认灯光就会自动关闭，对场景进行渲染即可得到这盏灯光的光照效果。

2）灯光的基础属性

在 Maya 中，灯光是可以进行调节的，并且有些属性在自然界中是不可能出现的。下面，我们将以Spot Light（聚光灯）为例进行属性的介绍。聚光灯的基础属性（Spot Light Attributes）如图1-40所示。

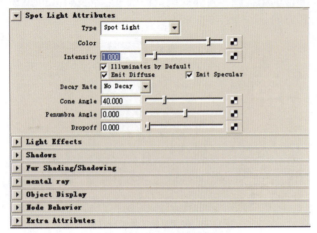

图1-40 聚光灯基础属性

Maya材质

020

 提示

除了"体积光"以外，聚光灯所包含的属性在其他4种灯光中是最全面的，因此这里用聚光灯为例介绍基础属性。

【参数说明】

- Type（灯光的类型）：在这里可以进行灯光类型的转换。
- Color（灯光的颜色）：用于控制灯光的颜色。Maya中灯光的默认颜色为白色。单击其后的 ■ 按钮可以添加节点（通常是添加文件或贴图）。
- Intensity（强度）：用于控制灯光的强弱，数值越大灯光越亮。当其值为0时，灯光不产生照明效果；当其值为负值时，可理解为吸光（灯光照明的反作用）。默认情况下其值为1。
- Illuminatse by Default（照明开关）：用于控制灯光是否参与场景照明，勾选该项此灯光参与照明，取消勾选不参与照明。
- Emit Diffuse（漫反射开关）：用于控制灯光的光照是否产生漫反射。
- Emit Specular（高光开关）：用于控制灯光的光照是否产生高光效果。
- Decay Rate（衰减率）：控制灯光从光源向外的衰减方式。在这里提供了No Decay（无衰减）、Liner（线性衰减）、Quadratic（平方衰减）、Cubic（立方衰减）4种衰减方式。

  下面是当Intensity为50时，4类不同衰减属性的效果，如图1-41所示。

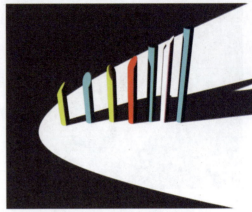

(a) 无衰减（No Decay）

(b) 线性衰减（Linear）

(c) 平方衰减（Quadratic）

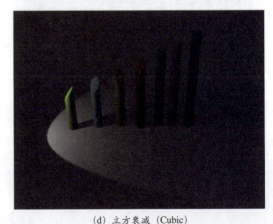

(d) 立方衰减（Cubic）

图1-41 4类衰减属性效果

- Cone Angle（照射角度）：用于调节聚光灯的锥形角的角度，以控制灯光的照射范围。
- Penumbra Angle（半影角度）：用于控制聚光灯投射光线边缘的虚化程度。其值为0时，聚光灯投射光线的边缘没有变化；其值为负时，聚光灯投射光线的边缘向内虚化；其值为正时，聚光灯投射光线的边缘向外虚化。
- Dropoff（衰减）：用于控制灯光从中心向四周进行衰减。其取值范围为0到无穷大。

1.2.2 灯光阴影

当灯光投射到不透明的物体上时，物体会将投射过来的光线遮蔽，在物体后面形成一个黑色的区域，这个区域就是大家所熟知的阴影。Maya中阴影的产生原理和现实中一样，并且Maya设置了许多的属性来控制阴影。下面重点介绍深度贴图阴影（Depth Map Shadows）和光线追踪阴影（Ray Trace Shadows）。

1）Depth Map Shadows（深度贴图阴影）

深度贴图阴影是由Maya生成的，它首先计算灯光到物体表面的距离，然后根据运算结果来判断是否产生阴影。

展开属性编辑器中的Shadows面板，勾选"Use Depth Map Shadows"选项后，灯光就可以产生深度贴图阴影，此时深度贴图阴影的属性也会被激活，如图1-42所示。

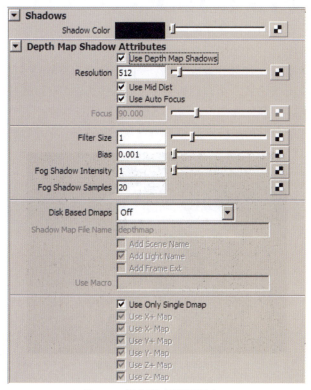

图1-42　深度贴图阴影属性窗口

【常用参数说明】
- Shadow Color(阴影颜色)：用于调节阴影的颜色。
- Resolution（阴影贴图的分辨率）：该值越大，分辨率越高，同时，渲染速度越慢。
- Focus（焦点）：决定投射阴影的范围大小。
- Filter Size（滤器尺寸）：用于模糊阴影，此值越大，阴影越模糊。
- Disk Base Dmaps（把深度贴图保存到磁盘上）。
- Use X/Y/Z Map（阴影贴图方向）：设定投射阴影的方向。

提 示

　　Use X/Y/Z Map属性是分方向的，"+"、"–"代表投影在相应轴向的方向，例如：Use X+ Map表示投影在X轴的正方向，Use X-Map表示投影在X轴的负方向。

深度贴图阴影效果如图1-43所示。

图1-43　深度贴图阴影效果

2）RayTrace Shadows（光线追踪阴影）

光线追踪阴影是在光线追踪过程中产生的，在大部分情况下，它能够提供非常好的效果。但是，因为光线追踪阴影是计算整个场景的，所以非常耗费计算机资源和计算时间。

在Shadows面板中，勾选"Use Ray Trace Shadows"选项，就可以产生光线追踪阴影了。同时，光线追踪阴影的属性被激活，如图1-44所示。

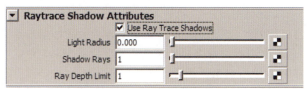

图1-44　光线追踪阴影属性窗口

【参数说明】
- Light Radius（阴影柔化程度）：该值越大，阴影的边缘越模糊。

- Shadow Rays（阴影采样次数）：通过它可控制阴影模糊细节精度。当 Light Radius 值过小时，阴影会产生颗粒现象，此时可通过调节 Shadow Rays 来柔化边缘的颗粒程度。
- Ray Depth Limit（限制光线跟踪反弹次数）：设定光线可以被折射和反射的最大次数。

使用光线追踪阴影的效果如图 1-45 所示。

图1-45　光线追踪阴影效果

深度贴图阴影与光线追踪阴影的对比效果如图 1-46 所示。

图1-46　两种阴影对比效果

⚠️ **注 意**

通过光线追踪计算得到的区域光（面积光）阴影，随着距离变远，其阴影变得越来越虚。这是区域光的阴影特点。但是这种高质量的阴影是以大量的计算时间为代价的。

📝 **提 示**

自投影问题：对场景中的物体进行渲染时，在平面上会形成一道道的不正常条纹状阴影，如图 1-47 所示。这是由于物体表面不同区域间的距离很近或者阴影分辨率较低造成的，原因是 Maya 中的 Depth Map 的采样精度太低。

解决自投影问题的方法有如下几种。

（1）可以调整 Bias（偏移量）值，将此值调大。原理是在 Depth Map 中各采样距离值上加一个偏移值，使自投影消失【Bias 的数值不可太大（一般为

3），否则会出现阴影偏离物体的现象】。

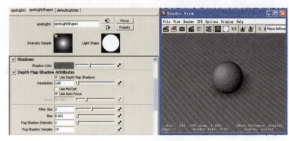

图1-47　自投影效果

（2）勾选 Use Mid Dist（Dist 的扩展英文为 Distance，该选项默认情况为勾选），它的原理和调节 Bias 属性类似，是在 Depth Map 原有的基础上，加入了中间距离值，从而达到消除自投影效果的目的。

（3）提高 Resolution（阴影贴图分辨率），相当于提高了分辨率，分辨率越大阴影自然就越清晰，不正常的自投影问题也会得到改善，如图 1-48 所示。

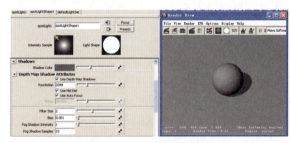

图1-48　解决自投影问题后的效果

🐛 **实例　桌面静物灯光**

台灯、书桌和电脑是伴随我们学习生活不可缺少的物品。作为学习灯光的第一个实例，本例在难度上和效果上都是非常适合初学者的。场景为简单的一点式布光方式，由台灯为主导，显示器为辅，环境光线调节气氛。

制作的最终效果如图 1-49 所示。

图1-49　静物灯光最终效果

最终的灯光位置如图 1-50 所示。

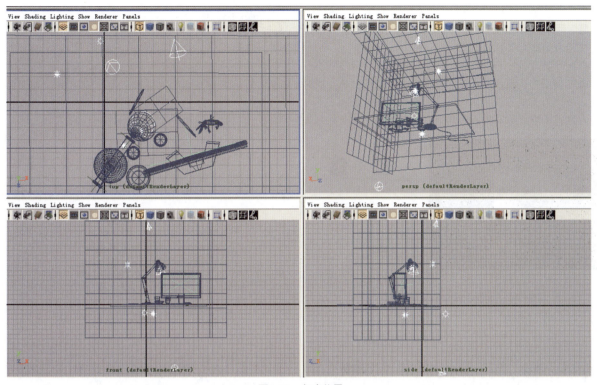

图1-50 灯光位置

制作步骤如下。

1 打开已有模型场景（光盘：Project\1.2.2Desk Lighting\
sences\1.2.2 Desk Light_base），执行 File → Project →
Set 命令，将"1.2.2Desk Lighting"指定为工程目录，
以便于贴图能自动加载上去。

⚠ 注 意

建立工程目录时最好使用英文命名（或汉语拼音），虽然也可使用中文，但是中文目录文件信息的存储不够稳定。

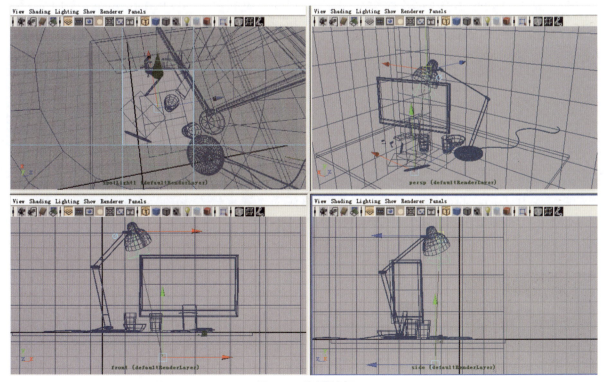

图1-51 创建聚光灯

2 创建一盏聚光灯 spotLight1，放在如图 1-51 所示的位置，用来模拟台灯的灯泡照射效果（左上图是从灯光的视角去调整所照范围）。

在这里要说明一下，spotLight1（聚光灯 1）要放在灯罩的模型内，聚光灯不要与灯罩模型交错在一起。为了能使灯光的效果更加柔和真实，我们要把灯光的衰减进行调整，具体属性设置如图 1-52 所示。

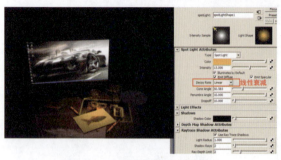

图1-52　调节灯光衰减的属性设置

⚠ 注　意

阴影在通常情况下不是一片死黑的，但注意在当前这种很黑的情况下，阴影也不能太亮，以免阴影的亮度大过桌面亮度。

为了实现玻璃制品真实的光影追踪效果，在渲染设置中必须打开 Raytracing 选项。

3 创建一盏点光 pointLight1，放在如图 1-53 所示的位置。

它位于主光相对的方向，用于把主光相对的阴影部分环境补亮（补光）。利用点光的特性，使得灯心照射部位的亮度向周围逐步衰减过去。具体设置及效果如图 1-54 所示。

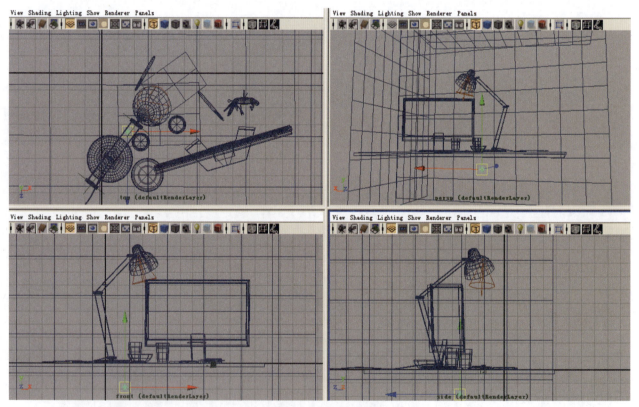

图1-53　点光源位置

图1-54　点光源属性设置

4 创建一盏区域光 areaLight1，放在如图 1-55 所示的位置。

这盏灯用来模拟电脑屏幕发出的光，为了使光源更真实，在 areaLight1 的 Color 属性上贴入贴图 sourceimages\monitor_image_blurred.jpg，其作用是让 Area Light 发出的光线更加柔和，衰减度更真实。具体设置如图 1-56 所示。

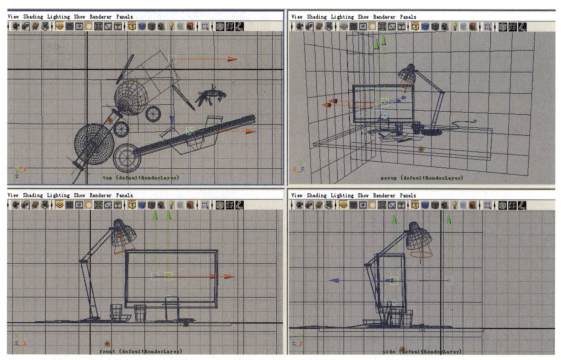

图1-55 区域光位置

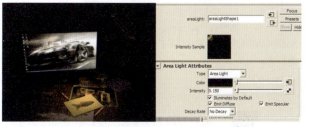

图1-56 区域光属性设置

> ⚠ **注 意**
>
> 区域光是有方向性的，在这个例子中要注意，光的指示方向是由屏幕向外。

5 再次创建一盏点光 pointLight2，放置在主光 spotLight1 位置，如图 1-57 所示。

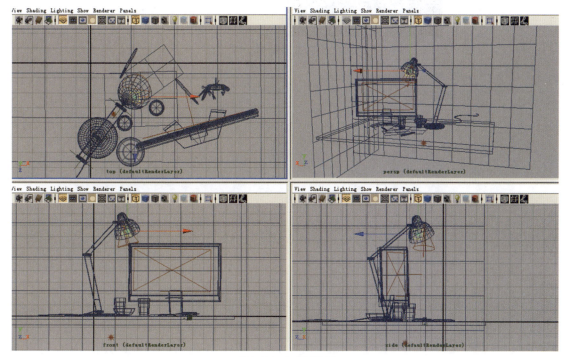

图1-57 点光源位置

pointLight2 用于模拟灯心效果，使得灯罩和周围墙面均有照亮。其效果及具体设置如图 1-58 所示。

6 创建一盏点光 pointLight3，放在如图 1-59 所示的位置。这盏灯用来增强摄像机角度的背光面亮度，使摄像机画面中不会出现缺少补光的效果。其效果及具体设置如图 1-60 所示。

7 创建一盏聚光灯 spotLight2，放在如图 1-61 的位置。

图1-58　点光源属性设置

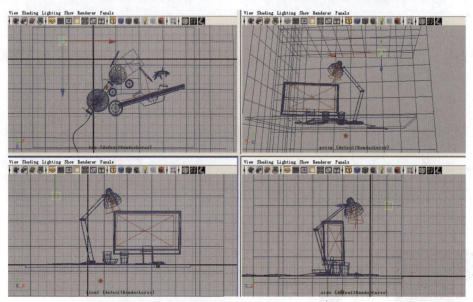

图1-59　点光源位置

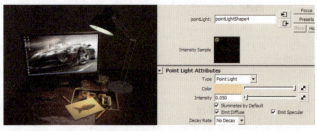

图1-60　点光源属性设置

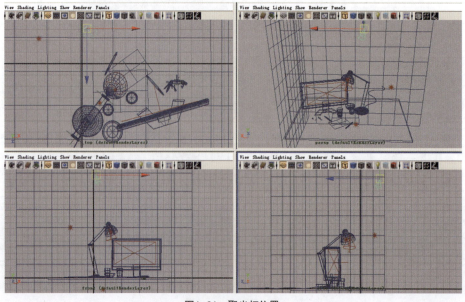

图1-61　聚光灯位置

Maya材质

这盏灯用来补足主光的光源在桌面上的散射，使桌面及物体不处在死黑中。具体设置如图1-62所示。

8 再创建一盏聚光灯 spotLight3，放在如图1-63所示的位置。使用这盏灯来增强墙壁亮度，运用聚光灯的半影衰减来模拟渐变的漫反射效果。其效果及具体设置如图1-64所示。

图1-62　聚光灯属性设置

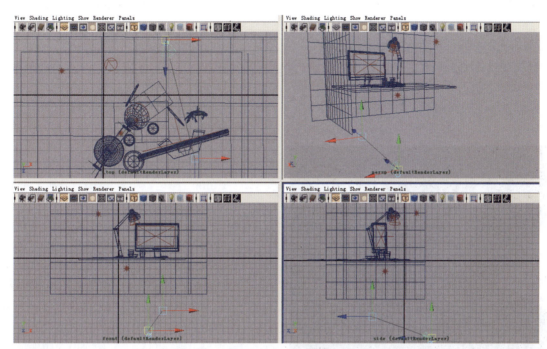

图1-63　聚光灯位置

> **注意**
>
> 在画面处理中，常规画面禁止曝光与死黑现象的存在。

图1-64　聚光灯属性设置

9 将这些灯光设置完成后，用摄像机视图进行渲染，最终效果如图1-65所示。

1.2.3　灯光雾

阳光明媚的中午或湿气比较重的夜晚，光透过窗子投射到屋内的光线会带有雾状效果，这是由于空气中的杂质或水汽被光线照亮的原因。Maya中的灯光也具有这样的功能，它属于一种灯光特效——灯光雾，为场景加入灯光雾特效，能够使画面的光影变化更加丰富，可以起到画龙点睛的作用。

图1-65　最终渲染图

Maya中只有 Point Light（点光）、Spot Light（聚光灯）、Volume Light（体积光）能添加灯光雾特效，其他灯光没有这个功能。点光源的灯光雾是球形的，聚光灯的灯光雾是锥形的，体积光的灯光雾效果是由它的体积形状决定的。

以 Spot Light 为例，单击 Light Fog 后面贴图按钮 ▣ 即可创建该灯光的灯光雾特效，如图1-66所示。

图1-66 聚光灯 Light Fog设置

（1）Light Effects（光效）

【参数说明】

- Light Fog（灯光雾）：用来创建灯光雾，单击后面的 █ 图标即可为当前灯光创建灯光雾。
- Fog Spread（雾扩散）：此参数只在聚光灯的属性编辑面板中出现，用来控制雾在横断面半径方向上的衰减。值越小，衰减越快。如图1-67所示。

图1-67 雾扩散衰减对比

- Fog Intensity（雾强度）：是用来控制雾强度的参数。

下面的参数是点光源里面独有的，如图1-68所示。

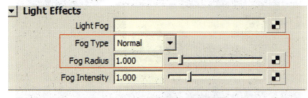

图1-68 点光源Light Fog设置

【参数说明】

- Fog Type（雾类型）：该参数只在点光源的属性编辑面板中出现，用来设置灯光雾的三种不同浓度衰减方式。Normal是雾的浓度不随着距离变化；Linear是雾的浓度随着距离的增加呈线性衰减；如果设置为Exponential，则灯光雾的浓度随距离的平方成反比衰减。
- Fog Radius（雾半径）：此参数也只在点光源的属性编辑面板中出现，控制灯光雾球状体积的大小。

（2）Light Fog Attributes（灯光雾属性）

单击 Light Fog 后面的向右的箭头进入灯光雾节点属性面板，可以进一步设置效果，如图1-69所示。

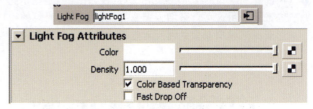

图1-69 灯光雾节点属性窗口

【参数说明】

- Density（密度）：控制灯光雾的密度，雾的密度越大，视觉效果越亮。
- Color Based Transparency（基础透明颜色）：控制雾中或雾后的物体的模糊程度效果。勾选后，处在雾中或是雾后的物体的模糊程度同时受Color（颜色）和Density（密度）的影响。默认该选项勾选。
- Fast Drop Off（衰减）：控制雾中或雾后的物体的模糊程度效果。勾选后，雾中或雾后的各物体会受不同程度的模糊，模糊的程度同时受Density值和物体与摄像机的距离的影响（也就是受物体和摄像机之间雾的多少影响）；如果不勾选，雾中或雾后的物体产生同样程度的模糊，模糊的程度受Density值影响。

（3）灯光雾的阴影

灯光雾的阴影可以对处在雾中的物体产生阴影效果。灯光雾的阴影参数并不在灯光特效参数部分，而是在产生雾效果灯光的阴影参数部分。

勾选 Use Depth Map Shadows，则打开了灯光雾阴影，如图1-70所示。

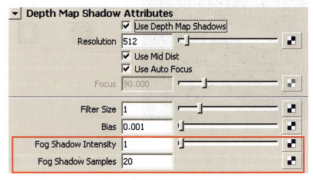

图1-70 灯光雾阴影属性窗口

【参数说明】

- Fog Shadow Intensity：灯光雾阴影强度。
- Fog Shadow Samples（雾阴影采样值）：用来控制灯光雾生成的阴影效果的颗粒度。这个值越大，产生的阴影越细腻，但是计算量也越大，渲染速度也就越慢。

Maya材质

实例 灯光雾制作

本案例中我们将通过一个阳光从窗口射入的室内场景来学习灯光雾的特性和使用方法。案例中其他辅助光线均已做好，我们只需要制作主光。

打开光盘文件：Project\1.2.3 Light Fog\sences\1.2.3 Light Fog _base 。

1 创建一盏主光 spotLight1，调整好主光方向，如图1-71所示。选择 Spot Light，按【Ctrl + A】键打开其属性编辑器，并打开灯光特效的属性（Light Effects）将灯光雾勾选。

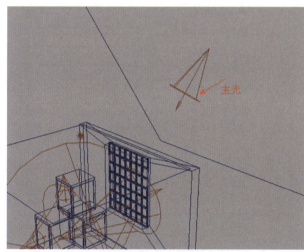

图1-71　创建主光

2 为了体现光影从窗户进来的效果，打开阴影，并调整阴影的属性，如图1-72所示。

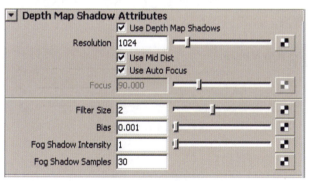

图1-72　阴影属性设置

3 阳光透过窗户照射进屋内，由于窗棂的遮挡灯光雾会出现栅格的效果，为了模拟这种效果，可以在灯光的颜色选项上添加二维程序纹理：Fractal（碎片纹理）。在 Color 属性后面 ■ 按钮处单击，弹出窗口中选择要添加的纹理 Fractal（图1-73）。单击即添加成功（此内容超出本章知识范围，为了知识的连贯在此添加，程序纹理详细讲解参照第2章）。
程序纹理的属性设置，如图1-74所示。

4 灯光和属性设置好之后进行渲染，就得到了如图1-75所示的效果。

图1-73　添加 Fractal纹理

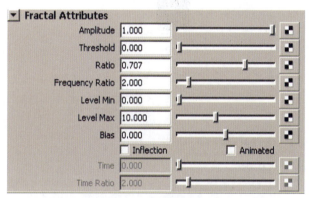

图1-74　Fractal纹理属性设置

图1-75　灯光雾最终渲染效果

1.2.4　光晕

Light Glow（光晕）是 Maya 灯光的另一种特效，调节 Light Glow 的属性，可以得到比较漂亮、绚丽的灯光效果。

下面以 Point Light（点光源）为例来讲解 Light Glow（光晕）的基础属性。

单击如图 1-76 所示 Light Glow 文本框后面的贴图按钮即 可创建该特效。

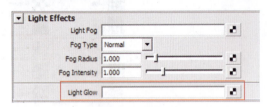

图1-76　创建特效

（1）Optical FX Attributes（光学特效节点属性）

建立光晕的同时，会打开 opticalFX1（光学特效节点）的属性面板，如图 1-77 所示。

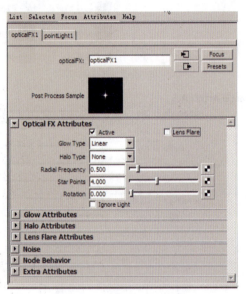

图1-77　特效节点属性窗口

【常用参数说明】

● Active（光晕开关）：控制打开或关闭光晕特效。默认状态下是勾选的，即打开光晕特效。

● Lens Flare（镜头光斑）：控制打开或关闭镜头光斑效果。默认状态下没有勾选，勾选后应用镜头光斑效果，并且激活下边的 Lens Flare Attributes（镜头光斑属性）部分参数。

● Glow Type（辉光类型）：Maya 提供了五种辉光效果，通过右侧的下拉菜单可以选择辉光的类型，如图 1-78 所示。

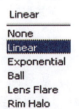

图1-78　辉光类型

➢ None：无辉光。

➢ Linear：线性。

➢ Exponential：幂数。

➢ Ball：球形辉光。

➢ Lens Flare：光斑。

➢ Rim Halo：环绕辉光。

● Halo Type（光晕类型）：与辉光类型相同。

（2）Glow Attributes（辉光属性）：用来控制辉光效果，如图 1-79 所示。

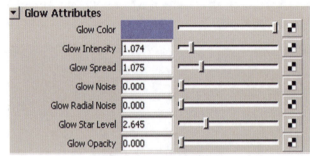

图1-79　辉光属性窗口

【参数说明】

● Glow Color：辉光颜色。

● Glow Intensity：辉光强度。

● Glow Spread：辉光扩散。

● Glow Noise：辉光噪波。

● Glow Radial Noise：辉光辐射噪波。

● Glow Star Level：辉光星慧水平线。

● Glow Opacity：辉光透明度。

（3）Halo Attributes（光晕属性）：用来控制光晕效果，如图 1-80 所示。

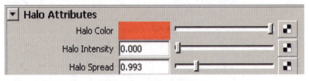

图1-80　光晕属性窗口

【参数说明】

● Halo Color：光晕颜色。

● Halo Intensity：光晕强度。

● Halo Spread：光晕扩散。

（4）Lens Flare Attributes（镜头光斑属性）：用来控制镜头光斑效果，如图 1-81 所示。

【参数说明】

● Flare Color：光斑颜色。

● Flare Intensity：光斑强度。

● Flare Num Circles：光斑圈数量。

● Flare Min Size：光斑最小尺寸。

● Flare Max Size：光斑最大尺寸。

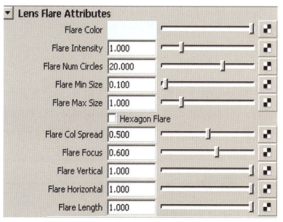

图1-81　镜头光斑属性窗口

- Hexagon Flare：六棱光斑开关。
- Flare Col Spread：光斑的扩散。
- Flare Focus：光斑焦距。
- Flare Vertical：光斑垂直方向。
- Flare Horizontal：光斑水平方向。
- Flare Length：光斑距离。

（5）Noise（噪波）：用来控制特效扰乱效果，如图1-82所示。

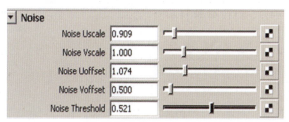

图1-82　噪波属性窗口

【参数说明】

- Noise Uscale：噪点 U 向比例。
- Noise Vscale：噪点 V 向比例。
- Noise Uoffset：噪点 U 向偏移。
- Noise Voffset：噪点 V 向偏移。
- Noise Threshold：噪波的终止值。

调节 opticalFX1 中的参数，渲染该点光，可以得到如图 1-83 所示的效果。

（a）Light Glow（辉光）

（b）Light Glow（辉光）加上Halo（光晕）效果

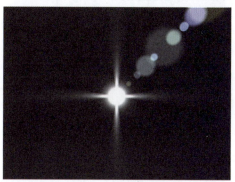

（c）Light Glow（辉光）加上Lens Flare（镜头光斑）效果

图1-83　点光源的辉光效果

实例　光晕制作

运用上面所学的光晕知识来做一个星空的实例，其最终效果如图1-84所示。

图1-84　星空案例最终效果

提　示

① Optical FX 是一个光学效果节点，通过它可以为点光、面光和聚光产生辉光、光晕和镜头闪光等特效。灯光特效在模拟不同的摄像机滤镜，如星光、蜡烛、火焰或大爆炸时是很有用的。

② 需要产生灯光特效的光源必须在摄像机视图里面，否则无法渲染。

③ 灯光特效是一个后期处理的过程，也就是在所有常规渲染完成后才有作用。

操作步骤如下。

1 打开已有模型场景（光盘：Project\1.2.4 Light Glow\scenes\1.2.4Light_base）找到 pointLight1，打开其属性窗口，创建 Light Glow 灯光特效，如图 1-85 所示。

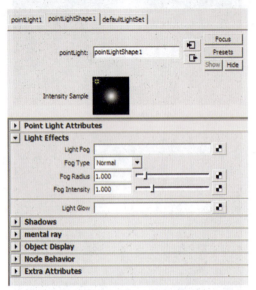

图1-85　Light Glow属性窗口

2 opticalFX1 的属性设置如图 1-86 所示。

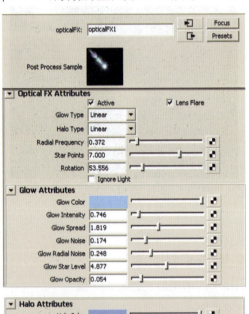

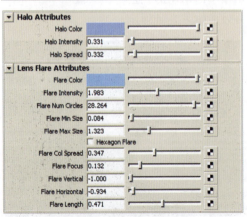

图1-86　opticalFX1属性设置

按照上图中设置之后进行渲染，就得到了图 1-84 的效果。

1.2.5　灯光链接

在 Maya 中，当灯光需要单独对某一个或几个物体照射，而不影响周围其他物体的时候，可以给物体和灯光做一个灯光链接。灯光链接在生产过程中使用频率非常高。

> **提示**
>
> 灯光链接在现实中是不存在的，是 Maya 软件提供的用来对灯光进行设置的特殊功能。软件中的效果实现与自然界的真实情况存在一定的差别，大家在学习的过程中需用心体会。

灯光链接的常用命令如下：

（1）Make Light Links（创建灯光链接）。

（2）Break Light Links（打断灯光链接）。

（3）Light Linking Editor（灯光链接编辑器）。

命令所在位置如图 1-87 所示。

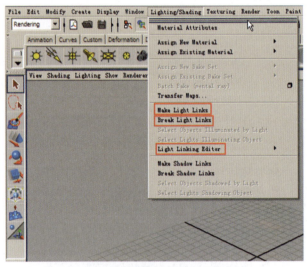

图1-87　灯光链接常用命令的菜单位置

图 1-89 中，静物场景案例中有四个不同大小和形状的模型，根据这几个模型来讲解灯光链接的应用。

选择 spotLight3（所要进行灯光链接操作的光源），打开其属性窗口，把"Illuminates by Default（灯光照明开关）"选项关闭（取消勾选状态），使它对场景中的所有物体都不进行照明。

用同样的方法，将场景中所有灯光的"Illuminates by Default"选项取消勾选。这时场景中的物体都不会被照亮。

选择场景中任意一种颜色的灯光，再选择任意模型，进入 Rendering 模块，执行 Lighting/Shading → Make Light Links 命令建立灯光链接（选 Break

Light Links 可以打断灯光链接），如图 1-88 所示。

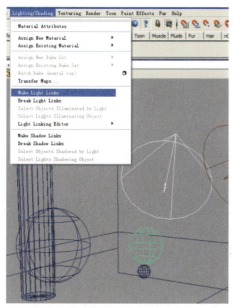

图1-88　建立灯光链接

渲染后可以发现该模型被照亮，并且物体偏灯光色显示。这说明该灯光只对选中的模型进行照明。灯光链接前后对比如图 1-89 所示。

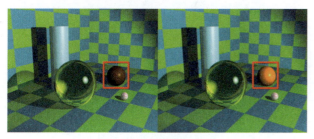

图1-89　灯光链接对比图

除了上述方法，还可以使用图 1-90 所示的关联编辑器进行灯光链接的操作，效果和之前使用命令的方式是一样的。

图1-90　关联编辑器命令

其具体操作方法如下。

选择 Lingt Linking Editor 菜单中的 Light-Centric 命令，在打开的 Relationgship Editor 窗口中，左边是场景中的灯光，右边是场景中的物体。

选择 directionalLight6，再点选右边 group 模型组，取消此灯与所有模型的链接后，找到 pasted_Moon1 并选中。这时显示为灰色的是有链接关系的，空选的（白色的）为没有灯光链接的，如图 1-91 所示。

图1-91　灯光链接操作图

1.2.6　GI——灯光阵列模拟全局光照

GI 光是通过 Maya 的一个插件——GI_Joe 实现的灯光，它把 Maya 中的基础灯光集合到了一起，通过 Mel 脚本实现。GI 光可以模拟自然光的照射效果。我们使用它模拟 Mental Ray 渲染器中的全局光照效果，最常用到的就是去掉画面中物体死黑的部分，GI 光通常作为辅助光源，在为场景或角色制作灯光时还需要添加主光源或其他辅助光源。

下面来介绍 GI_Joe 插件的安装、GI 光的创建及使用。

1）GI_Joe插件的安装

1　把 GIJoe.lights 复制到计算机的某个盘下，如 D 盘。

2　把 GI_Joe 复制到 Maya 安装目录的 scripts 文件夹下，如 C: \My Documents\maya\2009\scripts 目录下。

3　把 GIJoe_icon 复制到 Maya 安装目录的 icons 文件夹下，如 C:\My Documents\maya\2009\prefs\icons 里，这样就完成了 GI_Joe 插件的安装。

2）创建GI光

1　单击 Maya 界面右下角如图 1-92 所示的按钮，打开脚本编辑器。

图1-92　脚本编辑器

2　在脚本编辑器窗口中，单击 File → Source Script 命令，打开引用窗口。

3　导入插件 GI_Joe。

4　插件导入以后会出现如图 1-93 所示的界面，通过这个界面就可以在场景中创建 GI 光了。

选择要创建灯光的类型和个数，一般 skyLight 和 groundLight 都选 16，设置完成之后，单击 Go create

就在场景中创建了一个 GI 灯光矩阵。

图1-93 创建GI光界面

5 在脚本编辑器窗口，执行 File→Load Script 命令（图 1-94），将 GI_Joe 插件在脚本编辑器的编辑框中打开，选择 Mel 脚本开关的 "GI_Joe"，然后用鼠标中间键将其提到工具架上，并更改 GI_Joe 的图标，这样就在工具架上创建了一个快捷方式。

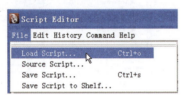

图1-94 Load Script命令菜单位置

3）调节GI属性

GI 光可以通过如图 1-95 所示窗口的属性控制，其属性与 Maya 基础灯光的属性类似，具体属性可以参照 Maya 基础灯光。

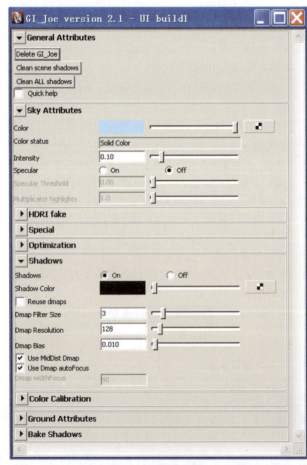

图1-95 GI光属性窗口

大家可以将这套灯光放入一个有模型的场景里看一下效果，如图 1-96 所示。这里整体照亮场景的只有一盏聚光灯和一套 GI 光，GI 照射出来的效果是很柔和的，阴影过渡也很自然，是一个很好的角色灯光效果，使用 Software 渲染能大致模拟出 Mental Ray 渲染的效果，虽然还有差距，但在大流程制作中是很稳定、方便的制作方法。

⚠ **注 意**

在使用 GI 光照时，仍需要单独添加主光、辅光，所以 GI 光的亮度一般很低，基本处于 0.1 以下，光的个数一般上下各 16 个，上边体现的是主光色，下面体现的是阴影色（以日景晴天为例，上面为暖色，下面为冷色）。

图1-96 GI光照效果

1.3 灯光的综合应用

在上一节里我们学习了灯光属性、灯光雾及灯光链接等内容，但是对于灯光只知道属性及单一的使用

Maya材质

方法是不能达到实际工作的要求的。在这一节里我们通过实例讲解灯光在实际生产过程中的使用方法。

1.3.1 三点光

我们在做角色灯光的时候，经常会使用三点光源的打法。三点光分别是主光源、补充光和背光。主光源是场景中光的主要来源，它定义了场景中主要的光角度。补充光是用来照亮主光源照射不到的地方。主光和补充光最好有颜色的冷暖对比。主光源一般为黄色或橙色，这样会使场景显得温暖。背光使物体有较亮的边缘，能使物体从背景中突显出来，让整个画面提气，使其具有透气的感觉，而不是那么闷，如图1-97所示。

默认光

三点光

图1-97　三点光与默认光效果对比

在这一部分，通过实例重点讲解使用 Spot Light（聚光灯）和 Point Light（点光）进行三点布光的方法。最终效果如图1-98所示。

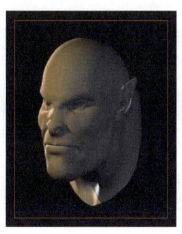
图1-98　案例最终效果

具体操作步骤如下。

1 打开已有模型文件（光盘：Project\1.3.1 Three Light\scenes\1.3.1Three Light _base）。

2 创建一盏聚光灯 spotLight1，将其设置为主光，然后更名为"key"，效果及具体设置如图1-99所示。

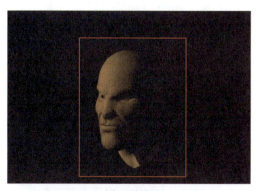
（a）渲染效果

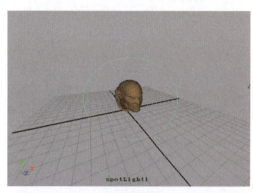
（b）透视图

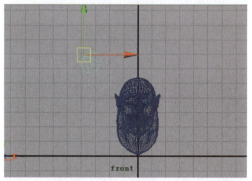
（c）前视图

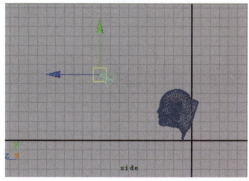
（d）侧视图

图1-99　主灯位置及属性设置

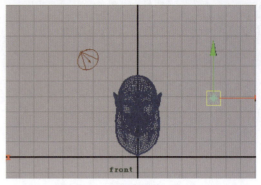

(c) 前视图

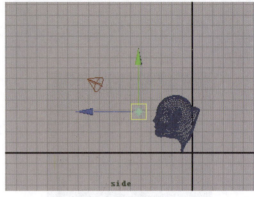

(d) 侧视图

图1-99（续）

3. 创建一盏点光 pointLight1 作为补光，然后将其更名为"fill_1"。标准的艺术效果通常把暗部处理为冷色，所以辅光颜色为冷色系，其效果图及具体设置如图1-100所示。

4. 再次创建一盏点光 pointLight2 作为补光，并更名为"fill_2"，用它来添加边缘光。边缘光是根据摄像机角度添加的，为了使边缘光效果更强，将白色作为灯光的颜色，可以增加角色上部边缘的亮度。效果及其具体设置如图 1-101 所示。

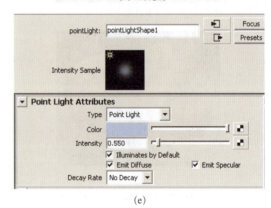

(e)

图1-100（续）

5. 创建一盏点光 pointLight3，并将其更名为"fill_3"，用来添加边缘光，此光增强了角色下部的边缘亮度。效果及具体设置如图 1-102 所示。

(a) 渲染效果

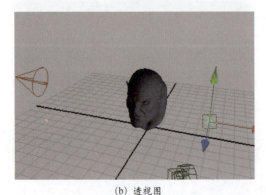

(b) 透视图

图1-100 补光fill_1位置及属性设置

(a) 渲染效果

图1-101 补光fill_2位置及属性设置

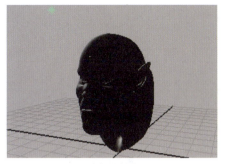

（b）透视图

（c）前视图

（d）侧视图

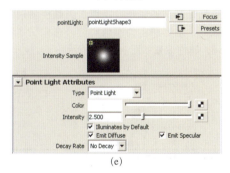

（e）

图1-101（续）

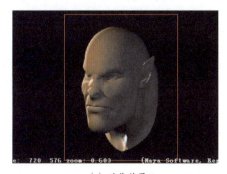

（a）渲染效果

图1-102　边缘光fill_3位置及属性设置

（b）透视图

（c）前视图

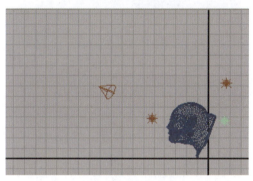

（d）侧视图

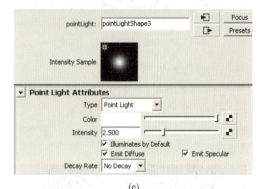

（e）

图1-102（续）

1.3.2　角色光

　　本部分通过实例讲解角色光的打法，利用灯光范围、辅光的高光、阴影和氛围灯光的颜色，实现一些特殊的高光反射效果。最终效果及整体布光如图1-103所示。

(a) 渲染效果

(b) 透视图

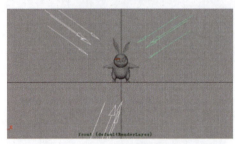

(c) 前视图

(d) 侧视图

图1-103　角色光效果及灯光位置

(b) 透视图

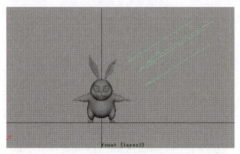

(c) 前视图

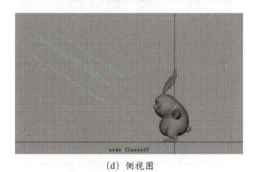

(d) 侧视图

图1-104（续）

038

具体操作步骤如下。

打开已有模型文件（光盘：Project\1.3.2 CH Lighting\scenes\1.3.2CH Lighting _base）。

1 创建一盏平行光，将其命名为"key"，定为主光源，灯光位置如图 1-104 所示。

(a) 渲染效果

图1-104　主光源灯光位置

这个角色是灰白的兔子，所以主光颜色要用暖而且干净的颜色，阴影颜色为暖咖啡红，这样整体看来色调很协调，属性设置如图 1-105 所示。

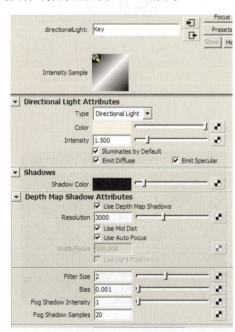

图1-105　主光源属性设置

⚠ **注 意**

灯光阴影尺寸一定要够，阴影不要有锯齿。

2 创建一盏平行光，命名为fill1，灯光位置如图1-106所示。

（a）渲染效果

（b）透视图

（c）前视图

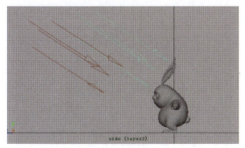

（d）侧视图

图1-106　fill1灯光位置

这盏光用来补正侧面光，属性设置如图1-107所示。

3 再次创建一盏平行光，命名为fill2，灯光位置如图1-108所示。

这盏光用来补正底侧面光，属性设置如图1-109所示。角色主要结构体现在脸部，脸部肤色面积大，更能体现光感，所以补光的角度是很细微的。

4 创建两盏面积光areaLight1和areaLight2，分别放在角色两只眼睛的位置，如图1-110所示。

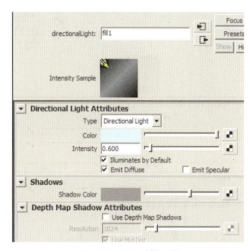

图1-107　fill1属性设置

（a）渲染效果

（b）透视图

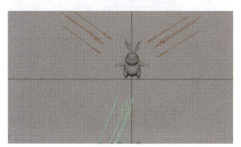

（c）前视图

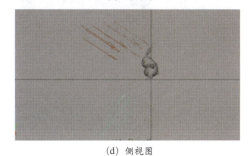

（d）侧视图

图1-108　fill2灯光位置

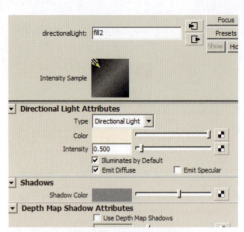

图1-109　fill2属性设置

（a）渲染效果

（b）透视图

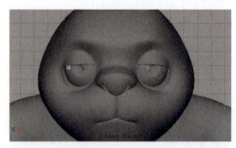

（c）前视图

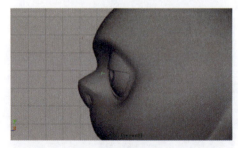

（d）侧视图

图1-110　areaLight1和areaLight2灯光位置

5 这两盏光用来处理眼睛的反光效果，可以看到，加了光后眼睛看起来更有神，且非常清澈，其属性设置如图 1-111 所示。

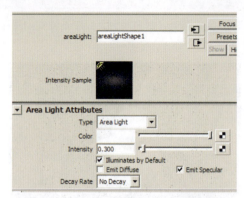

图1-111　areaLight1和areaLight2属性设置

6 创建一盏面积光 areaLight3，将其放在眼睛上方的位置，如图 1-112 所示。

（a）渲染效果

（b）透视图

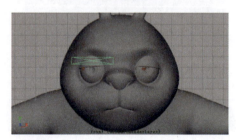

（c）前视图

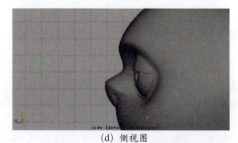

（d）侧视图

图1-112　areaLight3灯光位置

将光源与兔子皮肤的模型进行灯光链接，用于给暗面的部分提高亮度，属性设置如图 1-113 所示。

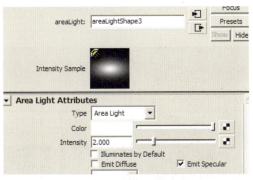

图1-113　areaLight3属性设置

到这里角色灯光就打完了，渲染一下就可以得到如图 1-114 所示的最终效果。

图1-114　角色光最终效果

1.3.3　时辰光

一天中随着时间的变化，光照的效果也是不一样的，早晨光线柔和，中午光线强烈，晚上光线暗淡，这些都是生活中每个人的亲身体会。在动画制作中，光照效果是体现时间最重要的方法，本节借助一个场景详细分析一天中不同时间段的光照效果。

1）早晨6点灯光

早晨 6 点钟，太阳光并没有直接照到物体上。这时的光，主要是太阳光在穿透大气时，在大气中的散射光照到地面后又反射到天空中的光。整体上说，这个时候光线比较柔和，阴影比较模糊，有点像影楼柔光灯箱出来的效果。以冷色调为主，只有在主光的方向上有一些暖色调的光，如图 1-115 所示。

2）上午10点灯光

10 点的灯光，开始正式照射到场景中，但是整体强度比较低。同时，太阳与地面的角度一般在40°～60°之间。这样，在地面上会生成比较"长"的阴影；同时，物体与地面相交的地方阴影比较清晰，之后散开模糊。灯光以淡黄色为主。只有在阴影区和背光区，会有少量冷色调，如图 1-116 所示。

图1-115　早晨6点灯光效果

图1-116　上午10点灯光效果

3）中午12点灯光

中午 12 点是一天中阳光照射最强的时间。太阳与地面的夹角接近 90°，阳光完全直接照到地面上。这个时候场景中暖色调的主光几乎照满了整个场景。冷色调只是在阴影区里有很小的一部分。阴影的边缘十分清晰和锐利。阴影的区域会变小。同时，在强烈阳光的漫反射下，会有一部分阴影区域被漫反射光线二次照亮，如图 1-117 所示。

图1-117　中午12点灯光效果

4）下午3点灯光

下午 3 点，阳光的照射强度本来不如 12 点时强烈，但是经过从 12 点到下午 3 点三个小时的照射，整个场景是一天中最热的。与 12 点相比，3 点的灯光会倾斜一些。这样阴影区域会被拉长一些。同时，为了表现"最热"的感觉，主光源的颜色是一种"发白的亮黄色"。在一部分区域，可以有一定程度的曝光出现，如图 1-118 所示。

图1-118　下午3点灯光效果

5）下午5点灯光

下午 5 点的灯光，比较暖一些，有一点点发红色。也就是常说的"夕阳西下"。主光源以柔和的暖红色为主，阴影比较长，比较模糊。相比 12 点和 3 点的强光，5 点的画面整体以柔和的感觉为主，如图 1-119 所示。

图1-119　下午5点灯光效果

6）下午7点灯光

7 点和 5 点比，太阳的角度更低一些。这时，整个场景会更暗一些，阴影会变得更模糊一些。下午 7 点和 5 点的制作方法基本一样，只是把灯光的强度调低一点，颜色调深一点，如图 1-120 所示，二者对比如图 1-121 所示。

图1-120　下午7点灯光效果

7）夜晚灯光

夜晚的灯光效果比较复杂，可以分为月亮照射的

冷光和人造灯光的暖光。阴影方面被人造灯光直射的地方，有比较"硬"的阴影。月光的部分一般以柔和的阴影为主。在本例中，背影的人造路灯比较特殊，晚上灯光效果如图 1-122 所示。

(a) 下午7点　　　　　(b) 下午5点

图1-121　下午7点与下午5点对比图

图1-122　晚上灯光效果

上文讲述的主要是晴天时不同时辰的光照效果，生活中还会遇到很多其他非晴天的气候。例如：雪天，由于白色的雪地反射会很强，整个画面效果就会亮很多，如图 1-123 所示。阴天，因为乌云遮盖了天空，光照强度很弱，整个画面就会暗下来，模糊不清，如图 1-124 所示。在制作中很多种因素都会影响光照效果，如气候变化、环境污染等。在实际工作过程中，灯光的设置应在晴天光照效果的基础上，结合特定情况来具体分析。

图1-123　雪天光照效果

图1-124 阴天光照效果

1.3.4 综合案例

通过前文几个案例（如：桌面静物灯光、三点光、角色光）的学习，我们已经了解灯光的使用方法及一些基本的灯光制作技巧。这一节将综合运用前面所学的知识，完成室内日景灯光的制作（图 1-125）。这是一个综合性很强的案例，运用了 Maya 提供的多种灯光，而且大范围使用灯光链接来细致地控制场景中物体的受光关系，模拟漫反射效果。学习完本节内容，读者应该能够综合运用 Maya 灯光，处理各种光照效果。

图1-125 光照效果参考图

从图 1-125 可以看出，主要的光源从窗户进入。根据自然常识，阳光经过玻璃的过滤后，会使室内的亮部主要体现冷色调。暗部的光源则是阳光照射室内各物体后，物体表面对光线相互反射的结果，主要以暖色调来表现。在灯光制作环节，首先应注意整体明暗关系的把握，然后再逐步进行细节的刻画。

1）确定主体明暗关系

打开已有的模型文件（光盘：Project\1.3.4 Interior Lighting \scenes\1.3.4 Interior Lighting _base）。

1 创建一个平面，用来模拟窗外的效果。材质用 Surface 材质，属性设置如图 1-126 所示。

（a）渲染效果　　　　　（b）透视图

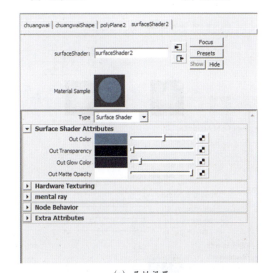

（c）属性设置

图1-126 Surface材质属性设置

2 创建一盏聚光灯，作为场景的主光源。位置如图 1-127 所示。

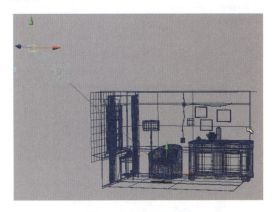

图1-127 场景光源位置

主光源注意和窗外的面片模型打断链接，灯光参数与渲染效果如图 1-128 所示。注意开启主光的投影，阴影用光线跟踪阴影。

3 在窗户的位置放置一面光源，用来弥补主光方向进光量的不足，如图 1-129 所示。灯光参数与效果如图 1-130 所示。

走进光彩的奇幻世界

Maya材质

(a) 渲染效果

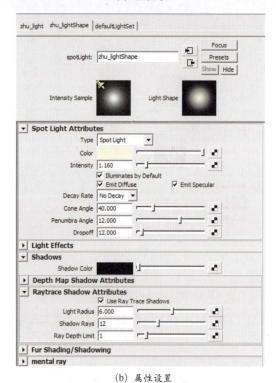

(b) 属性设置

图1-128　灯光参数与渲染效果

图1-129　面光源位置

(a) 渲染效果

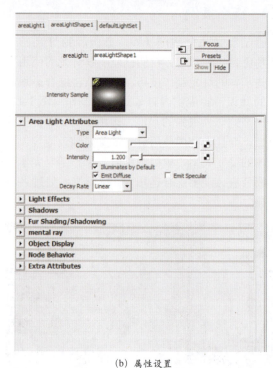

(b) 属性设置

图1-130　灯光参数与效果图

4 在摄像机方向上放置一面光源，用来照亮摄像机方向上的物体，如图 1-131 所示。

图1-131　灯光位置

灯光参数与效果如图 1-132 所示。

(a) 渲染效果

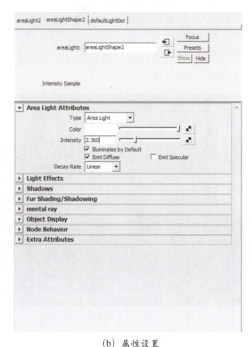

(b) 属性设置

图1-132　灯光参数与效果图

5 在室内放置一盏点光源，用来提亮整个场景中的物体，如图 1-133 所示。

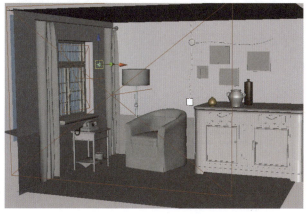

图1-133　灯光位置

灯光参数与效果如图 1-134 所示。

(a) 渲染效果

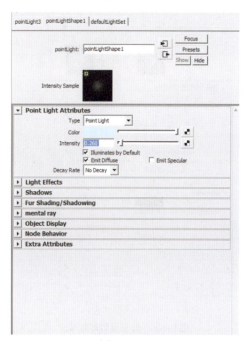

(b) 属性设置

图1-134　灯光参数与效果图

6 在主光源的正对方向上放置一盏聚光灯，用来照亮场景中靠窗物体的暗部，如图 1-135 所示。

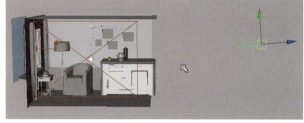

图1-135　灯光位置

灯光参数与效果如图 1-136 所示。

这盏聚光灯 spotLight2 主要作用是照亮窗口附近的暗面，所以在灯光链接中会排出 Sofa、Table、Line、Light、Frame、Chuangwai 具体的灯光链接关系，如图 1-137 所示。

(a) 渲染效果

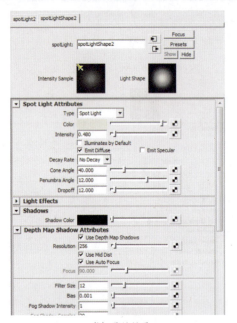

(b) 属性设置

图1-136　灯光参数与效果图

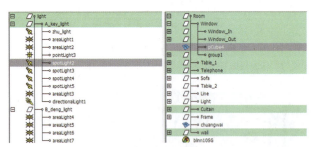

图1-137　灯光链接

到目前为止，场景的基本明暗关系已经制作出来了。

另外，需要注意的是，任何灯光都是有颜色倾向的。但在制作比较复杂的场景的时候，还是先从场景的明暗入手，这样在制作初期，不至于顾此失彼。

2) 场景局部明暗关系

在开始制作局部效果之前，需要注意一下灯光的照射高光选项。尤其场景物体带有高光属性材质的时

候（如：Blinn 材质球、Phone 材质球等），可以将主光源中照射高光的属性打开，补充的光则一定要把照射高光这个选项关闭。如果不关闭的话，整体图像就会到处都有不该出现的高光点。

（1）制作窗户部分的明暗效果

1 创建一盏聚光灯，位置如图 1-138 所示，用来照亮靠近窗户一侧的墙体。

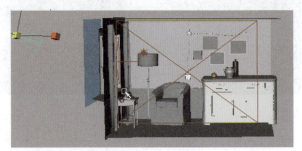

图1-138　聚光灯位置

灯光参数与效果如图 1-139 所示。

(a) 渲染效果

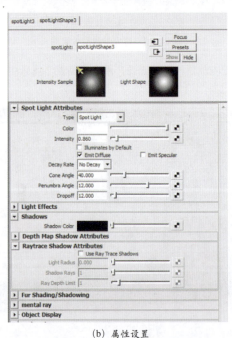

(b) 属性设置

图1-139　灯光参数与效果图

Maya材质

灯光链接关系如图 1-140 所示。

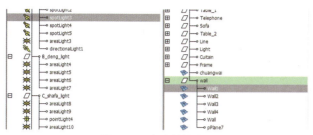

图1-140　灯光链接关系

2 创建一盏聚光灯，位置如图 1-141 所示，用来照亮靠近窗户上方的墙体。

图1-141　聚光灯位置

灯光参数与效果如图 1-142 所示。

（a）渲染效果

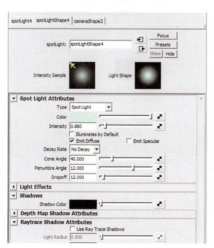

（b）属性设置

图1-142　灯光参数与效果图

灯光链接关系如图 1-143 所示。

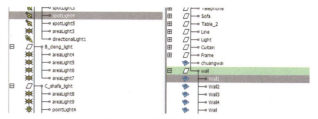

图1-143　灯光链接关系

3 创建一盏聚光灯，位置如图 1-144 所示，用来照亮窗台及窗户附近的桌子与电话。

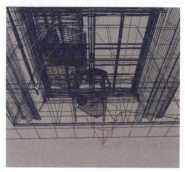

图1-144　灯光位置

灯光参数与效果如图 1-145 所示。

（a）渲染效果

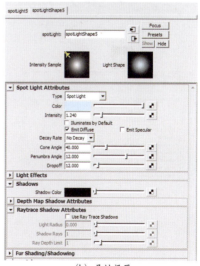

（b）属性设置

图1-145　灯光参数与效果图

灯光链接关系如图 1-146 所示。

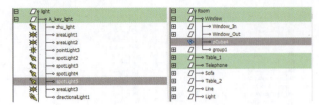

图1-146 灯光链接关系

4 创建一盏面光源，用来为正对摄像机的那面墙补光，如图 1-147 所示。

图1-147 灯光位置

灯光参数与效果如图 1-148 所示。

（a）渲染效果

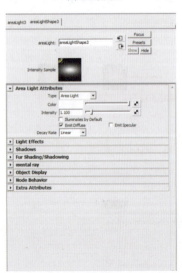

（b）属性设置

图1-148 灯光参数与效果图

灯光链接关系如图 1-149 所示。

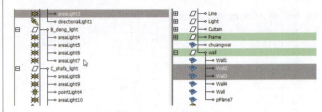

图1-149 灯光链接关系

（2）场景中的地灯照明

1 创建一盏面光源，来照亮地灯的亮部，如图 1-150 所示。

图1-150 灯光位置

灯光参数与效果如图 1-151 所示。

（a）渲染效果

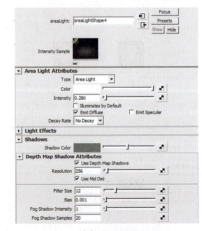

（b）属性设置

图1-151 灯光参数与效果

灯光链接关系如图 1-152 所示。

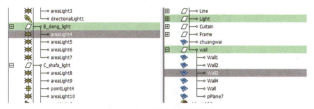

图1-152　灯光链接关系

在这一步需要特别注意一下，在对地灯亮部照明的时候还需要看到灯在墙面上的阴影。这个如何来处理呢？在这盏面光源的位置上再复制一盏相同的灯光，把灯光强度改为负值，同时关掉复制出灯光的阴影，然后注意打断这盏灯和地灯模型的链接。具体操作参考图1-153 与图 1-154 的对比。

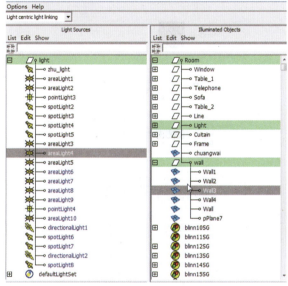

（a）灯光链接

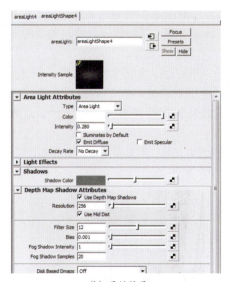

（b）属性设置

图1-153　灯光参数设置

2　创建一盏面光源，来照亮墙面对地灯的反光部分，如图 1-155 所示。

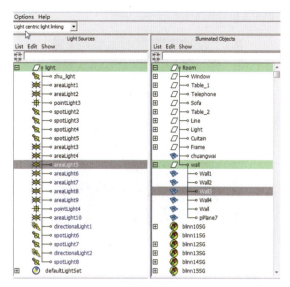

（a）灯光链接

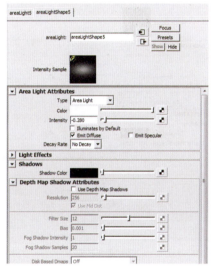

（b）属性设置

图1-154　灯光参数设置

图1-155　灯光位置

走进光彩的奇幻世界

灯光参数与效果如图 1-156 所示。

(a) 属性设置

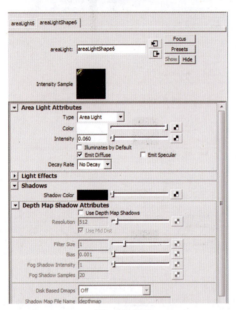

(b) 属性设置

图1-156　灯光参数与效果图

灯光链接关系如图 1-157 所示。

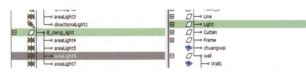

图1-157　灯光链接关系

3 创建一盏面光源，来照亮地灯的暗部，如图 1-158 所示。

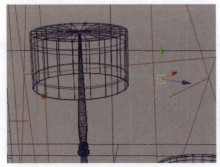

图1-158　灯光位置

灯光参数与效果如图 1-159 所示。

(a) 渲染效果

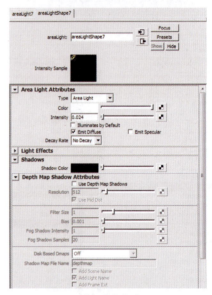

(b) 属性设置

图1-159　灯光参数与效果图

至此，场景的基本明暗关系就出来了。在下一节将主要对场景中的一些物体进行明暗关系的强调。

3) 灯光的细部修饰

现在，开始为沙发部分制作灯光。在这部分，需要更频繁地用到灯光的打断与链接命令。需要读者特别注意如何根据最终效果，分清什么灯光影响哪些物体。

1 创建一盏面光源，用来照亮沙发的亮部。灯光位置如图 1-160 所示。

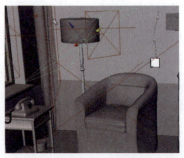

图1-160　灯光位置

灯光参数与效果如图 1-161 所示。

(a) 渲染效果

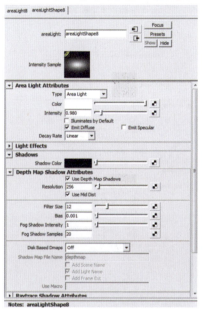

(b) 属性设置

图1-161　灯光参数与效果图

灯光链接关系如图 1-162 所示。

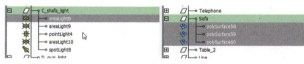

图1-162　灯光链接关系

2 创建一盏面光源，用来照亮沙发的立面。灯光位置如图 1-163 所示。

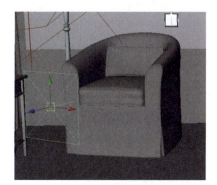

图1-163　灯光位置

灯光参数与效果如图 1-164 所示。

(a) 渲染效果

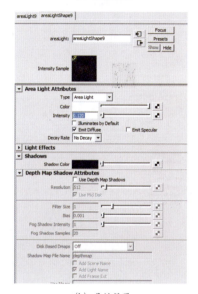

(b) 属性设置

图1-164　灯光参数与效果图

灯光链接关系如图 1-165 所示。

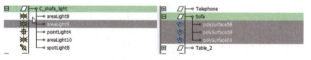

图1-165　灯光链接关系

3 创建一盏点光源，用来照亮沙发的上部，灯光位置如图 1-166 所示。

图1-166　灯光位置

灯光参数与效果如图 1-167 所示。

（a）渲染效果

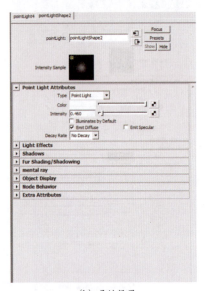

（b）属性设置

图1-167　灯光参数与效果图

灯光链接关系如图 1-168 所示。

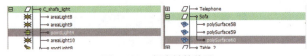

图1-168　灯光链接关系

4　创建一盏面光源，用来照亮沙发的暗部。灯光位置如图 1-169 所示。

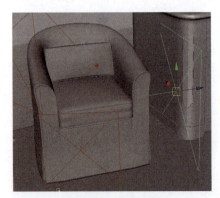

图1-169　灯光位置

灯光参数与效果如图 1-170 所示。

（a）渲染效果

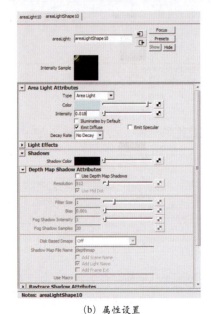

（b）属性设置

图1-170　灯光参数与效果图

灯光链接关系如图 1-171 所示。

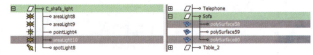

图1-171　灯光链接关系

5　创建一盏聚光灯，模拟墙体对沙发暗部的反光。灯光位置如图 1-172 所示。

图1-172　灯光位置

灯光参数与效果如图 1-173 所示。

（a）渲染效果

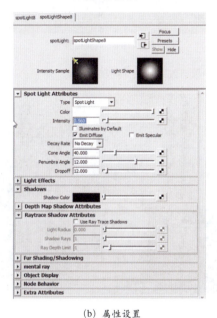

（b）属性设置

图1-173　灯光参数与效果图

灯光链接关系如图 1-174 所示。

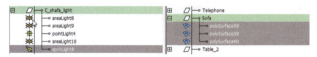

图1-174　灯光链接关系

6 在摄像机方向上放置一盏平行光，用来照亮摄像机方向上的墙体与相框，以及给相框与电线制作阴影。灯光位置如图 1-175 所示。

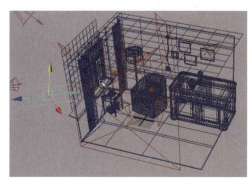

图1-175　灯光位置

灯光参数与效果如图 1-176 所示。

（a）渲染效果

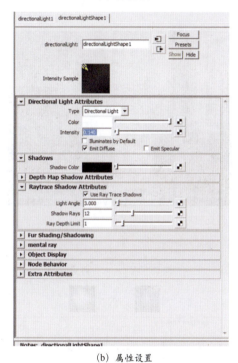

（b）属性设置

图1-176　灯光参数与效果图

灯光链接关系如图 1-177 所示。

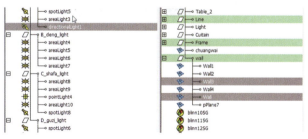

图1-177　灯光链接关系

7 创建一盏聚光灯，照亮柜子以及花瓶的亮部，灯光位置如图 1-178 所示。

灯光参数与效果如图 1-179 所示。

灯光链接关系如图 1-180 所示。

8 创建一盏平行光，为摄像机方向上的小桌子、电话以及窗帘的暗部补光，灯光位置如图 1-181 所示。

图1-178　灯光位置

（a）渲染效果

图1-181　灯光位置

灯光参数与效果如图 1-182 所示。

（a）渲染效果

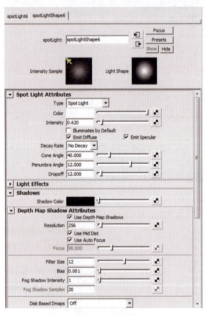

（b）属性设置

图1-179　灯光参数与效果图

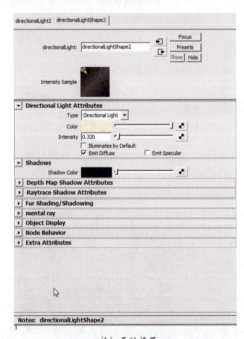

（b）属性设置

图1-182　灯光参数与效果图

图1-180　灯光链接关系

灯光链接关系如图 1-183 所示。

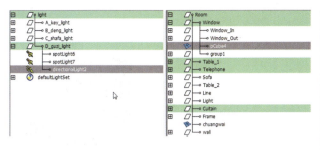

图1-183 灯光链接关系

在灯光学习的初级阶段，需要做好总结与归纳的工作。先做好场景基本的明暗关系，再对局部做进一步的处理。

灯光制作的基本目的是体现物体的立体感与场景的空间感。在达到这个要求的前提下，还需要学会用灯光来烘托场景气氛，表达剧情。平时多看一些优秀的摄影作品会对灯光制作有很大的帮助。

1.4 本章小结

（1）吸收、反射、折射是光的三个特性，它反映了物体的质感。

（2）明度、色相、饱和度是色彩的三要素，它们可以组合出万千色彩。

（3）灯光不仅可以照明，对灯光三要素（颜色、强度、方向）的合理组合，还可以营造出不同的氛围。

（4）Maya 中的灯光有 6 种，分别是：Ambient Light（环境光）、Directional Light（平行光）、Point Light（点光源）、Spot Light（聚光灯）、Area Light（区域光）和 Volume Light（体积光），其中最常用的是 Spot Light（聚光灯）、Directional Light（平行光）和 Point Light（点光源）。

（5）灯光的衰减直接影响渲染的时间，衰减越大，渲染时间越长。

（6）与现实中的灯光不同，Maya 中的灯光阴影分为两种：深度贴图阴影和光线追踪阴影。

（7）灯光雾一般使用两种灯光：聚光灯和点光源。

（8）灯光链接有 3 个基本命令：Make Light Links（创建灯光链接）、Break Light Links（打断灯光链接）和 Light Linking Editor（灯光链接编辑器）。

（9）三点布光法（即三点光）并不是只有三盏灯光，它是通过三种灯光，即主光源、补充光和背光的组合来体现画面的明暗关系。

（10）Maya 的默认 Software（软件）渲染器不能计算灯光的漫反射效果，可以使用灯光链接与灯光衰减相结合的方式来模拟，从而更好地体现画面细节。

（11）灯光类型简表（表 1-2）

表 1-2 灯光类型简表

图标	名称	特点	效果图
	Ambient Light（环境光）	从各个方向均匀地照射场景中的所有物体	
	Directional Light（平行光）	模拟一个非常明亮、遥远的光源。平行光所有的光线都是平行的	
	Point light（点光源）	这个灯光是模拟光从一个点向四周进行发散，所以光线是不平行的，光线相汇的地方就是光源的所在地	

走进光彩的奇幻世界

图　标	名　　称	特　　点	效果图
	Spot Light（聚光灯）	所有的光线从一个点并以用户定义的圆锥形状向外扩散	
	Area Light（区域光）	区域光是一种二维的面积光源，它的亮度不仅和强度相关，还和面积大小直接相关	
	Volume light（体积光）	它是一种可以控制光线照射范围的光，操作很灵活，可以手动控制衰减的效果	

1.5　课后练习

观察图 1-184，打开已有模型文件（光盘：Project\1.5 Homework\scenes\1.5 Homework_bose），运用之前学过的灯光知识，将室内日光场景的灯光效果制作出来。制作过程需要注意以下几点。

图1-184　室内日光

（1）把握整体色调的冷暖对比、明暗关系，以拉开主次关系，体现出层次感、空间感。

（2）熟练运用 6 种灯光和灯光链接，将场景光线制作出细腻的光线变化。

1.6　作业点评

图 1-185 是一幅较为精彩的卡通场景作品，在以下几个部分做得较为突出。

图1-185　较为精彩的场景灯光作品

（1）整体色调的搭配非常舒服，明暗对比与冷暖关系都很协调，画面风格清新自然。

（2）时间光把握准确，上午11点左右，主光方向与阴影分布都很合适。

（3）细节塑造到位，亮面、灰面、暗面的过渡关系准确。

同图1-185中的作品相比较，图1-186作品明显要逊色许多，主要体现在以下几点。

图1-186　较为失败的场景灯光作品

（1）时间光表现不准确，天空和建筑表现的时间不匹配，对黄昏的光线方向、颜色、强度没有体现到位，强度太高，颜色太亮，方向也不对。

（2）对阴影和暗面的塑造不到位，黄昏的阴影应该较为柔和，边缘模糊度较高。暗面和亮面应该有冷暖对比，并不是死黑一片。

（3）光线布置过于粗糙，主光太强，将受光面照得细节丢失严重，前后主次不够分明，层次感较弱。

2

熟悉手中的法宝
——材质面板
应用

> 了解材质球的常用属性
> 掌握程序纹理的应用
> 掌握层材质、环境贴图的使用方法
> 掌握Ramp的多层使用方法
> 掌握半透明效果的制作方法
> 通过案例理解反射、折射在Maya材质中的应用

本章将学习 Maya 材质编辑最基础的知识。无论从事什么工作都需要掌握完成任务所需要的工具和工作平台，本章重点讲解 Maya 材质编辑的基础工具——材质球，以及其工作平台——Hypershade（材质编辑器），并以实例的形式详解材质工具组合应用，实现一些基础质感。

2.1 基础工具——材质球

现实生活中，我们对于物体的感知主要是通过其材质进行的，在 Maya 这个三维软件中也提供了一套材质系统，通过材质球可设定物体的各种材料和质感。这一小节我们就来学习 Maya 的基础材质球及其属性。

2.1.1 Hypershade（材质编辑器）

在学习 Maya 基础材质球之前，我们需要先来了解材质编辑的工作窗口——Hypershade（材质编辑器）。

1）Hypershade（材质编辑器）界面

顾名思义，Hypershade（材质编辑器）就是对材质进行编辑的地方。Maya 中，所有物体表面的效果都是在这个窗口里制作和修改的。Hypershade（材质编辑器）最基本的元素是节点，材质编辑也就是对节点进行编辑从而产生特殊的效果。

执行 Window → Rendering Editors → Hypershade 命令，打开材质编辑器，如图 2-1 所示。

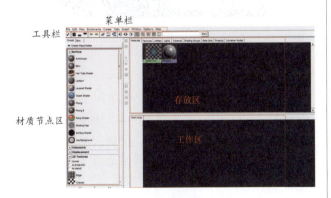

图2-1　材质编辑器

Hypershade（材质编辑器）操作窗口由 5 部分构成，分别是菜单栏、工具栏、材质节点区、存放区和工作区。

菜单栏的主要工作是创建、显示及编辑材质节点，它基本包含了材质编辑器里所有的命令。

工具栏的主要功能是整理和显示工作区及存放区，其快捷图标的功能见表 2-1。

材质节点区的工作就是存放和创建材质球、环境雾节点、置换节点、2D 程序纹理、3D 程序纹理、环境纹理、灯光、功能节点以及较色节点等。

表 2-1　材质编辑器快捷工具及其功能

快捷图标	功　　能
▪	显示或隐藏材质节点区
▪ ▬ ▪	单独、全部显示工作区或存放区
⇐ ⇒	显示上一步操作的材质球
🖉 🗗 🗖	在工作区展开材质球或清理工作区
🡒 🡒 🡒	显示上游节点或下游节点
🗗 🗗 🗗 🗗	对节点打组、整合

存放区的工作是存放已经创建及制作完成的材质球、纹理、节点、灯光等。对其进行分类整理，以方便我们查找并继续编辑材质球、纹理、节点、灯光等。

工作区用来操作节点之间的链接，就像一个工作台一样，我们所有操作性的任务都需要在工作区完成。

2）给物体赋材质的两种方法

方法 1　在材质编辑器的大纲中先选择一个材质球，左键单击便将其创建出来，并在工作区显示，然后选中要用的材质球，按住鼠标中键拖到物体上，材质就赋给模型了，如图 2-2 所示。

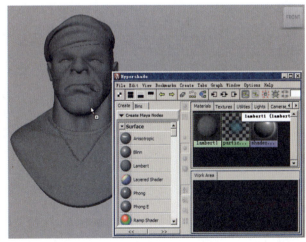

图2-2　为模型赋材质方法1

方法 2　在视图窗口中选择要赋材质的模型，在材质编辑器中已经存在的材质球上按住鼠标右键，执行将材质球赋予所选择的模型（Assign Material To Selection）命令，则把创建的材质球赋给选择的模型。材质也会被赋给物体，如图 2-3 所示。

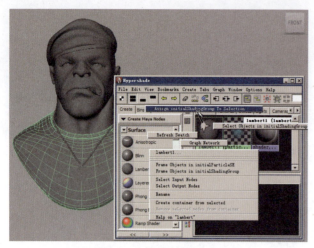

图2-3 为模型赋材质方法2

2.1.2 类型

物体表面的质感在影视动画中非常重要，这直接影响了物体在影片中的真实感，在 Maya 中体现物体的质感需要借助材质球，它可以调节物体表面的粗糙度、光泽、颜色和透明度等。

1）材质球的种类及特性

在材质编辑器左侧有一套材质球，可以利用这些材质球来表现物体的材质。材质球的种类及特性见表 2-2。

表 2-2　材质球的种类及特性

图标	名　称	特　　性
	Anisotropic	用于模拟具有细微凹槽的表面，例如头发、斑点、CD 光盘、羽毛、呢绒缎面织物等
	Blinn	具有较好的软高光效果，高质量的镜面效果，适用于多种表面
	Hair Tube Shader	因具有特殊高光性质，常用于模拟头发材质
	Lambert	它不包括镜面属性，对粗糙物体来说，这项属性是非常有用的，它不会反射出周围的环境。一般用来模拟平坦的磨光的效果，可以用于砖或土表面，如：木头、岩石、水泥墙壁等
	Layer shader	它可以将各种材质节点合成。每一层都具有其自己的属性，上层的透明度可以调整或者建立贴图控制，从而显示出下层或下层的某个部分
	Ocean Shader	一般用于海洋、水、油等液体的制作
	Phong	有比 Blinn 材质更明显的高光区，适用于表面具有光泽的物体，如：玻璃、水等

（续）

图标	名　称	特　　性
	PhongE	它是 Phong 的扩展材质球，增加了对高光的控制
	Ramp shader	它与颜色有关的属性都采用渐变色的方式来控制
	Shading map	赋予表面一个颜色，常用于非现实或卡通、阴影效果制作
	surface shader	赋予材质节点以颜色，与 Shading map 相似，但它还有透明度、辉光度与光洁度。更多地用于卡通效果的材质制作
	use backgroud	主要用来提取反射、阴影和抠像

2）shaderGlow（默认材质球）

在 Maya 材质编辑器的默认材质里面，可以模拟霓虹灯等辉光效果，如图 2-4 所示。

图2-4 默认材质球

2.1.3 属性

光了解材质球的类型，仅是知道了某个材质球更适合制作哪类物体，但是很多时候即便是同类物体，其表面的效果也是千差万别的。例如在制作金属的时候，生锈的金属和光泽的金属肯定是不一样的，这时候就需要进一步调整材质球的参数以实现更精细的效果。

在材质编辑器的"Create"列表中，单击所需的材质类型，创建一个材质球，新建的材质球会出现在工作区中。双击材质球，便可以打开材质球的属性窗口，如图 2-5 所示。通过调整材质球的属性可以得到好的效果。

材质球的属性如下。

1）Common Material Attributes（通用属性）

所谓通用属性，指的是各种材质球都有的，也是最基本的属性，其属性窗口如图 2-6 所示。

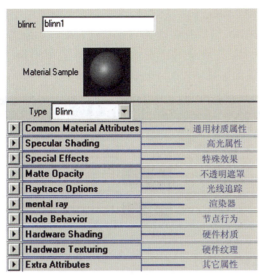

图2-5 材质球属性窗口

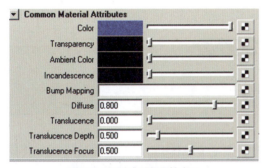

图2-6 材质球通用属性窗口

【参数说明】
- Color（材质的固有颜色）：它是表面材质最基本的属性。
- Transparency（材质的透明度）：当 Transparency 的值为 0（黑色）时，表面完全不透明；当其值值为 1（白色）时，表面完全透明。Transparency 的默认值为 0，如图 2-7 所示。

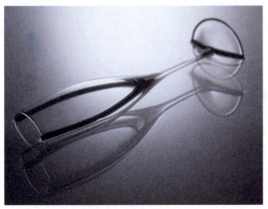

图2-7 透明效果

- Ambient Color（材质的环境色）：环境色的颜色默认为黑色，这时它并不影响材质的固有颜色。当 Ambient Color 变亮时，它改变被照亮部分的颜色，并混合这两种颜色，我们经常会用 Ambient Color 进行贴图和颜色的调整。
- Incandescence（自发光）：即自发光效果，模拟白炽状态的物体发射的颜色和光亮，但并不照亮其他的物体，它和环境光的区别是一个是被动受光，一个是本身主动发光，比如熔岩高温发热的状态就使用该参数来制作。
- Bump Mapping（凹凸）：靠纹理像素颜色的强度取值，在渲染时改变模型表面法线产生凹凸。但实际上这种凹凸效果是一种模拟的效果，它并没有改变模型的真实形态，它的改变只是基于表面。而置换则是真正地改变了模型，它与置换贴图的区别如图 2-8 所示。

(a) 凹凸　　　　　　(b) 置换

图2-8 凹凸与置换的对比

- Diffuse（漫反射）：用来描述物体反射光线的能力，它控制了入射光线中被漫反射那部分的百分比，可以理解为材质受光强弱控制值，默认值为 0.8，可用值为 0 到无穷大。
- Translucence（半透明度）：用来表示物体透光的能力，这样的材质可以透过来自外部的光线，既不反射又不折射，在物体自身形成次表面散射。常见的半透明材质有皮肤、蜡、气球、花瓣和叶子等，如图 2-9 所示。

图2-9 半透明效果

- Translucence Depth（半透明深度）：是光线透过半透明物体所形成阴影位置的远近，它的计算形式是以世界坐标为基准的。

● Translucence Focus（半透明的焦距）：是灯光通过半透明物体所形成阴影的大小。值越大，阴影越大；值越小，阴影越小。

2）Specular Shading（高光属性）

高光属性控制表面反射灯光或者表面炽热所产生的辉光，不同的材质球模拟的高光效果不同，因此它们的高光属性也有所不同。

（1）Anisotropic（各向异性）的高光属性

Anisotropic 的属性窗口如图 2-10 所示。

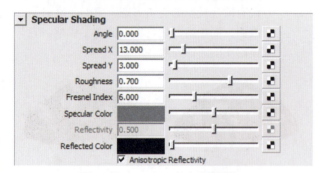

图2-10　Anisotropic的高光属性窗口

这种材质类型用于模拟具有微细凹槽的物体表面。一般用来制作头发、斑点和CD盘片等。

【参数说明】

● Angle（高光角度）：Anisotropic 材质球的高光区域像是一个月牙形，Angle 用于控制 Anisotropic 的高光角度。

● Spread X/Spread Y（X 展开方向和 Y 展开方向）：控制 Anisotropic 高光在 X 和 Y 方向的扩散程度，用这两个参数可以形成柱或锥状的高光。

● Roughness（物体表面的粗糙程度）：所谓粗糙程度这里理解控制高光大小。同时影响高光的亮度。

● Fresnel Index（菲涅耳指数）：控制高光强弱，值为 0 时，看不到高光，当把值加大时，高光逐渐增强。

● Specular Color（高光颜色）：用于控制高光的颜色。

● Reflectivity（反射强度）：控制材质表面反射能力的大小。

● Reflected Color（反射颜色）：常用的方法是通过在 Reflected Color 中添加环境贴图来模拟反射从而减少渲染时间。

● Anisotropic Reflectivity（各向异性反射强度）：当勾选此选项时，上方的 Reflectivity（反射强度）参数将被关闭，Maya 会遵从于 Roughness（粗糙程度）参数自动运算反射率，如果取消勾选则遵从 Reflectivity（反射强度）参数。

（2）Blinn 的高光属性

Blinn 材质具有优秀的软高光效果，是最常用的材质，有高质量的镜面高光效果，适用于铜、铅、钢、漆面等材质表面，其属性窗口如图 2-11 所示。

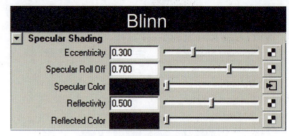

图2-11　Blinn的高光属性窗口

【参数说明】

● Eccentricity（离心率）：控制 Blinn 材质的高光区域的大小。

● Specular Roll Off（高光强度）：控制高光强弱。

提　示

Specular color、Reflectivity、Reflected Color 与之前讲过的各项材质相同，这里不再重复。

（3）Lambert 的高光属性

它没有高光属性，平坦的磨光效果可以用于砖或混凝土表面，常用来表现自然界的物体材质，如：木头、岩石、地面等。

（4）Ocean Shader 的高光属性

主要应用于海洋、水、油等液体，其属性窗口如图 2-12 所示。

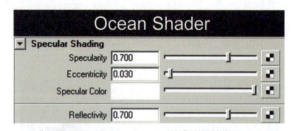

图2-12　Ocean Shader 的高光属性窗口

提　示

① Specularity 控制 Ocean Shader 的高光强弱，值越大高光越强。

② Eccentricity、Specular Color、Reflectivity 的作用同 Blinn 材质。

（5）Phong 的高光属性

Phong 有明显的高光区，适用于湿滑的、表面具有光泽的强高光物体，一般用来制作玻璃、塑料等。其属性窗口如图 2-13 所示。

Maya材质

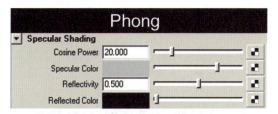

图2-13 Phong 的高光属性窗口

【参数说明】

● Cosine Power（余弦率）：控制 Phong 材质的高光的大小，值越小高光的范围越大。Phong 材质主要通过调节该参数对高光区域进行调节。

> **提 示**
>
> ① Phong 材质是没有高光强度的，强度由 Specular Color 的 V 值来控制。
>
> ② Specular Color、Reflectivity、Reflected Color 同 Blinn 材质。

（6）Phong E 的高光属性

Phong E 比 Phong 在高光的控制上更强，它能更好地控制高光区的效果，也更加便于操控。Phong E 实际上是 Phong 的一种提升，其属性窗口如图 2-14 所示。

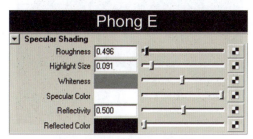

图2-14 Phong E 的高光属性窗口

【参数说明】

● Roughness（高光粗糙度）：控制高亮区域的柔和性。

● Whiteness（高光点强弱）：控制高亮区域的高光点的颜色。

● Hightlight Size（高光范围）：控制高亮区域的大小。

（7）Ramp Shader 的高光属性

它的每个控制高光的参数被细分出很多渐变的控制，从而使 Shader 的高光形成不同的颜色过渡，其属性窗口如图 2-15 所示。

【参数说明】

● Specularity（高光强弱）：控制 Shader 的强弱。

● Eccentricity（离心率）：控制 Shader 的大小。

● Specular Color（高光颜色）：控制高光的颜色，可以用一个渐变颜色控制。

● Specular Roll Off（高光强度衰弱）：控制高光的强弱，可以用一个曲线控制高光强弱。

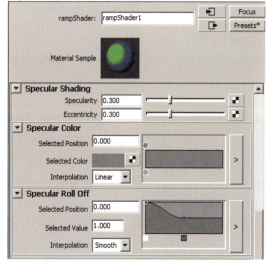

图2-15 Ramp Shader 的高光属性窗口

3）Special Effects（特殊属性）

这里所说的特殊属性即辉光（Glow），它是在渲染之后自动添加一个 Glow 的效果，其属性窗口如图 2-16 所示。辉光效果如图 2-17 所示。

图2-16 Special Effects 特殊属性窗口

图2-17 辉光效果

【参数说明】

● Hide Source（隐藏物体）：可以控制是否隐藏物体。

● Glow Intensity（光晕强度）：用来控制 Glow 的强弱。

4）Matte Options（不透明遮罩）

用于合成、控制渲染出的 Alpha 通道的透明度，在分层渲染时用处很大。

Matte Opacity Mode 三种模式分别是：Opacity Gain、Solid Matte 和 Black Hole，如图 2-18 所示。

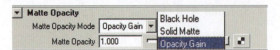

图2-18　Matte Opacity Mode三种模式

【参数说明】

- Opacity Gain（不透明度增益）：该模式会生成反射和阴影，其公式是：物体的遮罩参数＝渲染后遮罩数值 ×Matte Opacity。
- Solid Matte（匀值蒙版）：使材质的蒙版通道值保持为常量，系统将使用用户在 Matte Opacity（蒙版不透明度）滑块中指定的值，而不是默认值。其公式是：物体的遮罩数值 ＝ Matte Opacity。
- Black Hole（黑洞）：这个模式把 RGBA 设为（0，0，0，0）。

通常应用 Black Hole 参数来提取物体，例如图2-19中的模型，女孩与魔杖是有遮挡关系的。

图2-19　女孩模型

在一般的情况下叠加效果如图 2-20 所示。

(a)

(b)

图2-20　一般叠加效果

图 2-20 不是我们所需要的效果，为得到正确的效果，操作如下。

1　将图片中的背景和魔杖先单独渲染出来，再将人物和魔杖一起渲染，为魔杖赋予一个新的材质球，如图2-21 所示。

图2-21　渲染结果

2　将魔杖的材质的 Matte Opacity 属性的 Matte Opacity Mode 设定为 Black Hole，然后再渲染，可以得到如图2-22 所示的效果，这样就可以正确地合成了。

图2-22　Black Hole渲染结果

该图片的 Alpha 通道如图 2-23 所示。

图2-23　Alpha通道效果

3　合成后最终效果如图 2-24 所示。

5）Raytrace Options（光线追踪选项）

Raytace 主要是指在光线追踪的条件下物体自身产生的光学反应，其属性窗口如图 2-25 所示。

图2-24　最终合成结果

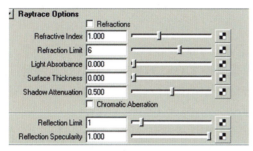

图2-25　Raytrace Options属性窗口

【参数说明】

- Refractive Index（折射率）：指的是光线穿过透明物体时被弯曲的程度。当光线从一种介质进入另一种介质时容易发生折射，如光线从空气进入玻璃，或离开水进入空气，当射率为1时不弯曲，常见物体的折射率见表2-3。

表2-3　常见物体折射率

物体	空气/空气	空气/水	空气/玻璃	空气/石英	空气/晶体	空气/钻石
折射率	1	1.33	1.44	1.55	2.00	2.42

- Refraction Limit（光线被折射的次数限制）：折射次数越多，渲染运算速度越慢，如果 Refraction Limit 为10，则表示该表面折射的光线在之前已经过了9次折射。
- Light Absorbance（光线吸收率）：值越大对光线的吸收能力就越强，从而影响物体的反射和折射。
- Surface Thickness（表面厚度）：即介质厚度，用于表现介质厚度。
- Shadow Attenuation（阴影衰减）：折射时阴影衰减控制。
- Chromatic Aberration（彩色相差）：光线在穿过透明物体的表面时，在不同的折射角度下会产生出不同色彩的光线。通过三棱镜可感受这种效果。

- Reflection Limit（光线被反射次数限制）：如果 Reflection Limit 为10，则表示该表面反射的光线在之前已经过9次反射。
- Reflection Specularity（反射高光控制）：用于减少光线跟踪而产生的细小高光的抗锯齿效果，此属性存在于Phong、phongE、Blinn、Anisotropic 材质。值为1即可获得较好效果。

⚠ 注　意

在材质球属性设置中如果使用了 Raytrace，同时还要打开渲染器中的光线追踪开关（Render GlobalSetting → Maya Software → Raytracing Quality → Raytracing），只有此选项打开，材质的光线追踪设置才能生效。

6）ShaderGlow（节点属性）

ShaderGlow 节点是个默认的材质球，用于辉光调节，其属性窗口如图 2-26 所示。

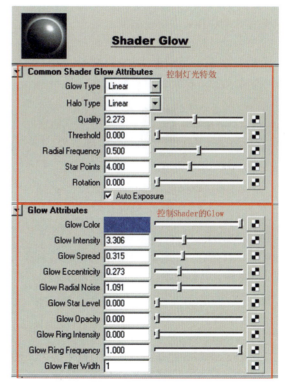

图2-26　ShaderGlow属性窗口

【参数说明】

- Glow Color（辉光颜色）：控制辉光的颜色。
- Glow Intensity（辉光强度）：控制辉光的强弱。
- Glow Spread（辉光展开）：控制辉光的扩张。
- Glow Eccentricity（辉光离心率）：控制辉光的大小。
- Glow Radial Noise（辉光噪波）：控制辉光的形状。

- Glow Star Level（辉光星形级别）：控制辉光的形状。
- Glow Opacity（辉光不透明度）：控制辉光的不透明度。
- Glow Ring Intensity（辉光外环强度）：控制辉光环的强弱。
- Glow Ring Frequency（辉光外环频率）：控制辉光环的频率。
- Glow Filter Width（辉光过滤器宽度）：控制辉光模糊范围。

提 示

Shader Glow 是整体控制 Glow 的参数，它影响场景内所有材质球的辉光属性。

2.1.4 特殊材质球

特殊材质球包括 Shading Map、Surface Shader、Layered Shader 和 Use Background，它们在渲染过程中具有特殊的作用，多用于后期合成。

1）Shading Map

给材质表面一个颜色，常用于非现实艺术效果、卡通或阴影效果，其属性窗口如图 2-27 所示。

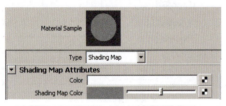

图2-27 Shading Map材质属性窗口

【参数说明】

- Color（颜色）：选择一种颜色，或连接另外一个 Shader，从而继承这一个 Shader 的属性。
- Shading Map Color（着色贴图的颜色）：控制 Color 属性连接的 Shader。

2）Surface Shader

Surface Shader 用于给材质表面赋予颜色，但它有更多属性，常用于卡通材质的制作。其属性窗口如图 2-28 所示。

【参数说明】

- Out Color（输出颜色）：用于控制贴图添加的颜色。
- Out Transparency（输出透明度）：控制输出的透明度。
- Out Glow Color（输出辉光颜色）：用于输出辉光颜色。
- Out Matte Opacity（输出蒙版不透明度）：渲染图像的 Alpha 通道的灰度值。

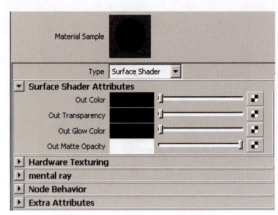

图2-28 Surface Shader材质属性窗口

3）Layered Shader

Layered Shader 可以将各种材质节点合成。每一层都可以具有其自己的属性，上层的透明度可以调整或者建立贴图控制，从而显示出下层或下层的某个部分。

图 2-29 中红线框部分就是 Layer 的工作区域，可以通过鼠标的中键将 Shader 拖放进来，层的位置移动也是通过鼠标中键拖放实现的，其属性窗口如图 2-29 所示。

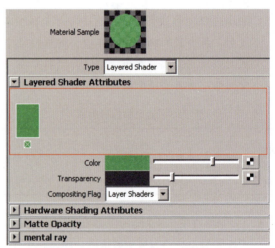

图2-29 Layered Shader材质属性窗口

【参数说明】

- Color（颜色）：用来连接一个 Shader 或一个 Texture。
- Transparency（透明度）：调节当前层中的透明属性。这与 Shader 的属性中的透明是不同的，这里的透明属性是对材质全部属性的透明（如 Color、Incandescence、Specular Color 等属性）。
- Compositing Flag（合成方式）：Layer Shaders 方式是将贴图和 Shader 的属性一起做合成运算。Layer Texture 方式指贴图之间进行合成运算。

4）Use Background

Use Background 有 Specular Color 和 Reflectivity

两个常用属性，一般作为光影追踪合成时的单色背景使用，常用来进行抠像，其属性窗口如图2-30所示。

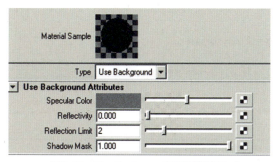

图2-30　Use Backgroud材质属性窗口

【参数说明】

● Specular Color（高光颜色）：控制高光的强弱。
● Reflectivity（反射率）：含义同表面材质属性。
● Reflection Limit（反射次数限制）：含义同表面材质属性。
● Shadow Mask（阴影蒙权）：控制承载阴影的强弱，即值为0时不透射出阴影，随着值的增加承载阴影效果逐步明显。

2.2　程序纹理节点

纹理归根结底就是图形，而程序纹理就是Maya中自带的图形，它是通过程序编辑形成的图形，就像矢量图一样，不会因为变大而出现锯齿。它可以制作一些简单重复的图形，例如Cloth纹理用来制作布纹、Grid纹理用来制作横纵网格、Nosie纹理用来制作石头的凹凸、Ramp纹理用来制作天空的颜色渐变等。

2.2.1　二维程序纹理

2D Textures（二维程序纹理）就像海报招贴一样，只有高和宽，它是通过编程的方式得到的图片。

1）投射方式

2D程序纹理有3种不同的投射方式，详细介绍如下。

（1）Normal（常规投射方式）

常规投射方式又称ＵＶ纹理贴图，它是根据物体表面的ＵＶ分布来赋予纹理的。也就是说，被赋予纹理贴图的三维模型的网络的疏密和走向将会影响纹理的尺寸和方向，也称为包裹模式。常规投射2D纹理如图2-31所示。

（2）As projection（映射投射方式）

映射投射方式就像投影机投影图像一样，在三维空间投射出二维图像来。通过不同的贴图坐标将2D纹理投影在模型物体的表面上，如图2-32所示。

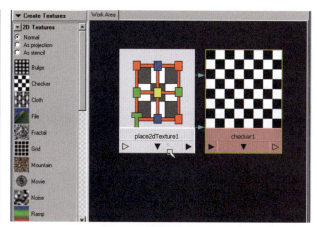

图2-31　常规投射2D纹理

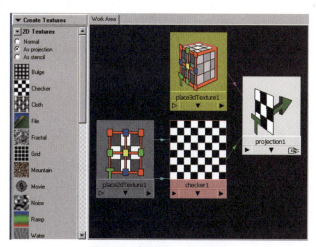

图2-32　映射投射方式2D纹理

（3）As stencil（标签贴图投射方式）

标签贴图投射方式在应用中不像常规投射方式和映射投射方式那样广泛。它的主要作用是使某特定图像作为2D纹理贴于物体表面的特定区域，或通过透明遮罩（Mask）的方式隐藏标签内容，如图2-33所示。

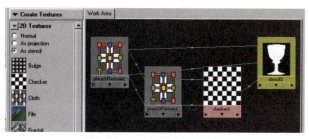

图2-33　标签贴图方式2D纹理

2）通用属性

之所以将Maya提供的这些纹理称之为程序纹理，是因为这些纹理具有一些属性供创作者控制，不同的2D程序纹理既具有特有的属性，同时又具有一些通用的属性，也就是每个2D节点都具有的属性。下面就先来介绍2D程序纹理的通用属性。

（1）Color Balance（色彩平衡属性）

色彩平衡属性是对节点的简单较色处理和通道的调节，属性窗口如图 2-34 所示。

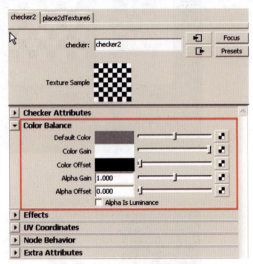

图2-34　Color Balance属性窗口

【参数说明】

- Default Color（默认颜色）：只有在 2D 贴图坐标覆盖不满的时候才有用。
- Color Gain（颜色增益）：应用到纹理的"outColor"通道的比例因子。例如，通过将该参数设置为蓝色着色，可以调整绿色过重的纹理的颜色。默认颜色为白色（无效果）。
- Color Offset（颜色偏移）：应用到纹理的"outColor"通道的偏移因子。例如，通过将该参数设置为灰色着色，可以提亮过暗的纹理的颜色。默认颜色为黑色（无效果）。
- Alpha Gain（Alpha 增益）：应用到纹理的"outAlpha"通道的比例因子。仅当纹理用作凹凸或置换时才有效果，默认值为 1（无效果）。
- Alpha Offset（Alpha 偏移）：应用到纹理的"outAlpha"通道的偏移因子。仅当纹理用作凹凸或置换时才有效果。例如，如果 Alpha Gain 值为 −1，而 Alpha Offset 值为 1，则"outAlpha"通道发生反转。默认值为 0（无效果）。
- Alpha Is Luminance（Alpha 取决于亮度）：用色彩的亮度信息作为 Alpha 值。有些图片自身带通道，如果不想要它自身的通道，可以将它的亮度信息当作通道。合成时，纹理的明亮区域变得更不透明，而较暗的区域更透明。

（2）Effects（效果处理属性）

Effects 属性窗口如图 2-35 所示，用来对纹理进行简单的效果处理。

【参数说明】

- Filter（过滤器）：很细微地模糊图像。

- Filter Offset（过滤器偏移）：模糊图像，数值非常明显，数值稍微给一点点就很明显。
- Invert（反转颜色）：黑变白，白变黑。

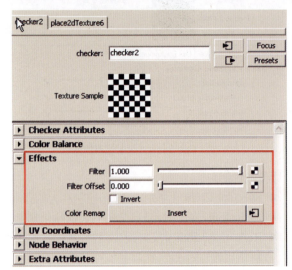

图2-35　Effects属性窗口

- Color Remap（重新贴图）：按图像的亮度重新赋予颜色，用默认的红绿蓝替代原来的颜色，纹理不变，颜色改变。

3）特有属性

（1）Bulge 纹理节点

Bulge 节点一般在测试、模拟远景楼房窗户，或制作反光板时使用。

Bulge 特有属性如图 2-36 所示。

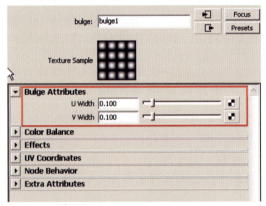

图2-36　Bulge特有属性

【参数说明】

- U Width（U 方向宽度）：控制纹理黑色 U 方向的宽度，取值在 0～1 之间，默认值是 0.1。
- V Width（V 方向宽度）：控制纹理黑色 V 方向的宽度，取值在 0～1 之间，默认值是 0.1。

材质节点链接及渲染效果如图 2-37 所示。

（2）Checker 纹理节点

Checker 节点一般用来模拟地砖或用来检查 UV 是否有拉伸。

Maya材质

Checker 节点特有属性如图 2-38 所示。

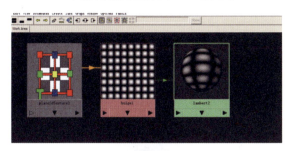

图2-37　Bulge材质节点链接及渲染效果

图2-38　Checker节点特有属性

【参数说明】

● Color1/Color2（颜色 1 和颜色 2 对比度）：设定棋盘格纹理的两种颜色。

● Contrast（两种纹理颜色的对比度）：取值范围是 0～1，默认值是 1。

材质节点链接及渲染效果如图 2-39 所示。

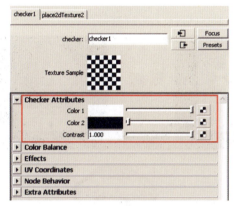

图2-39　材质节点链接及渲染效果

（3）Cloth 纹理节点

Cloth 节点一般用来模拟编织物或其他纺织品的材质。

Cloth 节点特有属性如图 2-40 所示。

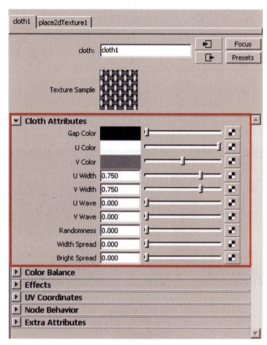

图2-40　Cloth节点特有属性

【参数说明】

● Gap Color（间隔颜色）：U 方向和 V 方向之间间隔区域的颜色。边沿处的颜色将混入其属性当中。Gap Color 颜色越浅，所模拟布料的纤维就越柔软、透明。

● U Color（U 向颜色）：调节 U 方向线条的颜色。

● V Color（V 向颜色）：调节 V 方向线条的颜色。

● U Width（U 向宽度）：调节 U 方向线条的宽度。

● V Width（V 向宽度）：调节 V 方向线条的宽度。

● U Wave（U 向波纹度）：调节 U 方向线条的波纹起伏大小。

● V Wave（V 向波纹度）：调节 V 方向线条的波纹起伏大小。

● Randomness（随机种子）：在 U 和 V 方向随机涂抹纹理。调整 Randomness 值可以用不规则的线条创建外观自然的布料，或者防止在精细的布料纹理上出现锯齿或网状波纹。该值范围是 0～1，默认值是 0。

● Width Spread（宽度延展）：随机设置每条线条不同位置的宽度，其方法是从 U/V Width 值减去一个随机值（在 0 到 Width Spread 值之间的值）。例如：如果 Width Spread 大于或等于 Width 值时，在线上某些位置线条就会消失。该值范围是 0～1，默认值是 0。

● Bright Spread（亮度延展）：随机设置每条线不同位置的亮度，其方法是从 U/V Color 值减去一个随机值（与 Width Spread 相似）。该值范围是 0 ～ 1，默认值是 0。

提 示

Randomness、Width Spread 和 Bright Spread 这三个属性都是与随机有关的数值，可以根据自己的感觉调节出最好的随机效果。

材质节点链接及渲染效果如图 2-41 所示。

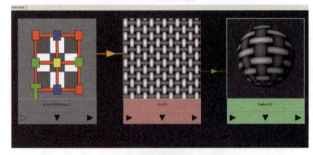

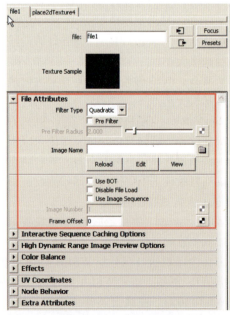

图2-41　材质节点链接及渲染效果

（4）File 纹理节点

File 节点是非常常用的一个节点，因为任何一张图片都会以文件节点的形式调入。

File 节点特有属性如图 2-42 所示。

图2-42　File节点特有属性

【参数说明】
● Filter Type（过滤类型）：设置纹理的抗锯齿过滤类型。
● Pre Filter（预过滤）：对图像去除不必要的噪波和锯齿。
● Pre Filter Radius（预过滤半径）：去除噪波锯齿的半径大小，数值越大越光滑。
● Use BOT（使用块规则纹理）：可以选择是否要消减内存消耗，一般大场景中使用。
● Disable File Load（禁止文件加载）：设置之后，不参加渲染。
● Use Image Sequence（使用图像序列）：使用动态素材，以序列帧的形式调入进来。
● Frame Offset（帧偏移）：选中后可以移动帧。

材质节点链接及渲染效果如图 2-43 所示。

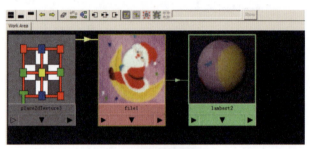

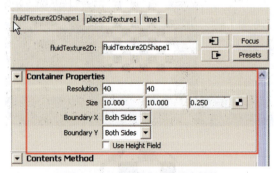

图2-43　材质节点链接及渲染效果

（5）FluidTexture2D 纹理节点

2D 流体一般特效里会用到，模拟流体云、烟雾等。

FluidTexture2D 特有属性如图 2-44 所示。

图2-44　FluidTexture2D特有属性

【参数说明】
● Resolution（容器网格分辨率）：控制平面网格X、Y 轴的网格分辨率。

- Size（容器网格大小）：控制平面网格 X、Y 轴大小。2D 网格因为只是一个平面，所以 Z 轴默认 0.25。
- Boundary X（X 轴边界限制）：有 5 个选项，其中 None 表示没有限制；Both sides 表示全部限制；−X sides 表示 −X 轴限制；X sides 表示 X 轴限制；Wrapping 表示包裹。
- Boundary Y（Y 轴边界限制）：有 5 个选项，含义与 Boundary X 的类似，不再重复。
- Use height field：使用高度场。

（6）Fractal 纹理节点

Fractal 节点具有随机功能和特殊的分配频率，可以用做凹凸，表现粗糙表面。

Fractal 节点特有属性如图 2-45 所示。

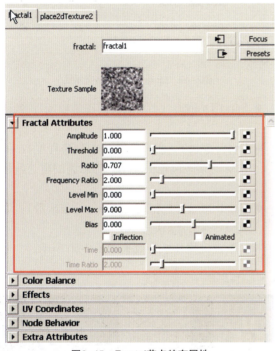

图2-45　Fractal节点特有属性

【参数说明】
- Amplitude（振幅）：控制噪波振幅的大小，取值为 0～1，默认为 1。
- Threshold（噪波的极限值）：取值为 0～1。默认为 0。
- Ratio（噪波样式的比率）：控制分形图案的频率，取值为 0（低频率）～1（高频率）。
- Frequency Ratio（噪波样式的频率）：确定噪波频率的相对空间比例。
- Level Min（噪波重复的最小值）：取值为 0～25。
- Level Max（噪波重复的最大值）：取值为 0～25。

- Bias(偏移值)：将 −1～1 的噪波吸引向 1 或 0。大于 0 的值会导致分形的对比更大，小于 0 的值会使其更为平坦或尖锐。
- Inflection（弯曲）：控制产生变形的效果。
- Animated（动画）：开启动画，打开访问 time 和 time ratio 属性。
- Time（时间）：控制噪波频率的时间比例关系。Time 不是 1 时，动画不会重复。
- Time Ratio（时间比例）：意味着在直径比率频率中，更高的频率噪波移动更快。

材质节点链接及渲染效果如图 2-46 所示。

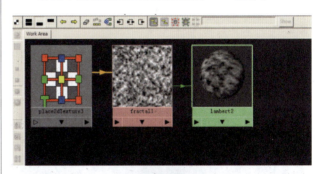

图2-46　材质节点链接及渲染效果

（7）Grid 纹理节点

Grid 节点在表面的水平方向和垂直方向，应用于分等级的格子图案。

Grid 节点特有属性如图 2-47 所示。

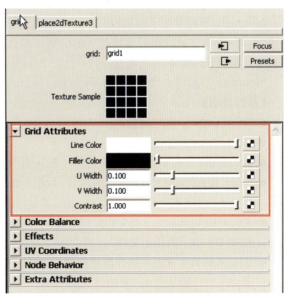

图2-47　Grid节点特有属性

【参数说明】

- Line Color（网格线颜色）：控制网格线的颜色，默认为白色。
- Filler Color（填充颜色）：控制格子的颜色，默认为黑色。
- U Width/V Width（U 宽度/V 宽度）：控制 U 和 V 方向的方格线的粗细，范围是 0～1，默认是 0.1。
- Contrast（对比）：控制线颜色和格子颜色的对比度，取值范围是 0～1，默认是 1。

材质节点链接及渲染效果如图 2-48 所示。

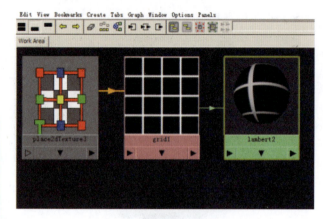

图2-48　材质节点链接及渲染效果

（8）Mountain 纹理节点

Mountain 节点常用于渲染地形，可以作为置换贴图或者凹凸贴图，可以模拟连绵起伏的山脉，而且可以把平坦的区域和陡峭的区域分开。

Mountain 节点特有属性如图 2-49 所示。

【参数说明】

- Snow Color：雪的颜色。
- Rock Color：石头的颜色。
- Amplitude（雪和石头振幅的大小）：默认值为 1。
- Snow Roughness（雪的粗糙程度）：取值范围是 0～1，默认是 0.4。
- Rock Roughness（石头的粗糙程度）：取值范围是 0～1，默认是 0.707。
- Boundary（雪和石头边界粗糙程度）：取值范围是 0～1，默认是 1。数值越大越粗糙。
- Snow Altitude（雪的高度）：默认值是 0.5。

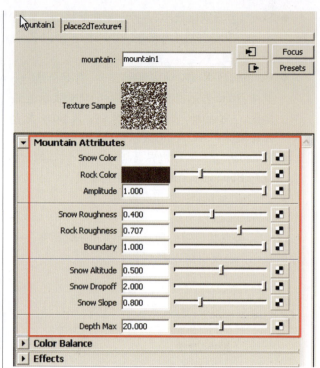

图2-49　Mountain节点特有属性

- Snow Dropoff（雪对石头的覆盖程度）：默认值为 2。
- Snow Slope（雪在山脉上的黏滞程度）：如果山脉的某些位置很陡峭，那么雪的覆盖就相对较少。
- Depth Max（雪和石头纹理的重复次数）：取值是 0～40，默认为 20。

材质节点链接及渲染效果如图 2-50 所示。

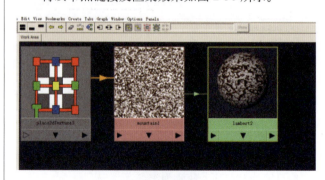

图2-50　材质节点链接及渲染效果

（9）Movie 纹理节点

Movie 节点用于导入一个高性能但显示为低质量

Maya材质

的动画图像到场景中，它会随着当前时间的变化而快速更新。支持的节点格式有：AVI、SGI Moive 和 Quick Time。

Movie 节点特有属性如图 2-51 所示。

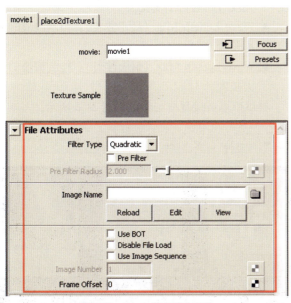

图2-51　Movie节点特有属性

【参数说明】

- Filter Type（过滤类型）：设置纹理的抗锯齿过滤类型。
- Pre Filter（预过滤器）：对图像去除不必要的噪波和锯齿。
- Pre Filter Radius（预过滤器半径）：去除噪波锯齿的半径大小，数值越大越光滑。
- Image Name（图像名称）：选择影像文件的路径及文件名。
- Use BOT（使用块规则纹理）：大场景中使用，存在硬盘上。
- Disable File Load（禁止文件加载）：不参加渲染。
- Use Image Sequence（使用图像序列）：使用动态素材。
- Frame Offset（帧偏移）：输入帧编号来偏移 Image Number（图像编号）的关键帧。

（10）Noise 纹理节点

Noise 节点和 Crater、Marbin 节点一样利用数学运算表现一个分形噪波形式的效果，适用于凹凸效果和一些怪异的纹理效果。

Noise 节点特有属性如图 2-52 所示。

【参数说明】

- Threshold（极限值）：控制整个噪波的亮度。
- Amplitude（振幅）：纹理中的比例因数应用了所有的数值，中心大约是材质的平均数值。当增加数值时，亮的区域会更亮，而暗的区域会

更暗。如果 Noise 作为一张凹凸贴图，增加的结果是凹凸效果更加强烈。

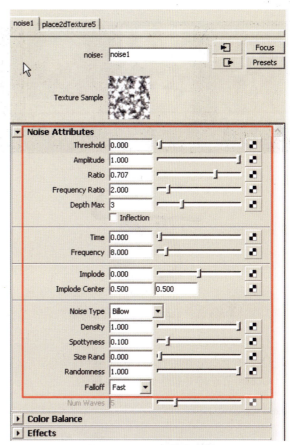

图2-52　Noise节点特有属性

- Ratio（比率）：控制分形噪波频率，增加它的数值会增大分形细节，并使效果更加强烈。
- Frequency Ratio（频率）：噪波频率的空间比例关系。
- Depth Max（最大深度）：控制纹理的计算数量。
- Inflection（变形）：在噪波功能中指定了一个膨胀和凹凸的变形效果。
- Implode（内破）：控制内部花纹的膨胀和收缩。
- Implode Center（内破中心）：膨胀和收缩的中心位置。
- Density（密度）：使用 billow 噪波类型时，控制噪波之间的融合数量和强度。
- Spottyness（斑点）：使用 billow 噪波类型时，控制噪波的随机密度。所有噪波区都是同样的密度，当它增加时，一些噪波区域比其他区域密度会更厚或更单薄。
- Size Rand（随机大小）：噪波圆点的随机尺寸。
- Randomness（随机突起）：使用 billow 噪波类型时噪波圆点的数量。如果设置为 0，所有的点都放置在规则的图案里。
- Falloff（衰减）：控制噪点的衰减效果。

材质节点链接及渲染效果如图 2-53 所示。

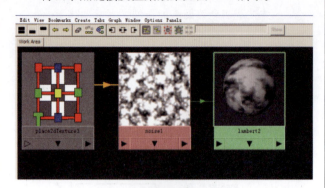

图2-53　材质节点链接及渲染效果

（11）Ocean 纹理节点

Ocean 节点是 Maya 里自带的海洋材质球。
Ocean 节点特有属性如图 2-54 所示。

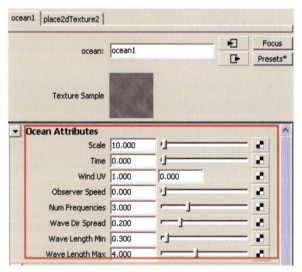

图2-54　Ocean节点特有属性

【参数说明】

- Scale（缩放）：控制海洋波纹大小。
- Time（时间）：默认创建 Ocean 时该属性会与
  Time 连接，播放时自动产生海洋波纹的变化。
- Wind UV（风场 UV 方向）：控制方向，模拟
  风的影响。
- Observer Speed（观察者速率）：通过移动模拟
  的观察者来抵消横向波。
- Num Frequencies（频率数）：控制 Wave Length
  Min 和 Wave Length Max 之间的插值频率。

- Wave Dir Spread（波方向扩散）：根据风向定
  义波方向的变化。如果为 0，则所有波浪向相
  同方向移动；如果为 1，则波浪向随机方向移
  动。风向不一致加上波浪折射等其他效果将带
  来波方向的自然变化。
- Wave Length Min（最小波长）：控制波浪的最
  小长度。
- Wave Length Max（最大波长）：控制波浪的最
  大长度。

材质节点链接及渲染效果如图 2-55 所示。

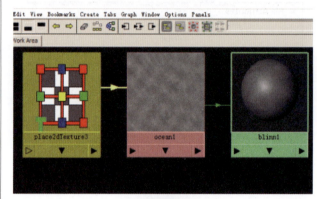

图2-55　材质节点链接及渲染效果

（12）PSD File 纹理节点

PSD 文件节点是不太常用的一个节点，它和 File
文件节点的区别在于，可以把 Photoshop 里的层分别
使用，但 PSD 格式偏大，对机器配置要求高些。

PSD File 节点特有属性如图 2-56 所示。

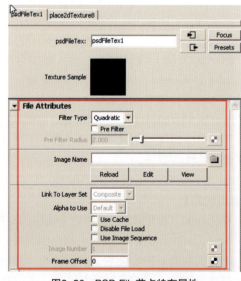

图2-56　PSD File节点特有属性

【参数说明】

- Filter Type（过滤器类型）：设置纹理的抗锯齿过滤类型。
- Pre Filter（预过滤器）：对图像去除不必要的噪波和锯齿。
- Pre Filert Radius（预过滤器半径）：去除噪波锯齿的半径大小，数值越大越光滑。
- Use Cache（使用缓存）：选择是否使用缓存。
- Disable File Load(禁止文件加载)：不参加渲染。
- Use Image Sequence（使用图像序列）：使用动态素材即序列帧的图片。
- Frame Offset（帧偏移）：输入帧编号来偏移 Image Number（图像编号）的关键帧。

材质节点链接及渲染效果如图2-57所示。

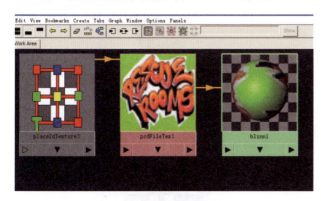

图2-57　材质节点链接及渲染效果

（13）Ramp 纹理节点

Ramp 节点可以创建一种颜色向另外一种颜色的过渡，默认情况下为红绿蓝的渐变。

Ramp 节点的特有属性如图 2-58 所示。

【参数说明】

- Type（类型）：控制颜色的方向类型，默认是 V 轴。
- Interpolation（颜色之间的融合方式）：默认是 linear。
- Selected Color（选定颜色）：选择控制点的颜色，可以连接任何节点来替换现有的单色。
- Selected Position（选定位置）：选择控制点在渐变中的位置，范围为 0（渐变底部）～ 1（渐变顶部）。

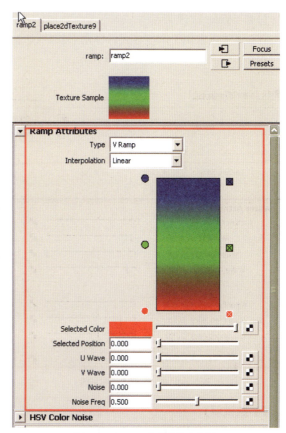

图2-58　Ramp节点的特有属性

- U Wave（U 波形）：控制颜色的横向波纹。
- V Wave（V 波形）：控制颜色的纵向波纹。
- Noise（噪波）：控制颜色的噪波大小。
- Noise Freq（噪波频率）：控制颜色的噪波频率，默认是 0.5。

材质节点链接及渲染效果如图 2-59 所示。

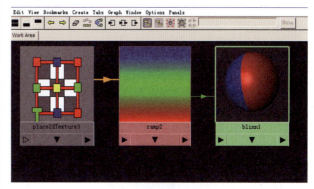

图2-59　材质节点链接及渲染效果

（14）Water 纹理节点

Water 节点常用于产生各式各样水形状的纹理。Water 节点特有属性如图 2-60 所示。

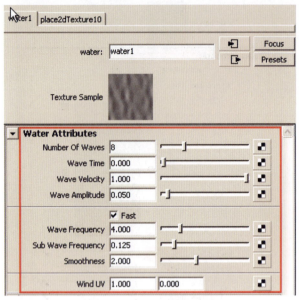

图2-60　Water节点特有属性

【参数说明】

● Number Of Waves（波浪的数量）：取值范围在 0 ~ 100 之间，默认值是 8。

● Wave Time（波浪时间）：控制随着时间推移而变化的波浪外观。取值范围为 0 ~ 1，默认为 0。

● Wave Velocity（波浪速度）：控制随着时间推移而变化的波浪外观。取值范围为 0 ~ 1，默认为 0。

● Wave Amplitude（控制波浪振幅）：默认值是 0.05。

● Fast（快速）：优化选项。

● Wave Frequency（波浪频率）：控制浪尖频率，默认是 4。

● Sub Wave Frequency（余波频率）：控制浪谷频率，默认是 0.125。

● Smoothness（平滑度）：二级波浪和前面波浪的平滑程度。

● Wind UV（风的 U、V 方向）：通过控制风的方向来影响波浪形状。

材质节点链接及渲染效果如图 2-61 所示。

（15）2D texture placement（2D 纹理坐标）

2D texture placement 在一个 Shading 网络中，2D 程序纹理在模型上分布的位置是由 Place 2D Texture 节点定义的。2D 程序纹理的位置既能够直接基于一个物体表面的 UV 坐标，也可以基于一个投影节点（Projection Node）。通过 Place 2D Texture 节点的属性

能够调节纹理是如何被重复、定位和旋转的，图 2-62 为 2D 纹理坐标的图标。

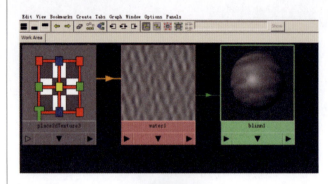

图2-61　材质节点链接及渲染效果

图2-62　2D纹理坐标的图标

纹理的定位（Positioning The Texture）：当把一个纹理放在一个表面上时，纹理被放在一个纹理框架中，这个框架能够被定义大小、位移和旋转，带动放置在其中的纹理改变大小、位移和旋转。纹理框架定位的大小也决定了它在物体表面的 UV 空间中所占位置的大小。

2D texture placement（2D 纹理坐标）的特有属性如图 2-63 所示。

【参数说明】

● Interactive Placement（交互放置）：只能用于 NURBS 表面，对于多边形就要用下面的数值来操作了。

● Coverage（覆盖范围）：数值为 1 的时候全部覆盖。

● Translate Frame（位移帧）：按照 UV 方向移动整个纹理。

● Rotate Frame（旋转帧）：旋转整个纹理。

Maya材质

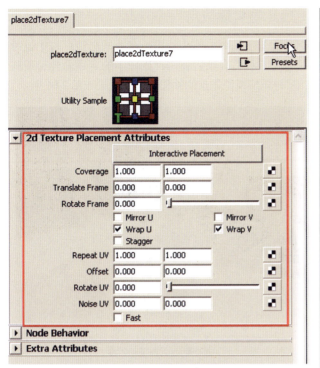

图2-63　2D纹理坐标特有属性

- Mirror U/Mirror V（横向镜像 / 纵向镜像）：当纹理在 U 方向或者 V 方向的重复（Repeat）值大于 1 时才可以使用此项。它有助于消除重复纹理在接缝处的马赛克现象。
- Warp U/Warp V（横向环绕 / 纵向环绕）：重复次数应为 2 以上，否则看不出来效果。
- Stagger（交错）：重复图像时上下交错，交错控制一个重复排列纹理，让它每隔一行就产生偏移。
- Repeat UV（重复）：重复图像，重复次数应为 2 以上，否则看不出来效果。
- Offset（偏移）：移动图像，指的是纹理在内部的布置。
- Rotate UV（旋转横 / 纵）：旋转图像，纹理独立于内部进行旋转。
- Noise UV（噪波横 / 纵）：给图像坐标 U 向和 V 向加噪波。

2.2.2　三维程序纹理

3D Textures（三维程序纹理）与 2D Textures（二维程序纹理）相似，都可以丰富材质的细节，3D 纹理在许多方面有它区别于 2D 纹理的地方，有它的优势，但在实际生产中往往我们会将 3D 纹理转化为一张 2D 纹理图片来使用。这样可以避免很多 3D 纹理的不足（如纹理闪烁问题）。

相对于 2D 纹理平面投射方式，3D 纹理可以理解为空间投射方式，即以 X、Y、Z 三个方向投射于模型表面。

3D 纹理与 2D 纹理的区别：移动被连接 3D 纹理的模型，其纹理会随之改变。

下面看一个简单 3D 纹理应用演示，给物体赋予一个 Lambert 材质球，创建一个 3D 纹理 marble（大理石），并连接 Lambert 材质球的 Color（颜色）项，节点链接与渲染效果如图 2-64 所示。

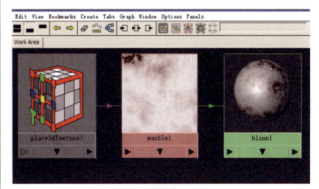

图2-64　材质节点链接及渲染效果

在这里，可以看到物体的纹理与各面都准确地相连，这就是 3D 纹理的特点，也就是空间投射的效果，注意材质链接最左边的那个节点，选择它，在场景内可以看见，如图 2-65 所示，这就是 3D 纹理的空间坐标节点，它可以被移动、旋转、缩放，但同时纹理也是在变化的，读者可以亲自操作体验一下。

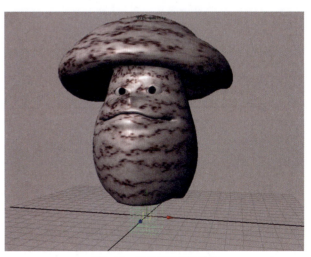

图2-65　3D纹理坐标及效果

空间坐标移动或模型移动都会影响 3D 纹理，使纹理变化。这是做三维动画所不允许的，要解决这个问题，一般使用材质编辑器 Edit → Convert to File Texture 转换文件纹理命令，将 3D 纹理转化为一张 2D 纹理图片来使用。操作方法：按住【Shift】键，选择模型与需要转换的材质，执行该命令。

转换为文件纹理的好处：可以把程序纹理或 3D 纹理调入其他图像处理程序做进一步的修改；在渲染上文件纹理要快于程序纹理，但一些分辨率很高的文件纹理反而使用更多的内存、消耗更多的渲染时间；因为文件纹理有较好的抗锯齿的控制，所以能解决程序纹理的动画闪烁问题，得到较高的最终图像品质；可以把一些灯光阴影信息转换为文件纹理；另外，可以实现除创建纹理参考物体之外的固化三维纹理的功能。

转换为文件纹理的缺点：一些程序纹理的动画控制属性不再可用；分辨率被固定；占用更多的硬盘空间；渲染期间高分辨率的文件纹理需要更多的内存使用；多个模型表面使用同一材质，转换时需要为每一个模型表面建立一个单独的材质。

基于上述原因，我们在实际项目工作中很少使用 3D 纹理。

几种常用的 3D 纹理见表 2-4。

表 2-4　几种常见的 3D 纹理

名　　称	作　　用
Brownian（布朗）	主要用于凹凸贴图，模拟一些粗糙的、凹凸的表面
Cloud（云纹）	创建云、烟和棉花等的效果，常用于透明贴图和颜色贴图
Creater（弹坑）	用于 bump 时，可产生地形效果，用于 color 时产生迷彩效果
Rock（岩石）	使用时注意，会产生奇怪的条纹
Snow（雪）	模拟积雪覆盖物体的效果
Wood（木纹）	模拟木纹质感

2.3　小试牛刀——材质的综合应用

本节我们综合运用前面所学知识，来依次制作光盘、黄瓜、树叶和装饰品材质效果。其中，光盘案例将应用到多个材质球和多个节点，通过几个节点的组合，制作出一个复杂的效果，让读者能够了解节点之间配合使用的方法和技巧；黄瓜案例讲解了 Ramp 的叠加；树叶案例介绍了半透明效果的实现方法；而装饰品案例能够使读者理解反射和折射的原理。

2.3.1　层材质应用——光盘

光盘在现实中经常使用，在一些影视广告中也时有出现。本小节我们利用材质球中的各项异性材质球和层材质球模拟光盘的制作，最终效果如图 2-66 所示。

图2-66　光盘渲染效果

1 打开已有的模型文件（光盘：Project\2.3.1 Optical Disc\scenes\2.3.1 Optical Disc），创建一个 Layered Shader 材质球，把材质球赋予光盘，再创建一个 Blinn 材质球和一个各向异性（Anisotropic）材质球，用中键分别把它们连接到 Layered Shader 材质球的叠层面板上，再用中键调整顺序，把 Anisotropic 各向异性材质球放到 Blinn 材质球的左侧，因为左边的位置代表上层，只有在上层透明了的时候才能看见下层的东西。属性设置如图 2-67 所示。

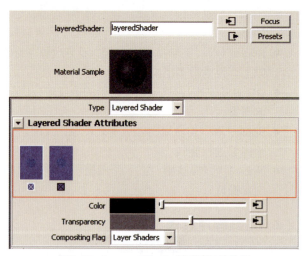

图2-67　Layered Shader材质球属性设置

2 调节 Blinn 材质属性，模拟光盘强烈的镜面反射效果，在反射颜色（Reflected Color）属性上添加一个环境纹理中的 Env Chrome 节点，用于模拟展厅里的效果。属性设置如图 2-68 所示。

3 把 Ramp 节点连接到各项异性（Anisotropic）材质球的高光颜色（Specular Color）属性上，来控制光盘的高光颜色。

因为光盘的高光是五颜六色的，所以用 ramp 节点来模拟，光盘高光的形状与光盘表面细微的凹槽是垂直的，并从光盘中心向外散射，为了模拟这种效果需要使用各项异性材质球。各项异性材质球的颜色（Color）属性为黑色，透明（Transparency）属性不要完全透明，否则很容易曝光过度。属性设置如图 2-69 所示。

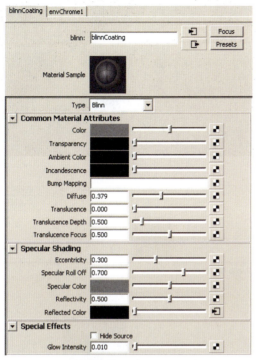

(a) Blinn材质球的属性设置

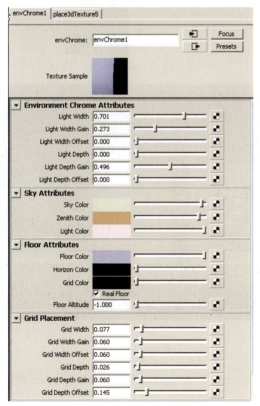

(b) Env Chrome节点的属性设置

图2-68 模拟镜面反射的属性设置

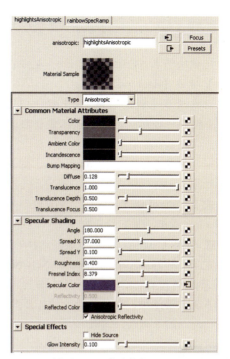

(a) 各项异性材质球的属性设置

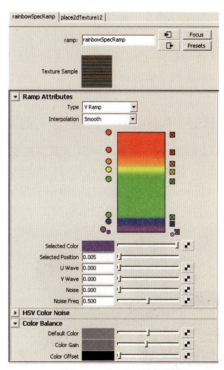

(b) Ramp节点的属性设置

图2-69 控制高光颜色的属性设置

4 属性设置好后进行渲染得到如图 2-70 所示的效果。

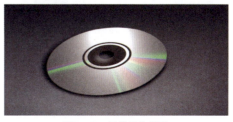

图2-70 最终渲染效果

基本分成黄瓜尖部（红色）、中间部（绿色）、末尾部（蓝色）。材质属性设置、节点链接及效果如图2-72所示。

知识拓展

（1）删除节点：Edit → Delete，也可以使用【Delete】键或【Backspace】键。

（2）删除多余的渲染节点：Edit → Unused Nodes，但一些循环引用的节点不能使用这个命令删除。

（3）复制节点：Edit → Duplicate，它有以下三种复制方式。

方式1 Shading Network：复制这个节点所在的 Shading Network 下的一组节点。

方式2 Without Network：仅复制选择的节点。

方式3 Without Connections to Network：复制选择节点的同时，保持这个节点与网络的链接，如果其无法连接，则保留输入的链接。

(a) 渲染效果

提 示

材质中链接很多，属性也很多，在学习时切忌死记命令，要在应用中熟悉属性的功能，记住几种常用节点能产生的效果，通过效果去熟悉功能，活学活用，就达到了学习的目的。

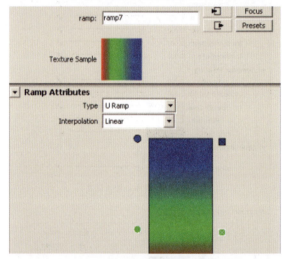

(b) ramp1属性设置

2.3.2 渐变（Ramp）节点拓展——黄瓜

黄瓜是最常见的蔬菜，本例中制作的黄瓜，应用到了 Blinn 材质球和 Ramp 节点。在光盘案例里我们学习了 Ramp 的基本使用方法，本小节将学习多层 Ramp 叠加的使用方法。最终效果如图2-71所示。

图2-71 最终效果

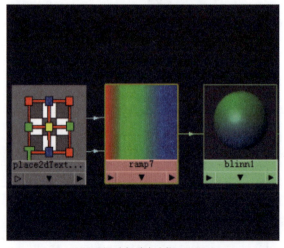

(c) 节点连接

图2-72 材质属性设置、节点链接及效果

1 打开已有的模型文件（光盘：Project\2.3.2 Cuke\scenes\2.3.2 Cuke_base），确定黄瓜颜色分布区域。创建一个材质球 blinn1 和一个材质纹理 ramp1，把 ramp1 连接到 blinn1 材质球的颜色（Color）属性上，先通过 ramp1 节点上的默认颜色的分布确定范围，

2 将 ramp1 节点的默认颜色替换成黄瓜的实际颜色。更改 ramp1 的颜色，黄瓜的尖部是草绿色，黄瓜尾部是深绿色，中间部分是绿色，材质设置及效果如图2-73所示。

（a）渲染效果

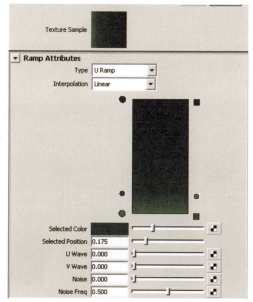

（b）Ramp属性设置

图2-73　材质设置及效果

3 确定黄瓜的凹凸范围。创建材质纹理 ramp2，因为黄瓜的凹凸强度也是不一样的，中间会明显，两头会光滑些。我们会用 Ramp 节点的亮度信息来控制凹凸深度，属性设置如图 2-74 所示。

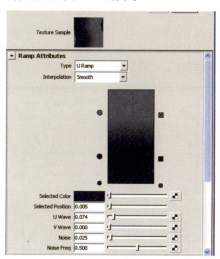

图2-74　ramp2属性设置

4 为了更方便观察，我们将 ramp2 节点连接到颜色上。首先断开 ramp1 节点 与材质球 blinn1 的颜色连接，然后将 ramp2 节点连到 blinn1 材质球的颜色（Color）属性上，这样就很容易地确定黄瓜从尖部到尾部凹凸的变化范围。因为黄瓜越到尾部凹凸越小，所以先给个渐变，材质节点链接及效果如图 2-75 所示。

图2-75　材质节点链接及效果

5 创建黄瓜上的凹凸。建立材质纹理 ramp3，调节 2D 贴图坐标的 Repeat UV 向为 14，如图 2-76 所示。

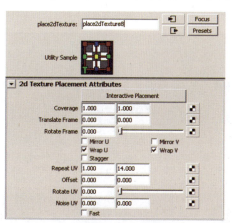

（a）2D贴图坐标属性

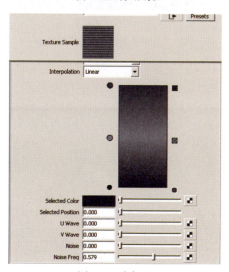

（b）ramp3节点属性

图2-76　材质属性设置

6 打开 ramp2 节点的属性，把 ramp3 纹理连接到 ramp2 纹理属性的 Selected Color 上〔如果出现图 2-77（a）中鼠标后面带"+"的现象，说明把所要添加的节点连接到了这个颜色属性上〕，就是给黄瓜中间加凹凸。不过我们都是先在颜色上表现的，这样看上去非常直观。属性设置及节点链接如图 2-77 所示。

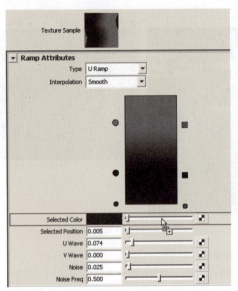

(a) ramp2属性设置

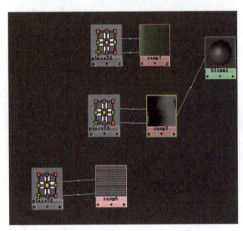

(b) 节点链接

图2-77 材质属性设置及节点链接

修改 ramp3 的颜色，制作黄瓜表面条状凹凸部位的纹理，属性设置及渲染效果如图 2-78 所示。

(a) 渲染效果

图2-78 属性设置及效果

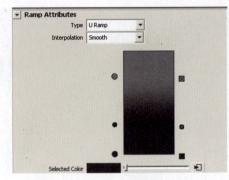

(b) ramp3属性设置

图2-78（续）

7 打断 ramp2 纹理与 blinn1 材质球的连接，把 ramp1 纹理连接到 blinn1 材质球的颜色（Color）属性上，恢复正常的颜色连接。

8 创建 ramp4 纹理节点，将 ramp4 连接到 ramp3 的第二个颜色上，模拟新鲜黄瓜带刺的效果，调节 Noise 属性，如图 2-79 所示。

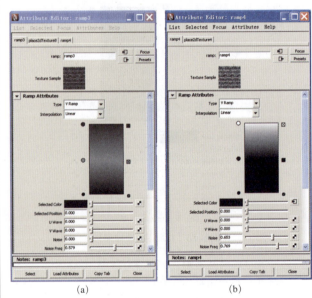

(a)　　　　　　　　　　(b)

图2-79 Noise属性设置

9 把 ramp2 纹理直接连接到 blinn1 材质球的凹凸（Bump Mapping）属性上，用这个 Ramp 的亮度信息值来产生凹凸部位的纹理，Bump Depth 适当调节小一点，具体属性设置如图 2-80 所示。

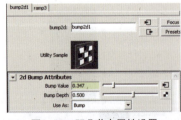

图2-80 凹凸节点属性设置

10 把 ramp4 纹理连接到 ramp3 纹理属性的 Selected Color 上，用这个来产生凹凸部位的纹理，再调节下 2D 纹理坐标里的纹理重复（Repeat UV）属性，让纹

Maya材质

理细小一些，具体属性设置及节点连接如图2-81所示。模拟三组凹凸的 Ramp 节点就连接到了一起。

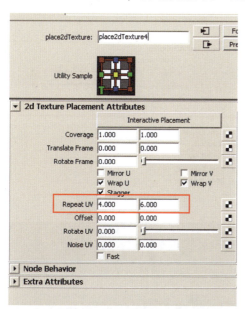

（a）属性设置

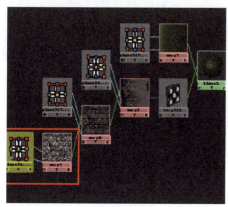

（b）节点链接

图2-81　材质属性设置及节点链接

节点网络连接完成后进行渲染，可根据渲染结果进一步调整细节。最终渲染效果如图2-82所示。

图2-82　最终渲染效果

2.3.3　半透明效果——树叶

本例中制作半透明叶子的效果，主要使用材质球中半透明参数，这个参数比较特别，它需要和灯光配合才能达到最好的效果。最终效果如图2-83所示。

图2-83　半透明最终效果

知识拓展

半透明原理

　　光线照射物体后之所以能产生半透明效果，是因为照射到物体的光线，一部分镜面反射出去，一部分漫反射出去，还有一部分穿透物体进行了折射，如图 2-84 所示。

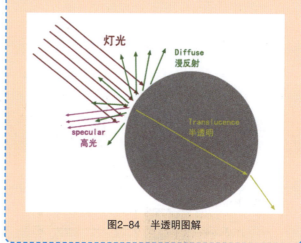

图2-84　半透明图解

1 打开已有的模型文件（光盘：Project\2.3.3 Translucence\scenes\2.3.3 Translucence_base），创建一个 blinn1 材质球和四个 File 纹理，分别在四个 File 纹理的 Image Name 中单击（打开文件）按钮，添加已准备好的贴图，把 file1 纹理连接到 blinn 材质球的颜色（Color）属性，把 file2 纹理连接到透明度（Transparency）属性，把 file3 纹理连接到高光颜色（Specular Color）属性，把 file4 纹理连接到凹凸（Bump Mapping）属性上，通过这个节点网络制作树叶基础质感，具体节点链接如图 2-85 所示。

提　示

file1 是调用的 Color.tif 图片；
file2 是调用的 Specular_Transparecy.tif 图片；
file3 是调用的 Specular_Transparecy.tif 图片；
file4 是调用的 BUMP.tif 图片。

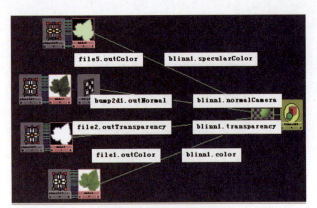

图2-85　材质节点链接

⚠ 注　意

　　这里每个属性链接都做了单独的贴图，这样才是规范的制作，方便后续效果的单独处理。

2　因为叶子是透光不透明的物体，所以要调节半透明（Translucence）属性，blinn1材质球半透明属性设置如图2-86所示。其中，Translucence（半透明）数值越大，透光越强，数值调节为0.5；Translucence Depth（半透明深度）是灯光通过半透明物体所形成阴影位置的远近，数值调节为0.1；Translucence Focus（半透明的焦距）是灯光通过半透明物体所形成阴影的大小，数值调节为0.08。

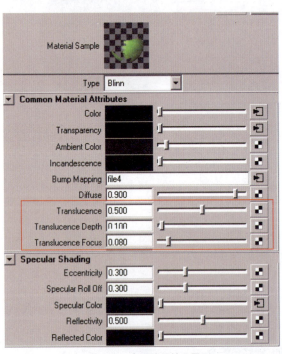

图2-86　半透明属性设置

3　创建一个点光源，将它放到叶子的后面，来模拟光线照过来的效果。对于半透明的物体，灯光要很强，而且要逆光，这样效果才明显。这里Intensity设置为"10"，Decay Rate设置为"Linear"，如图2-87所示。

4　设置完成后进行渲染，最终效果如图2-88所示。

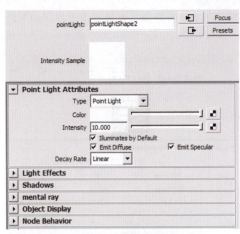

图2-87　灯光属性设置

图2-88　最终渲染效果

2.3.4　反射折射效果——装饰品

　　装饰品在我们的生活中随处可见，本节中的装饰品效果制作由三部分组成，即玻璃、金属和地面。在这个案例里面，我们主要通过现实世界的定律来分析金属和玻璃的反射与折射效果，以进一步理解我们所学的参数与现实世界的关系。

　　本例中制作的装饰品应用到了Blinn材质球。

1）玻璃部分制作

　　玻璃是一种人们经常用到的材质，也是比较典型的材质，下面就具体介绍一下本案例中玻璃部分的制作。最终效果如图2-89所示。

图2-89　最终效果

Maya材质

084

开始制作之前先来了解玻璃的特点。玻璃是透明的，高光又小又亮，其对光的反射非常弱，主要靠折射来产生效果，折射率是 1.44。

1 打开已有的模型文件（光盘：Project\2.3.4 Glass And Steel\scenes\2.3.4 Glass And Steel_base），创建一个 Blinn 材质球，将其赋予要做透明的模型，Blinn 材质球的具体属性设置如图 2-90 所示。

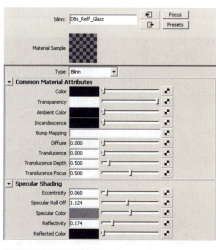

图2-90　Blinn材质球属性设置

知识拓展

光从一种透明介质（如空气）斜射入另一种透明介质（如水）时，传播方向一般会发生变化，这种现象叫光的折射。光线入射角的正弦与折射角的正弦比，或光线通过真空时与通过介质时的速度比，就是折射率。在工程光学中把空气折射率当作1，常见物质的折射率见表2-5。

表2-5　常见物质折射率

材　质	折射率
真空	1.0（理论值）
空气	1.0003
水	1.333
玻璃	1.5～1.7
石英	1.553
红宝石	1.770
蓝宝石	1.770
水晶	2.000
钻石	2.417

2 玻璃制品要产生想要的折射效果，在渲染设置（Render Settings）中也要把计算折射的选项光线追踪（Raytracing）打开，如图 2-91 所示。

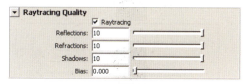

图2-91　光线追踪的属性设置

3 复制 blinn1 材质球为 blinn2，赋予要制作有色玻璃的模型，在颜色（Color）属性和透明度（Transparency）属性里填加颜色，具体属性设置如图 2-92 所示。

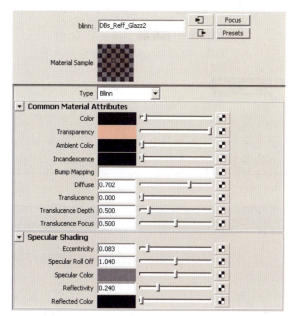

图2-92　颜色和透明度属性设置

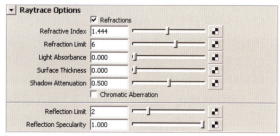

⚠️ **注　意**

①透明属性中加入了颜色，直接导致了物体变得不完全透明。

②彩色玻璃的颜色从它的透明属性上调节，因此颜色属性就需要关掉（即调成纯黑色），这样才不会影响玻璃的颜色。

2）金属部分制作

1 创建一个 Phong 材质球，赋予要制作金属效果的模型，金属主要靠镜面反射来产生效果，高光要强，具体属性设置如图 2-93 所示。

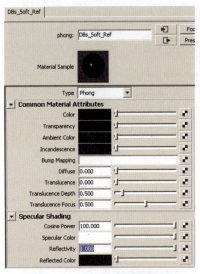

图2-93　Phong材质属性设置

提　示

　　本节介绍的是玻璃和金属质感的调节方法，在光盘提供的场景中有多个模型，读者可根据自己的喜好为模型赋予这两种材质。

知识拓展

　　当漫反射（Diffuse）值为0时，颜色（Color）属性已经失效，这时想改变颜色就要修改透明度（Transparency）的颜色。

2　所有属性调节完成之后渲染即可得到最终效果，如图2-94所示。

图2-94　最终渲染效果

2.4　本章小结

　　（1）Hypershade（材质编辑器）是Maya材质编辑的工作平台，作为材质制作人员要能够非常熟练地使用材质编辑器。

　　（2）赋予模型材质球的两种方法：①使用鼠标中键将材质球拖拽到物体上；②选择要赋材质的模型，在材质编辑器中已经存在的材质球上按住鼠标右键，选择Assign Material To Selection命令。

　　（3）材质球没有高光属性，因此没有反射。

　　（4）要增加贴图的重复次数时，可以调整二维坐标中的Repeat UV参数。

　　（5）可以通过在Ramp颜色上添加贴图来增加细节。

　　（6）做半透明的时候一定要将渲染面板中的光线追踪（Raytracing）打开。

　　（7）制作玻璃要勾选折射，并勾选渲染面板中的光线追踪（Raytracing）。

　　（8）玻璃金属除了自身的材质外，环境灯光也很重要。

2.5　课后练习

　　观察图2-95，打开已有模型文件（光盘：Project\2.5 Homework\scenes\2.5 Homework_base），运用之前学过的灯光、材质知识，制作出相应的效果。

　　要注意这几种金属的质感和反射的区别。

　　制作灯光时注意主次关系。

2.6　作业点评

　　图2-96是一个金属机器人的效果图。这份作业完成得比较好，具体表现为：

　　（1）整个画面主光的位置并不是十分明确，但是画面却没有平的感觉，下方的阴影部分很到位，使整个画面有了空间感，拉开了与后面墙的距离。

Maya材质

图2-95　作业效果

图2-96　金属机器人效果（完美动力动画教育学员临摹作品）

（2）通过几种不同金属质感的刻画，使画面效果非常丰富。

（3）整个画面的中心是玻璃部分，反射做得非常逼真，由于其他部分质感的高光都不那么强烈，玻璃显得非常引人注目，起到了引导观众视线的作用。

下面这幅表现室内的画面（图2-97）就比较失败了，具体表现为：

图2-97　室内效果

（1）整个画面平平，光线不明显，构图也比较失败，没有视觉主次，比较分散。

（2）质感制作没有各自的特点，玻璃折射和反射都不明显。

（3）桌子和后面的墙粘在一起，没有拉开距离。

3

体验质感的魅力
——认识 UV 及
贴图

> 了解UV的概念及编辑UV的基本原则
> 掌握贴图的绘制流程
> 掌握置换贴图与双面材质的使用方法
> 掌握使用BodyPaint 3D制作贴图的方法和技巧

从本章开始学习 UV 及贴图。利用 UV 可以确定纹理在模型的坐标点，而贴图则用来体现模型的细节，增强模型的质感，完善模型的造型，使三维模型更接近真实。

3.1 认识UV及贴图

UV 与贴图是相辅相成的，为模型赋予纹理贴图前必须先拆分 UV，以确定贴图纹理在模型上的正确坐标位置，避免贴图纹理的错乱与拉伸。如果没有好的 UV，就不会有好的纹理效果。拆分 UV 需要细心和耐心。

3.1.1 UV 是怎么回事

简单说，UV 是将三维转化成二维的一个手段，例如一个立方体的包装盒子，它本身是三维的，有长、宽、高之分。那么在装成盒子之前，上面的图案是什么状态呢？应该是一个只有长和宽的二维平面图形。在 Maya 中需要将三维图形分展成平面的图，方便我们在二维软件中进行绘制贴图。

在 Maya 中模型分为三种：多边形、曲面和细分表面。而 UV 主要是针对多边形与细分表面模型进行的，在模型的点、线、面的基本元素之外，又添加了一个 UV 点。这个 UV 点只能在 UV 编辑器里面进行编辑，它对于模型不会有任何的改变。这个 UV 点就是确定 2D 纹理的坐标点。它控制纹理在模型上的对应关系，这里的纹理主要是指 2D 纹理，3D 纹理本身就是匹配三维空间的。

在 2D 纹理贴图上，U 相当于 X，代表贴图的水平方向坐标；V 相当于 Y，代表贴图垂直方向的坐标。可以把 UV 理解成地球仪上的经度和纬度，U 向相当于经度，V 向相当于纬度。

模型做好后，如果使用 2D 的纹理（包括外部的贴图）就需要进行 UV 编辑，以确定模型与纹理间的对应关系。UV 编辑的流程是这样的：

（1）根据模型的形状确定使用哪种 UV 投射方式（详见 3.1.4 节）。

（2）使用相应的投射方式粗略映射 UV。

（3）使用 UV 编辑器进一步完善 UV 细节，制作出符合 UV 编辑原则的 UV 块。

（4）将编辑好的 UV 以二维图片导出，作为贴图绘画的参考。

> ⚠ **注　意**
>
> 制作完成的模型（多变形和细分表面），会有两种情况，没有 UV 或 UV 是混乱的。
>
> 如果模型没有 UV，模型处于选择状态时，视窗中会显示为灰色透明斜条纹状（或显示为彩色透明斜条纹状），如图 3-1 所示。

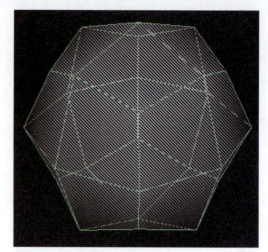

图3-1　没有UV的多边形

如果模型的 UV 是混乱的，那么当模型被选择时，其显示状态不会有特殊变化。

怎么能够知道 UV 编辑工作完成得是否正确呢？拿到模型后，首先可以将其赋予 UV 测试贴图（通常称为棋盘格式贴图）进行测试。UV 测试贴图如图 3-2 所示。

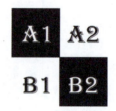

图3-2　UV测试贴图

当赋予完成后，如果看到棋盘格呈正方形或接近正方形并均匀分布于各个单独模型的表面，则说明 UV 是正确的。

单独模型是指角色模型上相对独立的部分，如图 3-3 中卡通模型的头、手、上身、下身这样的肢体部分都可视为单独模型，因而模型被赋予 UV 后，各单独模型上的棋盘格的大小会有所不同。

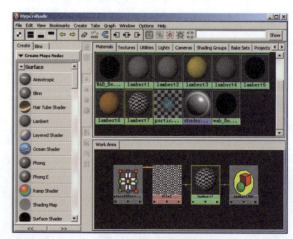

（a）棋盘格贴图链接

图3-3　给模型赋予棋盘格贴图

090

Maya材质

（b）棋盘格贴图

图3-3（续）

3.1.2 编辑UV的基本原则

UV编辑要注意以下几个原则。

1）UVs避免重叠

一般情况下，拆分UV时每个UV块之间不要重叠，如果UV重叠在一起，我们在绘制时就会出现同一纹理在多处出现的情况，这样我们就不能够控制纹理，所以应尽量避免UV重叠。正误对比如图3-4所示。

（a）重叠

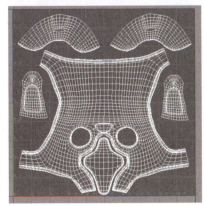

（b）正确

图3-4　避免重叠

2）保持UVs（相同纹理）在0到1纹理平面内

所谓"0～1纹理平面"就是在UV编辑器中UV坐标从0到1所形成的一块平面区域，图3-5中红框内即是"0～1纹理平面"。

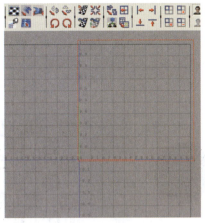

图3-5　纹理平面

为什么要保持UVs在"0～1纹理平面"内呢？因为Maya在这个空间内，会自动适配纹理。如果UVs超出这个区域，其他区域则是"0～1纹理平面"的重复。除非是在特殊情况下想让纹理产生重复，否则必须保持UVs在0～1的纹理平面内，另外，导出UV时也会默认选择0～1的区域。

3）将UV接缝放在摄像机注意不到或不易觉察的部位

UV可以理解为将模型沿一些边切开然后展开成一个平面，这样就涉及接缝的问题。模型上被切开边的两侧纹理不能很好地过渡，从而产生一条比较明显的"线"，即我们所说的接缝。在制作纹理贴图的过程中应尽量避免产生接缝，在不可避免的情况下，应将接缝放在摄像机注意不到或不易觉察的部位，如头后侧部、臂与腿的内侧，如图3-6所示。但是也有些其他情况，例如打鼓人在抬胳膊打鼓时，摄像机正面就很明显露出手臂的内侧，这时候就不能将接缝放在这里了。如果用一句话来概括，那就是"视线所到之处不要有接缝"。

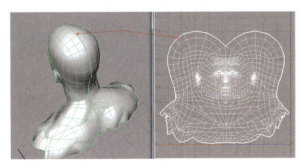

图3-6　头部的UV接缝

4）UV尽可能不要拉伸

编辑UV的过程就是将三维模型的所有面展开成一个平面的过程，在此期间，模型各个面的比例可能会被改变，有的 UV 面会被缩小，有的 UV 面会被拉大，这时就需要对 UV 进行调整，使各个面的比例尽量保持不变。通常需要将整个模型的 UV 划分成几块来达到减少拉伸的目的。例如，绘制一个正圆形，如果拆分的 UV 的棋盘格是长方形，那么使用这个 UV 在 Photoshop 里绘制的正圆，贴回到 Maya 中就会变成椭圆，如图 3-7 所示。

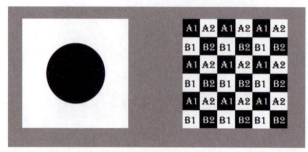

（a）棋盘格是正方形时显示的正圆形

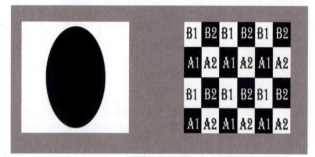

（b）棋盘格是长方形时显示的椭圆形

图3-7　棋盘格对比

5）UV块划分得尽量少

拆分 UV 的时候应该尽量减少拉伸，但是有的模型不可能一个 UV 块就能解决，例如足球在展开的时候总会有拉伸，这时就要拆分成几个 UV 块，才能够不拉伸，但是如果 UV 块数过多，接缝就会很多，所以要力求在尽量少拉伸的前提下，拆分尽量少的 UV 块数。

6）尽量充分利用"0～1纹理平面"

分好的 UV 应尽量充满"0～1 纹理平面"，充分利用该空间，因为输出的 UV 图就是 0～1 的空间，所以要避免资源浪费。如果绘制一张 1024×1024 的图，只将 UV 占到 0～1 空间的四分之一，那就相当于只使用了分辨率为 512×512 的一张贴图，如图 3-8 所示。

7）注意比例的大小

同一个模型的黑白格子大小尽量相同，这样就不会出现纹理大小不统一的情况，例如衣服，如果大小差异过大，袖子和衣襟的纹理有大有小，就不像是一块布料做出来的，所以衣襟和袖子的格子大小要尽量相同，如图 3-9 所示。

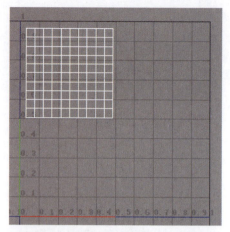

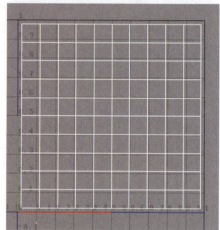

图3-8　充分利用0～1空间

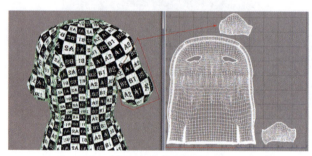

图3-9　注意UV比例

3.1.3　UV 编辑器

UV 编辑器是一个专用的工作窗口，在这个窗口对 UV 进行编辑，并将编辑好的 UV 导出为一张贴图，作为二维软件绘制纹理贴图的参考。

选择 Window → UV Texture Editor（UV 编辑器），打开 UV 编辑器，如图 3-10 所示。

菜单栏：UV 编辑器中所有的操作命令都可以在菜单中找到对应的选项。

快捷按钮：UV 编辑器中最常用的命令都放在快捷按钮栏，这样可以提高工作效率。

操作界面：UV 编辑器操作界面网格的刻度以中心为 0，U、V 向取值范围均为 -1～1。

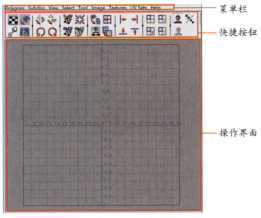

菜单栏

快捷按钮

操作界面

图3-10　UV编辑器

3.1.4　UV 的映射方式

一般情况下，模型的初始 UV 比较乱，没有办法在 UV 编辑器里进行编辑，需要对模型进行初始 UV 的拆分。Maya 将现实的物体归纳为 3 种几何形状：平面的片、圆柱形和球形。例如将头归纳为球体，胳膊归纳为圆柱。对于无法归纳的，例如不规则的石头等，增加了自动映射方式。

Maya 在 Create UVs 菜单下提供的 4 种映射方式，如图 3-11 所示。

平面映射
圆柱形映射
球形映射
自动映射

图3-11　4种投射方式的菜单位置

1）Planar Mapping（平面映射）

平面映射是通过一个平面将 UV 映射到模型上，这种方式适合于相对平整的表面。

单击"Planar Mapping"命令后面的选项盒图标 □ 打开"Planar Mapping Options"属性窗口，如图 3-12 所示。

【参数说明】

（1）Projection Manipulator（映射操作属性）：此选项组中的选项用来改变平面的映射方式。

- Fit projection to（适合的映射方式）：包含 Best plane 和 Bounding box 两个选项。

图3-12　Planar Mapping属性窗口

- Best plane（最佳平面方式）：Maya自动用最佳的平面UV方式映射给polygon物体，以改变物体的UV属性，Best plane的自动方式一般映射的都不是制作者理想的UV样式，所以很少使用这种平面方式。
- Bounding box（盒子限制方式）：Maya以X/Y/Z轴和摄象机镜头属性来映射polygon物体平面，从而改变polygon物体UV属性，使制作者可以按自己的制作意图映射所需要的UV方式。
- Project from（映射方向）
  - X axis（映射X轴方式操作）：以垂直X轴方式映射平面UV。
  - Y axis（映射Y轴方式操作）：以垂直Y轴方式映射平面UV。
  - Z axis（映射Z轴方式操作）：以垂直Z轴方式映射平面UV。
  - Camera（映射当前Camera可视角度方式操作）：以垂直当前摄像机的视角方式映射平面UV。如果大多数模型的面没有直接指向沿X、Y或Z轴的某个位置，此方式将会很方便地把物体的UV展开。
  - Keep image width/height ratio（保持图像宽高比）：此选项未勾选时，映射后模型的UV会充满整个0～1纹理平面，通常这种情况下UV会有拉伸的；勾选此选项后，UV的每个面与相应的模型的面的宽高比相同，这样拉伸就相对缓解。
  - Insert projection before deformers（在物体变形前进行UV映射）：当多边形物体应用了变形时，这个选项是默认关联的。在物体变形前〔图3-13（a）〕，如果关闭该选项，纹理会受物体变形命令的影响，而随之变形，结果就是纹理出现"飘移"，如图3-13

（b）所示；如果打开该选项，Maya会把映射UV的操作放置在变形动画之前，纹理则不会受物体变形命令的影响，也就不会产生"飘移"，如图3-13（c）所示。

（a）变形动画之前

（b）变形动画之前关闭按钮

（c）变形动画之后打开按钮

图3-13　物体变形前的UV映射

（2）UV set：UV 设置。

● Create new UV Set（创建新的 UV 组）：用于创建放置当前 UVs 的新 UVSet，而不使用模型默认的 map1 的 UVSet。激活这个选项之后，可在 UV Set Name 栏中设置 UVSet 的名称。

对模型执行平面映射命令后，会在三维视图中产生一个 UV 控制手柄。UV 控制手柄在视图中的显示方式如图 3-14 所示。

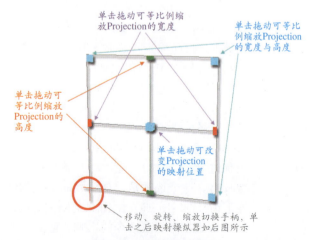

图3-14　控制手柄显示方式

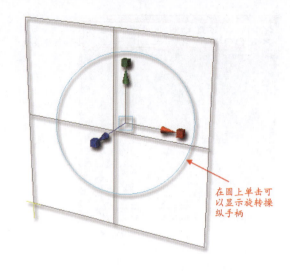

图3-14（续）

视图中控制手柄的位移、旋转和缩放属性在通道栏中的位置，如图 3-15 所示。

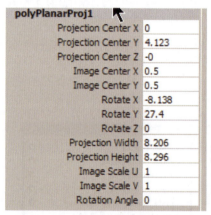

图3-15　UV控制手柄在通道栏中的属性

2）Cylindrical Mapping（圆柱映射）

圆柱映射是形成一个圆柱的形状包裹住模型。

圆柱的属性栏比较简单，具体用法见平面映射的属性介绍。要注意的是控制手柄的使用，其用法和平面映射的控制手柄大致相同。

视图中控制手柄的位移、旋转和缩放属性在通道栏中的位置，如图 3-16 所示。

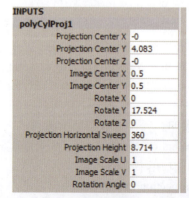

图3-16　Cylindrical Mapping（圆柱映射）在通道栏中的属性

3）Spherical Mapping（球形映射）

球形映射则是形成一个球形包裹模型。

球形映射属性栏比较简单，它和圆柱映射相同，在通道栏中的属性如图 3-17 所示。

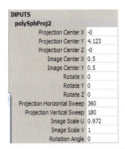

图3-17　Spherical Mapping（球形映射）在通道栏中的属性

4）Automatic Mapping（自动映射）

自动映射是向模型同时映射多个面来寻找每个面 UV 的最佳放置。它会在纹理空间内创建多个 UV 片，但 UV 片之间的大小比例相近，如果想要得到完整一些的 UV，可以对其进行缝合。

单击 Automatic Mapping 旁边的选项口，打开 Automatic Mapping 属性窗口，如图 3-18 所示。

自动映射的参数较多，这里我们只对常用参数进行讲解。

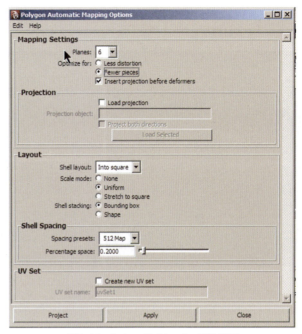

图3-18　Automatic Mapping属性窗口

【参数说明】

（1）Mapping Settings（映射设置）

- Planes（平面数量）：选择映射平面的数量。它可以产生 3 ～ 12 个面的映射，如图 3-19 所示。

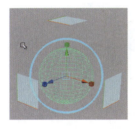   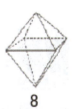 

图3-19　映射面数量

- Optimize for（优化）：用于选择映射之后的 UV 是倾向于少的拉伸还是少的 UV 片数。
  - ➤ Less distortion（较小失真）：对模型的任何面都产生最好的映射，所以UV扭曲比较少，但会产生更多的UV独立片数。
  - ➤ Fewer pieces（较小条块）：可产生较大的 UV 片或较少的面片数。

（2）Layout（布局）：用于设定映射出来的 UV 片在纹理空间中的放置和位置。

- Shell layout（壳布局）：设定 UV 块在 0 ～ 1 纹理空间里的摆放方式，有 4 个选项。
  - ➤ Overlap（重叠）：将所有UV块重叠放置在0～1纹理空间内，并充满这个平面。
  - ➤ Along U（沿着横向）：将UV块沿着纹理空间的U向放置，如图3-20所示。
  - ➤ Into square（正方形中）：将UV块放置到0～1纹理空间的内部，这是默认值。

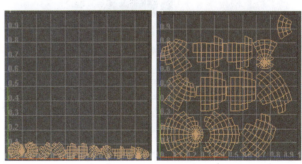

图3-20　UV摆放方式

- ➤ Tile（拼贴）：将每个UV块放置在独立的0～1纹理空间里。
- Scale mode（缩放模式）：设置映射的 UV 片在纹理空间的缩放。
  - ➤ None（无）：没有缩放。
  - ➤ Uniform（统一）：等比例缩放映射的UVs以适配0～1的纹理空间。
  - ➤ Stretch to square（伸直为方形）：非等比缩

放，将UV缩放进0~1纹理空间内，如图3-21所示。

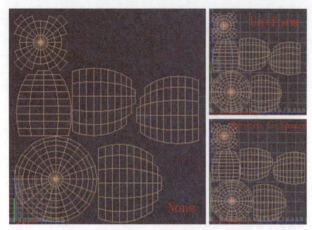

图3-21　UV摆放方式

（3）Shell Spacing（壳间隔）：UV 间隔距离的框架。

- Spacing presets（预设间隔）：用于预先设置每个 UV 片之间的间距。Maya 沿着每个 UV 块周围都会设定一个距离值，如果 UV 块之间放置的太近，处于不同块的 UVs 可能共用一个相同的像素，这样当使用二维绘图软件绘制纹理时，两块之间的纹理就会相互影响，如图3-22 所示。

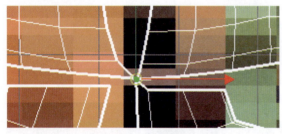

图3-22　UV距离值

为防止这种情况，可以用这些预设的值来确保在各个 UV 块之间至少有一个像素的距离。选择纹理贴图相应尺寸的一个预设。如果不清楚贴图的尺寸，选择一个能在 UV 空间中相邻块之间产生较大距离的小一些的图（因为小尺寸的图在缩放到相同的空间内时，它的像素要比大尺寸的图大得多）。

- Percentage space（百分比空间）：可以被预设的值自动定义，也可以手动定义块与块之间的距离（为贴图像素尺寸的百分比）。

3.1.5　拆分 UV 的常用命令

上一小节介绍了 UV 的映射方式，它只是粗略地对模型进行了拆分，就像我们雕塑刚做好的粗坯。下面要通过在 UV 编辑器（UV Texture Editor）中的命令来进行细节的雕刻，只有这样才能真正达到编辑 UV 的基本要求。

在使用 UV 编辑器（UV Texture Editor）之前，先了解如何进行 UV 的选择以及与其他多边形元素（点、线、面）的转换。

1）UVs的选择

在 UV 编辑器中想要对 UV 进行编辑，先要进入 UV 点编辑模式。在三维视图中或在 UV 编辑器（UV Texture Editor）中按住右键，在弹出的菜单中选择 UV，这样就进入 UV 点编辑模式，在编辑器中可以对其进行位移、旋转、缩放的操作，如图 3-23 所示。

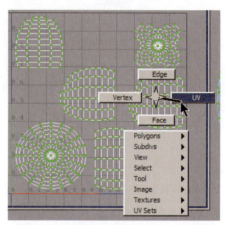

（a）UV编辑器

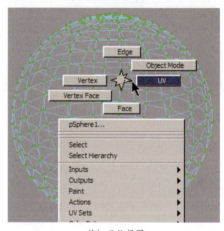

（b）三维视图

图3-23　执行UV命令的快捷方式

> ⚠ **注 意**
>
> UV 点只能在 UV 编辑器中进行编辑，三维视图中无法编辑 UV 点，在 UV 编辑器中只能选择模型的点、线、面，但是不能改变模型的形状。

2）选择连续的点和边

当 UV 点非常复杂的时候，在选择时会出现很多的麻烦。这时候可使用 UV 编辑器（UV Texture Editor）中提供的选择连续元素（点、线、面、UV 点）的命令。

Maya材质

例如在图 3-24（a）中，选择任意一个 UV 点，使用 Select Shell 命令就完全选择了整个 UV 块的所有点。而使用 Select Shell Border 命令，则如图 3-24（b）所示选择了边缘的 UV 点。

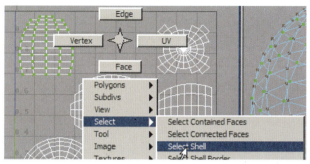

（a）选择这个点所连接的所有 UV 点

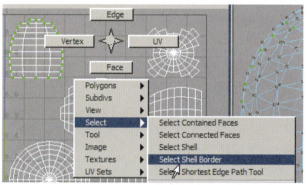

（b）选择这个点的边缘 UV 点

图3-24　选择UV块的区别

这里需要说明的是，Select Shell 用于选择整个的 UV 块（所有连接在一起的 UV 叫一个 UV 块），可以根据某个 UV 块上的个别的 UVs 来选择这个 UVs 所在的 UV 块。Select Shell Border 与 Select Shell 不同之处在于，它选择的是这个块边界上的 UVs。

> ⚠️ **注意**
>
> Select Shell 针对点、线、面、UV 点都可以使用，Select Shell Border 只针对 UV 点。

3）元素的转换

如果要将选择的元素（点、线、面、UV 点）切换到其他元素（点、线、面、UV 点），比如把选择的面转换为这些面所包含的 UV 点，可以使用下面的方法。

方法 1　在三维视图窗口或 UV 编辑器（UV Texture Editor）窗口中按【Ctrl】键 + 鼠标右键，可在多边形的所有元素之间进行切换，如图 3-25（a）所示。

方法 2　使用 UV Texture Editor（UV 编辑器）窗口菜单实现多边形元素之间的转换，如图 3-25 所示。

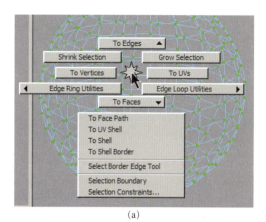

（a）

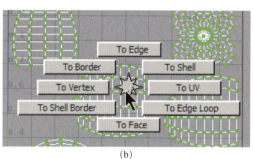

（b）

图3-25　元素切换

在菜单中打开 Select 菜单可以看见如图 3-26 所示的选择命令和转换命令。

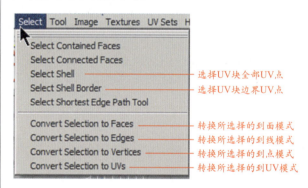

图3-26　Select菜单

> 📖 **提　示**
>
> 在三维视图窗口中，UV 点是不可操作的元素，它只能被选择，如果对其使用位移、旋转或缩放命令，反馈栏会显示"Warning: Some items cannot be moved/ rotated/scaled in the 3D view."（在三维视图中不能移动、旋转、缩放所选择的 UV 点）的警告信息。

4）UV 编辑工具

Maya 中有很多 UV 编辑工具，当 UV 被粗略映射之后，就需要用这些工具对 UV 进行细节的调整了，UV 编辑器工具条所对应的菜单命令与功能见表 3-1。

表 3-1　UV 编辑器工具条所对应的菜单命令与功能

图　标		对应或类似命令 Maya 主菜单、Edit 窗口菜单	功　　能	操作元素
反转与旋转		Edit Polygons → Texture → Flip UVs Polygons → Flip UVs	水平（U 向）翻转选择的 UVs	Face UVs
			垂直（V 向）翻转选择的 UVs	
		Edit Polygons → Texture → Rotate UVs Polygons → Rotate UVs	逆时针 45° 旋转选择的 UVs	Face Edge UVs Vertex
			顺时针 45° 旋转选择的 UVs	
移动与缝合		Edit Polygons → Texture → Cut UVs Polygons → Cut UVs	沿选择的边切开 UVs	Face/Edge/UVs /Vertex
		Edit Polygons → Texture → Sew UVs Polygons → Sew UVs	沿选择的边或 UVs 缝合	Edge/UVs
		Edit Polygons → Texture → Layout UVs Polygons → Layout UVs	重新排布选择的 UVs	Face/Edge/UVs /Vertex
		Edit Polygons → Texture → Move and Sew UVs Polygons → Move and Sew UVs	移动缝合选择的 UVs	Face/Edge/UVs /Vertex
		—	沿选择的边所连接的 UV 点切开 UVs	Face/UVs
		Edit Polygons → Texture → Cycle UVs Polygons → Cycle UVs	旋转 UV 的坐标值但保持 UV 拓扑不变	Face
对齐与松弛			U 向对齐选择 UVs 的最小坐标值	UVs
		Edit Polygons → Texture → Align UVs Polygons → Align UVs	U 向对齐选择 UVs 的最大坐标值	
			V 向对齐选择 UVs 的最小坐标值	
			V 向对齐选择 UVs 的最大坐标值	
		Edit Polygons → Texture → Grid UVs Polygons → Grid UVs	移动 UVs 对齐网络	
		Edit Polygons → Texture → Relax UVs Polygons → Relax UVs	对选择的 UVs 进行松弛的操作	
隔离选择		View → Isolate Select → view Set	打开隔离选择模式	Face Edge UVs Vertex
		View → Isolate Select → Add Selected	添加隔离的选择元素	
		View → Isolate Select → Remove Selected	去除所有的隔离选择	
		View → Isolate Select → Remove All	减去隔离选择的元素	
纹理网格与边界的显示		Image → Display Image	显示纹理贴图	—
		Image → Use Image Ratio	使用纹理贴图的比例	

(续)

图标	对应或类似命令 Maya 主菜单、Edit 窗口菜单	功 能	操作元素
纹理网格与边界的显示	View → Grid	是否显示网格	—
	Display → Custom Polygon Display ☐ Selected → Texture Borders	显示选择物体纹理边界	
	Image → Pixel Snap	UV 捕捉纹理贴图的像素点	
	Image → Unfiltered Image	显示的纹理贴图是否进行模糊过滤	
	Image → Display RGB Channels	显示纹理贴图的 RGB 彩色通道	
	Image → Display Alpha Channels	显示纹理贴图的 alpha 通道	
粘贴与复制		复制 UVs 坐标	Face UVs
		粘贴 UVs 坐标	
	—	粘贴 UV 坐标的 U 值到选择的 UVs	
		粘贴 UV 坐标的 V 值到选择的 UVs	
		设定复制粘贴是在 UVs 上还是在 UV 面上	
坐标控制	0.500 0.671	显示选择 UVs 的坐标，输出一个值可改变 UV 坐标到输入的值	—
	0.0	当移动 UVs 点时，在工具条上的坐标显示并不能及时更新，使用这个按钮可以更新 UVs 的新坐标值	

3.1.6　认识贴图

　　UV 定位后要做的就是纹理绘制了，可以用贴图的方法来完成。

　　贴图分为很多种，最常用的有颜色贴图、凹凸贴图以及高光贴图，可以通过这几种贴图共同体现物体的质感。

　　（1）颜色贴图。顾名思义是用来体现物体基本颜色的，比方说我们要制作一个苹果，这个苹果的颜色是绿色的？红色的？还是偏黄一些？或者是三者都有？苹果表面的斑点又是什么颜色呢？这些颜色的要素都要体现在贴图上，可以让人很直观的感觉到，这是一个苹果。

　　（2）凹凸贴图。凹凸是体现物体质感很重要的一个要素，凹凸贴图可以控制物体表面是光滑的还是粗糙的，机理是怎样的，表面是否有划痕等。有了它，会让人觉得物体做得很真实。Maya 将凹凸贴图转换为灰度信息控制凹凸的大小，如果贴图带有颜色信息这

里会自动忽略。

　　（3）高光贴图。它可以控制物体高光的颜色、区域、强弱等。高光贴图连接到高光强度参数上，颜色的灰度被转换成数值，颜色信息也被忽略。

　　贴图属于 Maya 的外部素材，可以通过照相机直接拍摄或者 Photoshop 等二维图形图像软件进行绘制，然后通过 Flie（文件）节点与 Maya 内部材质球产生链接才能发挥作用，贴图连接有两种方法。

　　方法 1　创建 Blinn 材质球和 File 节点，在 File 节点的 Image Name 中选择外部贴图，用鼠标中键拖拽 File 节点到 Blinn 材质球上，在弹出的菜单中选择 Color 属性，就将贴图链接到了 Blinn 材质球的颜色（Color）属性上，如图 3-27 所示。

　　方法 2　创建 Blinn 材质球，在 Blinn 材质球颜色（Color）属性后面黑白格子图标■上单击鼠标左键，弹出 Create Render Node（创建渲染节点）面板，选择 File 节点，并在 File 节点的 Image Name 中选择外部贴图。

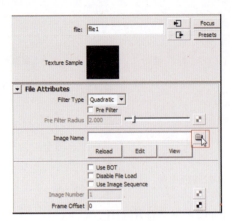

(a) 选择外部的图片

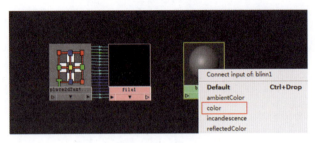

(b) 连接到颜色 (Color) 属性上

图3-27 连接贴图的第1种方法

3.2 UV及贴图应用——木墩

木头是常见的物体，也是一种比较普遍的材质，这一节主要来学习木头材质的制作。首先根据上节所学过的知识对木墩的UV进行拆分；其次学习在Photoshop中如何绘制木纹贴图；然后再回到Maya中调节贴图和材质球，以实现木头的真实质感。最后设置灯光并渲染最终效果。木墩的最终效果，如图3-28所示。

图3-28 木墩最终效果

3.2.1 拆分木墩UV

木墩的结构比较简单，按照UV拆分的流程首先

根据模型的形状确定UV投射的方式：木墩的外立面使用圆柱投射，上下的横截面使用平面投射。投射完成之后对UV进行细节调整，最后将编辑过的UV导出。

打开光盘 \Project\3.2Wooden pier\scenes\ 3.2Wooden pier_base.mb

1 分析模型的结构，这个木墩是个圆柱形，所以分UV的办法是用圆柱映射和平面映射相结合的办法，在侧视图选择模型的侧面，如图3-29所示。

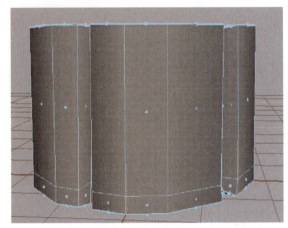

图3-29 圆柱形侧面

2 在菜单中执行 Create Uvs → Cylindrical Mapping（圆柱形映射）命令，为所选择的面创建圆柱形映射。

3 执行菜单 Window → UV Texture Editor 命令，打开 UV 编辑器。

4 在透视图中移动圆柱形投射的控制手柄使映射合并为整个圆柱形状，如图 3-30 所示。

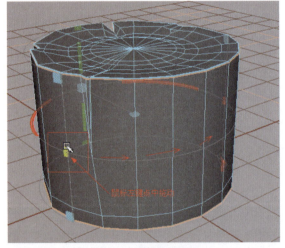

图3-30 移动控制手柄

5 在 UV 编辑器中将 UV 缩放到 UV 编辑网格 0 ～ 1 的纹理平面内，如图 3-31 所示。

6 在视图中选择模型上下两部分的面，如图 3-32 所示。

7 单击 Create Uvs → Planar Mapping（平面映射）命令后边的属性选项盒按钮 □，在弹出的属性窗口中的 Project from 选项选择 Y 方向投射。

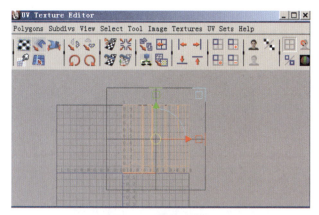

图3-31 移动UV操作

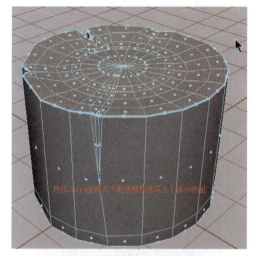

图3-32 选择模型两端的面

8 在 UV 编辑器中调整得到的 UV，并将木墩的所有 UV 尽可能地在 UV 编辑器 0～1 的网格中充分填满，以方便将拆分好的 UV 导出 Maya，如图 3-33 所示。

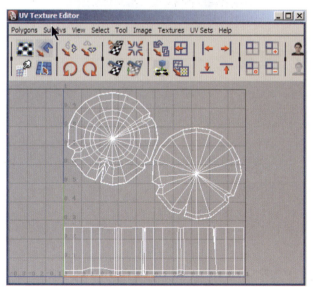

图3-33 摆放UV

9 在 UV 编辑器的菜单中执行 Polygons → UV Snapshot...（导出 UV）命令，将 UV 以图片的形式导出到工程目录，具体属性设置如图 3-34 所示。

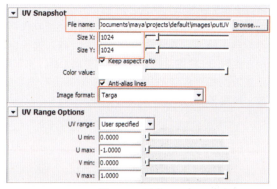

图3-34 导出UV

> ⚠ **注 意**
>
> （1）UV 贴图导出的尺寸需要根据影片的画面尺寸确定，影片尺寸越大 UV 贴图的分辨率要求越高，反之越小。常用的贴图尺寸有 512×512，1024×1024，2048×2048，4096×4096 等。通常 PAL 制影片（720×576）使用尺寸为 1024×1024 的贴图，HD 高清影片（1920×1080）使用分辨率为 4096×4096 或更高的贴图。
>
> （2）UV 贴图导出的格式能被 Photoshop 能够识别即可，通常使用 tga 格式。

3.2.2 绘制木墩贴图

木墩贴图绘画前需要找到一张合适的纹理素材图片，然后对这张素材图片根据 UV 图的范围进行对位，之后调节纹理的颜色，以完成木墩颜色贴图的绘制。为了更好地体现其纹理效果，需要对颜色贴图进行处理，制作控制纹理凹凸及高光的贴图。

1 打开 Photoshop，导入刚从 Maya 中导出的 UV 图进行编辑。我们要实现的效果是单独有一个 UV 线的图层，放在所有图层的最顶部。这个 UV 线的图层只需提取出 UV 线，其他区域都是透明的。这样做的目的是根据 UV 线来定位贴图中不同纹理的位置，例如：哪些区域是木头的横截面，哪些区域是木头树皮的位置，更方便于贴图的绘制。如图 3-35 所示。

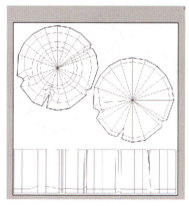

图3-35 编辑UV图

2 打开光盘 \Project\3.2Wooden pier\Image\nianlun.jpg，这是一张树木年轮的贴图，用于制作木墩的横截面，在网络上也很容易找到相关的图片。导入这张贴图，把它放到 UV 线图层的下面。运用移动工具，将年轮的贴图放到相对应 UV 的地方，并且对其进行适当的缩放，如图 3-36 所示。

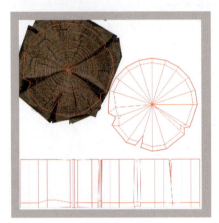

图3-36　调入年轮图

3 复制木纹年轮的图层到另一面对应的 UV 处，如图 3-37 所示。

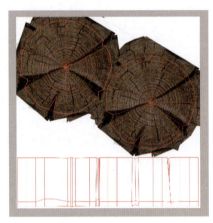

图3-37　复制年轮图

4 打开光盘 \Project\3.2Wooden pier\Image\ shupi.tif，这是一张树皮贴图的素材，把它也放到图层中，进行移动以及旋转的编辑，如图 3-38 所示。

图3-38　调入树皮贴图

5 再复制两个树皮贴图的图层，依次排开，把三个图层合并为一个图层，如图 3-39 所示。

图3-39　复制树皮贴图

6 对这个树皮的图层进行色相饱和度、色彩平衡和曲线的调整，最终目的是使树皮贴图的颜色和树木年轮贴图的颜色基本一致。也可以根据需要对贴图进行一些加深或减淡的处理，如图 3-40 所示。

图3-40　颜色贴图

提　示

在木墩上有一些裂缝的效果，在绘制贴图时需要用画笔工具画出这些裂缝。

7 这样，木墩的颜色贴图就制作完成了，保存这张贴图到工程文件夹的贴图目录中，格式为 tga。

注　意

保存贴图之前先把 UV 的图层隐藏。

8 制作木墩的凹凸贴图。首先在 Photoshop 中打开已经做好的颜色贴图，将其去色并调整亮度对比度，凹凸贴图的灰度较高，细节也比较多，最终效果如图 3-41 所示。凹凸贴图是贴图中必不可少的一张，它能更好地体现木纹的质感以及纹理，效果更为真实。

9 制作高光贴图，在 Photoshop 中打开颜色贴图，执行去色、调节曲线的命令，让高光贴图的黑白反差大一些。黑色区域是没有高光的效果，白色区域是有高光的效果，最终效果如图3-42所示。

图3-41 凹凸贴图

图3-42 高光贴图

> **提 示**
>
> （1）木头材质的高光不是很明显，而且也比较弱，也许贴到模型上只有很小的一点变化。但这一点变化，也要体现出来，这样才能实现更加真实的木纹效果。
>
> （2）凹凸贴图和高光贴图制作完成后，分别保存到工程文件夹的贴图目录中。

3.2.3 调节木墩质感

在上一节制作了木墩的纹理贴图，本节在调节质感之前先要把这些贴图连接到材质球的相应属性上，使模型具备基本的纹理，然后调节材质球的属性，制作出木头的质感。

1 建立一个blinn材质球，把这个材质球赋予给木墩的模型。并在颜色参数上面连接File节点，并连接外部的颜色贴图，如图3-43所示。

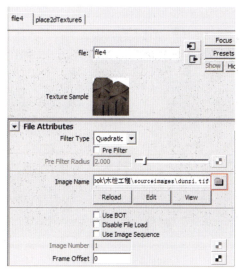

图3-43 连接颜色贴图

打开Render View窗口进行渲染，如图3-44所示。

图3-44 渲染颜色贴图效果

2 连接凹凸贴图和高光贴图，制作方法和颜色贴图是一致的。分别单击blinn材质球属性中的Bump Mapping和Specular Color右边的棋盘格按钮，选择文件节点（file），分别连接凹凸贴图和高光贴图。

所有贴图连接好之后，渲染查看效果，如图3-45所示。

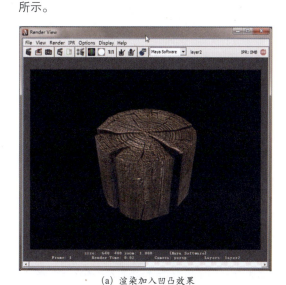

（a）渲染加入凹凸效果

图3-45 加入高光的效果对比

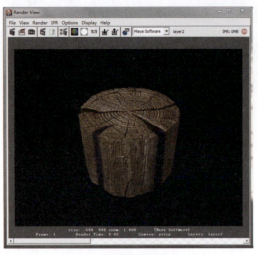

(b) 渲染加入高光效果

图3-45（续）

3 因为渲染出来的凹凸效果过于强烈了，木头本身纹理的凹凸不会这么深，降低凹凸深度值 Bump Depth 为 0.2。

4 再来调节一下高光范围和高光强度属性，以便达到木头比较粗糙的光泽质感，如图3-46 所示。

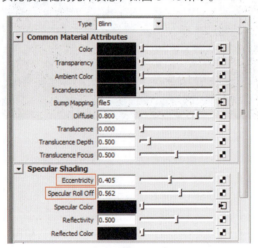

图3-46　调节高光属性

5 质感调节完成之后，最终渲染效果如图3-47 所示。

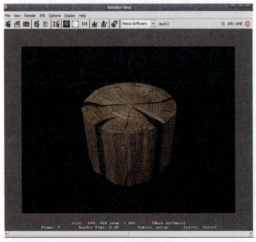

图3-47　渲染效果

3.2.4　为木墩设置灯光

这一小节主要讲解基本布光的方法，与在第 1 章讲过的角色布光一样，没有特殊氛围的效果，只是利用主光以及辅光，实现对场景的基本照明效果。最终整体的布光如图 3-48 所示。

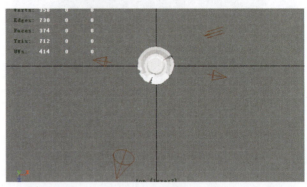

(a) 顶视图

(b) 透视图

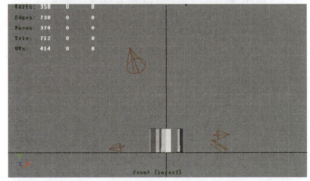

(c) 前视图

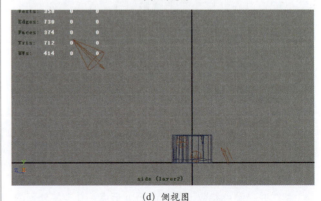

(d) 侧视图

图3-48　整体灯光位置

Maya材质

1 创建一盏聚光灯，定为主光源，它的作用是提供主要的照明效果，并且由主光源的方向来决定阴影的方向。灯光位置如图3-49所示。

(a) 渲染效果

(b) 透视图

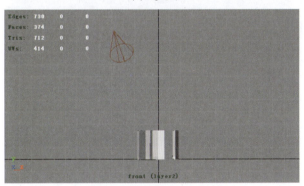

(c) 前视图

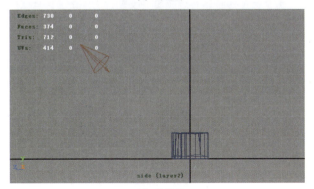

(d) 侧视图

图3-49 主灯位置

这个场景是模拟正常状态下日光的效果，主灯的颜色偏暖一点，灯光强度值比较高，具体属性设置如图3-50所示。

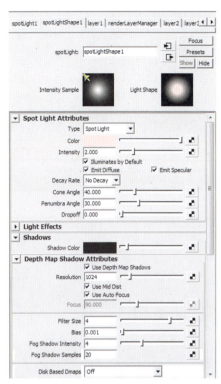

图3-50 主灯属性设置

2 制作第一盏辅灯，辅灯的作用是照亮主灯没有照到的黑暗区域，起到补充照明、增强物体体积感以及空间感的作用。创建一盏聚光灯，灯光位置如图3-51所示。这盏灯用来补正侧面的光，灯光强度要低于主灯，具体属性设置如图3-52所示。

(a) 渲染效果

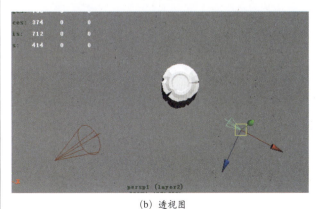

(b) 透视图

图3-51 辅灯位置

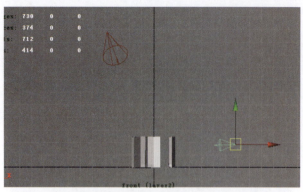

(c) 前视图

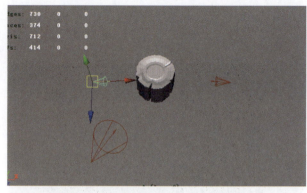

(b) 透视图

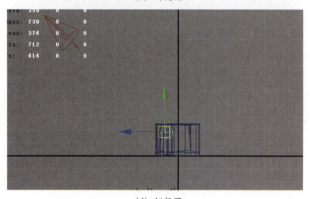

(d) 侧视图

图3-51（续）

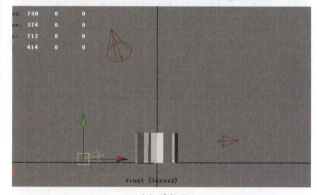

(c) 前视图

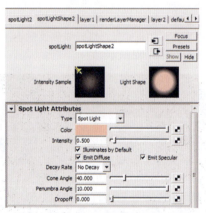

图3-52　辅灯属性设置

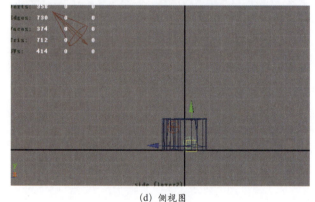

(d) 侧视图

图3-53（续）

3 　再创建一盏辅灯，同样也是聚光灯，从左侧照过来，起到辅助照明效果，灯光位置如图 3-53 所示。

为了体现冷暖结合的效果，这盏灯为冷色调，具体属性设置如图 3-54 所示。

（a）渲染效果

图3-53　辅灯位置

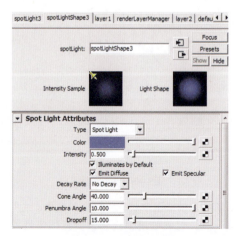

图3-54　辅灯属性设置

Maya材质

4 添加一盏背光，用于勾勒出木墩的轮廓。创建一盏平行光，灯光位置如图 3-55 所示。

（a）渲染效果

（b）透视图

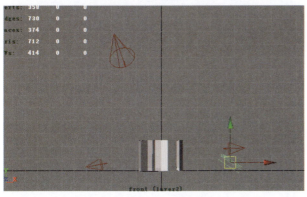

（c）前视图

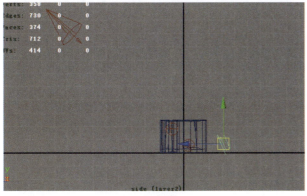

（d）侧视图

图3-55　背光位置

这盏灯是从斜后方打过来的，这个场景不需要体现很

明显的逆光效果，所以背光不用很强，具体属性设置如图 3-56 所示。

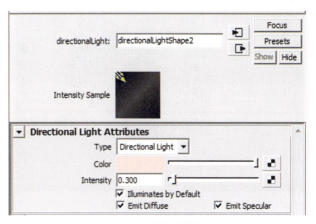

图3-56　背光属性设置

3.2.5　地面材质的制作

地面材质的制作使用了"置换贴图"的方法，此方法将在 3.3 节中进行详细讲解。

1 创建一个 Plane 面片，如图 3-57 所示。

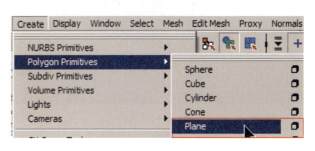

图3-57　创建Plane面片

2 制作沙地的颜色，并且使用节点模拟出一粒一粒沙子的效果。创建一个 Lambert 材质球，赋予地面模型，创建 Rock 节点，用于模拟沙粒，将这个节点连接到 Lambert 材质球的 Color 颜色上，具体属性设置如图 3-58 所示。

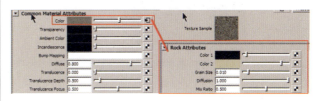

图3-58　Rock节点属性设置

3 为了模拟出沙漠表面像水波一样起伏的效果，要运用到置换贴图，先来看一下没有连接置换贴图和连接置换贴图之后的两种不同效果，如图 3-59 所示。
连接之后的效果是不是更加真实呢？下面来学习一下是如何制作的。
创建一个 Water 节点，将 Water 节点鼠标中键连接到 Lambert 地面材质组 Lambert3SG 属性中的 DisplacementMat 上，如图 3-60 所示。

（a）没有连接置换贴图

（b）连接置换贴图

图3-59　加入地面置换效果对比

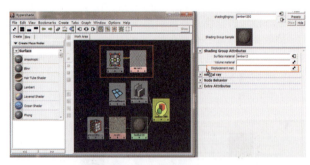

图3-60　置换节点的连接方式

连接完成之后再来调节一下 Water 节点的属性及坐标，使波纹的效果更加自然，具体属性设置如图 3-61 所示。至此，木墩案例的所有制作过程已经完成了，最终渲染效果如图 3-62 所示。

提　示

　　渲染之前将渲染器的渲染级别设置成产品级（Production quality），这样渲染的质量更高一些，边缘不会有锯齿出现。

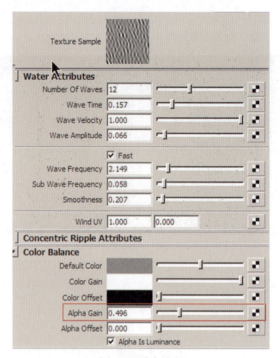

（a）Water节点的属性

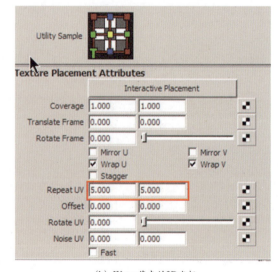

（b）Water节点的2D坐标

图3-61　Water节点属性设置

图3-62　最终渲染效果

108

Maya材质

【作品欣赏】

图3-63　作品欣赏1（完美动力动画教育　杨莉茜临摹作品）

图3-64　作品欣赏2（完美动力动画教育　聂振华临摹作品）

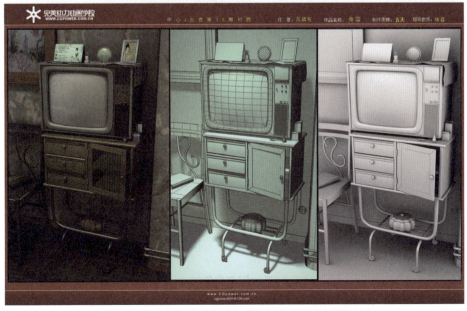

图3-65　作品欣赏3（完美动力动画教育　吕镇铭临摹作品）

上面 3 幅作品中的木质物品有窗框、木柴、竹椅、电视柜等，尽管这些物品都属于木质物品，但是它们在款式、造型、表面细节等方面也存在一些差异，例如图 3-64 中的椅子是竹制的，在贴图绘制的时候就需要找竹子纹理作为贴图的基础纹理；图 3-65 中的电视柜在造型上以矩形居多，选择 UV 投射方式便以平面投射为主。读者在材质学习中首先要熟练掌握案例知识，然后能够灵活运用、举一反三。

3.3　置换贴图——墙面材质

在 Maya 中有些情况凹凸是有很多局限性的，因为它是模拟的凹凸效果，从侧面看还是平的，这时候就要用到置换贴图，置换贴图的使用大大地增加了真实感。在下面的案例中，我们制作的木板、砖墙、水泥效果，高光不明显，基本上可以忽略，所以只需要贴图连接就可以了。

3.3.1　置换贴图

1）置换贴图的概念及实现原理

Displacement Mapping（置换贴图）是同凹凸贴图相区别的另一种制造凹凸细节的技术。它使用一个贴图制作出几何物体表面上点的位置被替换到另一位置的效果——通常是让点的位置沿面法线移动一个贴图中定义的距离。它使得贴图具备了表现细节和深度的能力，且可以同时允许自我遮盖、自我投影和呈现边缘轮廓。

然而，这种技术也是同类技术中消耗计算机资源最大的，因为它需要额外地增加大量几何信息。很多年来，置换映射是高端渲染器（例如 RenderMan）独有的功能，而那些实时的程序接口（例如 OpenGL 和 DirectX）则缺少对该技术的支持。其中的一个原因是，最初的实现方法需要对物体表面进行自适应细分来得到许多微小的面，这些面的尺寸投影到屏幕上刚好是一个像素的大小。现在图形硬件（显卡）已经可以支持 Shader Model 3.0，位移映射可以通过向量贴图的方式实现。这种向量贴图并不像普通贴图那样仅改变物体表面的颜色，而是改变物体表面点的位置。与凹凸贴图、法线贴图和切线贴图仅是在制造凹凸效果的假象不同，位移映射是真正通过贴图的方式制造出凹凸的表面。

知识拓展

> Displacement Mapping（置换贴图）通过 micropolygons（微多边形）和 tessellate（镶嵌）的方法来实现物体表面的真正改变，以达到逼真的效果。

2）创建置换贴图方法

在 Maya 中，不能通过标准的材质链接创建 Displacement Mapping（置换贴图），必须将置换贴图链接到 Shading Group（材质组）节点上。置换贴图和凹凸贴图不同，置换节点没有控制强度的属性，控制其强度的是被输入的贴图文件的 Alpha Gain（Alpha 增益）属性。Alpha Gain 是纹理的 Out Alpha（输出 Alpha）属性的系数，默认值为 1。Alpha Gain 值为 0 时，无置换效果，Alpha Gain 值为 -1 时，将反转置换效果。

1 在 Hypershade 窗口中创建一个 Blinn 材质球，单击 Hypershade 窗口中 ⬕（显示输入和输出的链接）按钮，在工作区展开了 blinn1 的 blinn1SG 节点，如图 3-66 所示。

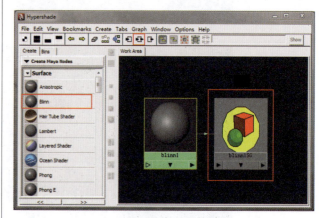

图3-66　显示输入和输出链接

2 双击 blinn1SG 节点，打开其属性面板，选择 blinn1SG 属性选项卡。创建一个置换贴图或纹理，将其鼠标中键拖拽到 blinn1SG 的 Displacement mat. 上，如图 3-67 所示。

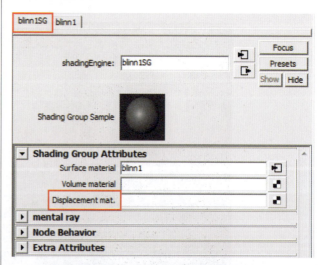

图3-67　Displacement Mat属性设置

这样就创建出了一个 Displacement Shader 节点，纹理和置换节点已经自动链接。下面将通过实例具体讲解。

3.3.2 绘制贴图及调节质感

本部分学习绘制建筑贴图和置换贴图的方法，制作过程中要注意置换节点的使用思路和置换纹理的贴图制作。所要完成案例的最终效果如图3-68所示，工程文件在光盘中的位置：Project\3.3 Wall\scenes\3.3 Wall.ma。

图3-68　最终效果图

提　示

本教程提供了最终的 UV 图，读者可直接使用。

1）墙壁的制作

找到一张符合要求的墙壁贴图，通过 Photoshop 中拼合、较色、加深、减淡工具做出颜色图，并将墙面裂痕、水渍等效果的贴图放到相应的位置，来增加细节，置换贴图通过去色、调整对比度来完成。

1 将 qiang_UV 导入到 Photoshop 中作为贴图绘制的参考。然后找一张石墙的纹理素材图片，作为墙壁的颜色贴图，如图3-69所示。

图3-69　加入石墙的纹理

2 在墙壁纹理的基础上添加细节，例如：墙面与地面的接缝处的阴影，墙与其他物体的接触处的阴影、墙面裂痕、水渍等效果，这样墙壁的颜色贴图就制作完成了，保存这张贴图到工程文件夹的 sourceimages 目录中，如图3-70所示。

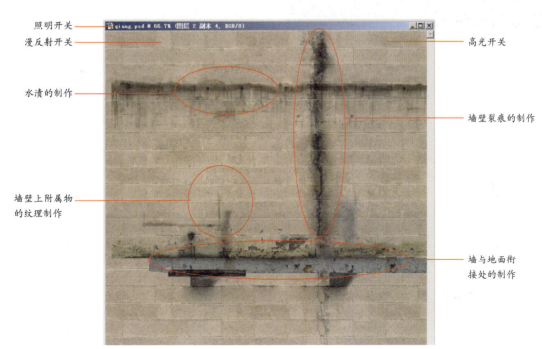

照明开关
漫反射开关
高光开关
水渍的制作
墙壁裂痕的制作
墙壁上附属物的纹理制作
墙与地面衔接处的制作

图3-70　墙壁颜色贴图

3 接下来制作墙壁的置换贴图，将没有添加细节的墙壁纹理转换成黑白图，如图 3-71 所示，保存这张贴图到工程文件夹的 sourceimages 目录中（参考本章的 3.2.2 节绘制木墩贴图）。

图3-71 壁置换贴图

4 将墙壁置换贴图连接到材质球属性中的置换节点上，参考创建置换贴图方法，节点网络及属性设置如图 3-72 所示。

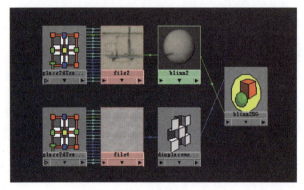

（a）节点网络

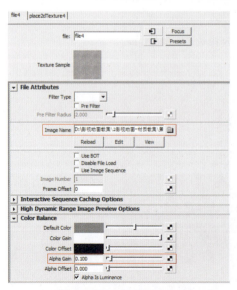

（b）File节点及置换的属性设置

图3-72 墙壁节点网络及属性设置

墙面置换的渲染效果如图 3-73 所示。

图3-73 墙壁置换效果图

⚠ **注 意**

现在墙壁上的凹凸纹理就已经显现出来了。置换出来的效果比凹凸要好些，但是所花费的渲染时间会大量增加。

2）楼梯把手的制作

1 将 bashou_UV 导入到 Photoshop 中作为参考，绘制楼梯把手的颜色贴图，如图 3-74 所示，保存这张贴图到工程文件夹的 sourceimages 目录中（参考本章的 3.2.2 节绘制木墩贴图）。

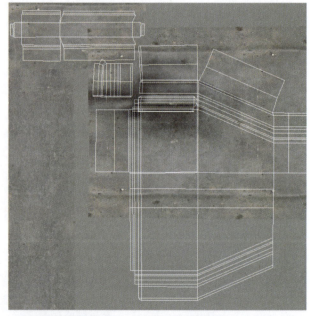

图3-74 楼梯把手的颜色贴图

2 将这张颜色贴图去色，作为凹凸贴图，如图 3-75 所示，并将其保存，（参考本章的 3.2.2 节绘制木墩贴图）。

3 分别将颜色贴图和凹凸贴图连接到 Blinn 材质球的 Color 和 Bump 属性上进行渲染，如图 3-76 所示。

图3-75　楼梯把手的凹凸贴图

图3-76　楼梯把手的渲染效果

3）管子和线的制作

1 找一张有铁锈的贴图来制作管子的颜色贴图（参考本章的3.2.2节绘制木墩贴图），如图3-77所示。

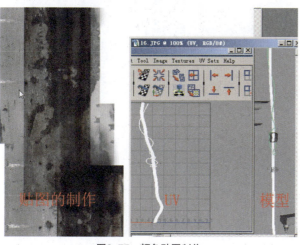

图3-77　颜色贴图制作

2 将制作好的贴图连接到材质球的颜色（Color）属性上，如图3-78所示。

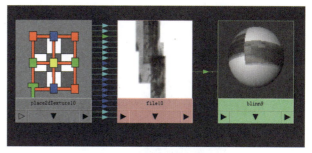

图3-78　颜色贴图节点链接

4）门的制作

1 将men_UV导入到Photoshop中，根据原图来制作门的材质，先将图片中门的UV图与图片进行对位，同时注意墙与门的衔接处等细节的刻画。保存这张颜色贴图到工程文件夹的sourceimages目录中，如图3-79所示。

图3-79　门的颜色贴图

2 将这张做好的颜色贴图连接到材质球的颜色（Color）属性上，并把这张图也连接到凹凸上，我们之前说过凹凸会自动忽略颜色，如图3-80所示。

图3-80　颜色贴图节点链接

> **注　意**
>
> 此处不使用置换效果。一般情况下，置换效果用于图中较大的面积的物体。其他的可以运用凹凸节点来制作。门和墙壁整体的制作效果如图3-81所示。

图3-81　墙壁整体效果

5）楼梯以及杂项的制作

1 将 za1_UV 导入到 Photoshop 中，根据 UV 参考线来制作这张贴图。楼梯和扶手的材质主要是石质的，尤其是侧面有两层凹凸效果，上层为水泥状，下层为砖墙状，为了能体现出好的效果，在这里将置换和凹凸贴图同时运用，将颜色贴图制作好，如图 3-82 所示。

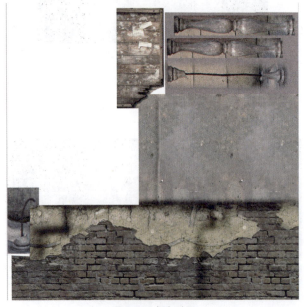

图3-82　颜色贴图

2 制作楼梯侧面的置换贴图，将不需要的部分删除掉，如图 3-83 所示。

3 根据置换贴图制作一张黑白图为凹凸贴图，如图 3-84 所示，白色的是凸，体现上层的水泥，黑色的为凹，体现下层的砖墙，这样在一个平面上表现的两种材质才更有立体感。

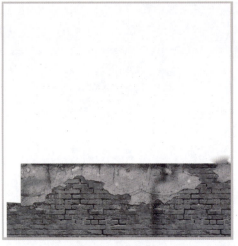

图3-83　置换贴图

图3-84　凹凸贴图

4 将制作好的置换贴图连接到材质球的 SG 节点上，颜色贴图连接到颜色属性上，为了细节更多些，将使用双层凹凸，将之前的置换贴图与凹凸贴图连接到凹凸节点上，具体的节点链接如图 3-85 所示。

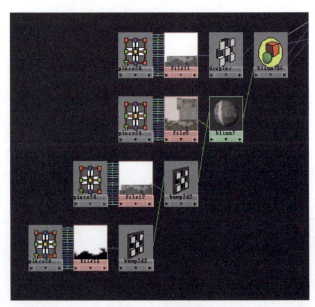

图3-85　节点链接

知识拓展

凹凸连接凹凸的方法：创建一个凹凸节点，中键拖拽到另一个凹凸节点上，选择 Other 选项弹出连接（Conneceion）面板，连接 Outnormal 到 NormalCamera 上。

最后把所有做好的放在一起进行渲染，效果如图 3-86 所示。

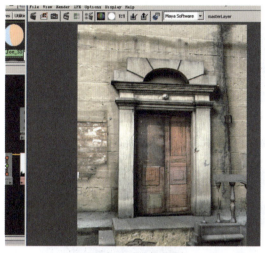

图3-86 渲染效果图

知识拓展

渲染 AO 层，增强阴影效果

由于 Maya 软件渲染的局限性，用 Occ 图层来加强图片的明暗效果。

Occ 图的效果我们用 Maya 分层渲染中的预设来做。（在第 4 章将会详细讲解，在本案例的工程目录里已经提供 Occ 图片，读者可以直接使用）。

渲染出来 Occ 层如图 3-87 所示。

图3-87 Occ渲染效果

使用 Photoshop 软件来对渲染好的 Color 层与 Occ 层进行简单的叠加，最终效果如图 3-88 所示。

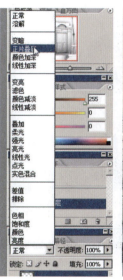

图3-88 最终效果图

【作品欣赏】

图3-89 作品欣赏1（完美动力动画教育 王琪临摹作品）

图3-90　作品欣赏2（完美动力动画教育　于晓楠临摹作品）

图3-91　作品欣赏3（完美动力动画教育　董强临摹作品）

相比凹凸贴图根据颜色和灯光"模拟"物体表面凹凸效果来说，置换贴图是一种真正改变物体表面形状的渲染方式，使物体表面产生真实的凹凸效果，丰富细节使作品层次感更强。

3.4　双面材质——易拉罐

通常给模型赋予贴图时，模型的里面和外面的图案是一样，一些特殊情况需要模型里面和外面是不同的图案，这时候就用到双面材质。

在生活中，双面材质是很常见的，例如纸币、扑克、易拉罐等，本节以易拉罐为例来讲解在 Maya 中如何制作双面材质。

首先，分别将易拉罐里面和外面的质感制作出来，然后通过条件节点将里外两组材质结合到一起，最后用信息采样节点来判断法线的正反，以达到双面效果。

本节要制作完成的易拉罐如图 3-92 所示。

图3-92　易拉罐最终效果

3.4.1 拆分易拉罐 UV

打开光盘：Project\3.4 Beverage Can\scenes\3.4 Beverage Can_base.mb。场景中有三个易拉罐的模型，前面已经讲过拆分 UV 的方法，这里就不细讲了。使用柱形投射方式拆分中部，使用平面投射方式拆分底部和顶部，然后将拆好的 UV 放在 UV 编辑器的 0 ~ 1 纹理平面中，如图 3-93 所示。

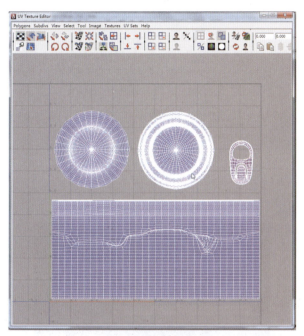

图3-93　拆UV

3.4.2 易拉罐双面材质的制作

因为易拉罐里面和外面的材质不同，用前面学过的方法无法制作，为此先来学习新的工具——材质节点。

1）Condition（条件）节点与SamplerInfo（信息采样）节点

Condition（条件）节点用于将易拉罐的里外两面的材质集合起来，通过 SamplerInfo（信息采样）节点可以判断法线正反，从而为模型赋予材质，如图 3-94 所示。

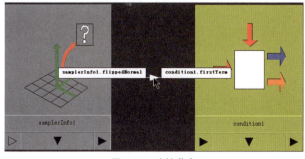

图3-94　连接节点

Condition 节点的具体原理和功能如下。

Condition（条件）工具的功能就像 If Else 语句编程。Maya 表达式支持 If Else 语句，而且可以写成这样：

If（$test<10）{Print "This Is True"；}
else{Print "This Is False"；}

如果 $test 变量小于 10，那么，Maya 在命令行输出 "This Is True"。If Else 语句就是一种开关，根据输入来选择几种可能的结果之一。当以 If Else 语句的形式写入时，Condition（条件）工具的功能如下：

If（First Term Operation Second Term）
{
　Color If True；
}
Else
{
　Color If Flase；
}

First Term（第一条件）和 Second Term（第二条件）属性都只接受单一值，而 Color If True（如果正确的色彩）和 Color If False（如果错误的色彩）属性输出矢量值。Operation（操作）属性有 6 个选项：Equal（相等）、Not Equal（不等于）、Greater Than（大于）、Less Than（小于）、Greater Or Equal（大于等于）和 Less Or Equal（小于等于）。

用 Condition（条件）工具可以把两种不同的纹理应用于单一的曲面。默认情况下，Maya 中的所有曲面都是双面的，除了单一的 UV 纹理空间。因此，平面的上部和下部都有相同的纹理。

SamplerInfo 的属性 FlippedNormal（翻转法线）指明了可渲染曲面的正面。如果这个属性值是 1，正面翻转（Flipped），或者说次面被采样了；如果这个值是 0，则正面没有翻转，或者说正面被采样了。SamplerInfo 节点我们在这里只应用到 FlippedNormal（翻转法线）属性，通过它还可以提取其他的信息，属于高级部分，在这里就不介绍了。

2）双面材质节点连接

1 创建材质球 surfaceShader，把 Condition（条件）节点连接到 surfaceShader 的 Out Color 上。这样就将 Condition 判断结果输出给 surfaceShader 材质球，如图 3-95 所示。

2 新建材质球 blinn1，并将 blinn1 材质球的 outColor 连接到 Condition 节点的 color If True。这样将易拉罐的外面贴图及质感的材质球连接到判断节点的输出 1 结果上，如图 3-96 所示。

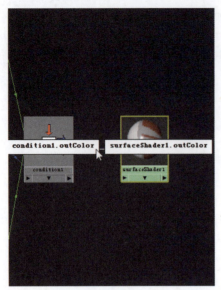

(a) 节点链接

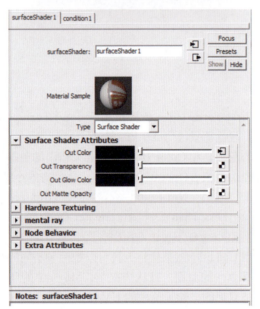

(b) 属性设置

图3-95　材质球节点链接及属性设置

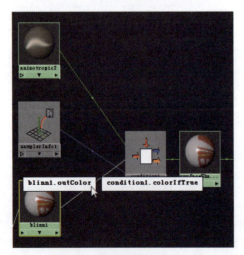

(a) 节点链接

图3-96　材质球链接及属性设置

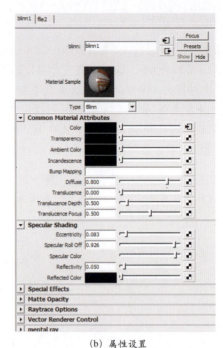

(b) 属性设置

图3-96（续）

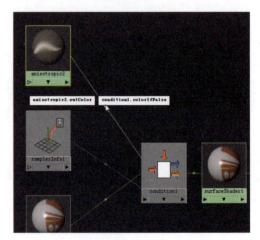

(a) 节点链接

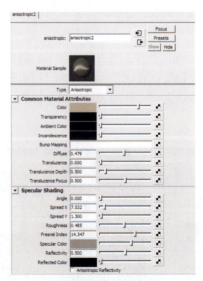

(b) 属性设置

图3-97　节点链接及属性设置

Maya材质

3 新建材质球 Anisotropic1，把它的 outColor 连接到 Condition 节点的 color If False 属性上。将易拉罐的内部贴图及质感的材质球连接到判断节点的输出 2 结果上，如图 3-97 所示。

4 新建一个 File 节点，导入易拉罐包装贴图，把其连接到 Blinn 材质的 Color 属性上，就将表面颜色贴图连接到易拉罐外面的材质节点的颜色（Color）属性上，如图 3-98 所示。

5 新建 samplerInfo1 节点，把 samplerInfo1 节点用鼠标中键拖曳到 condition1 节点上，在弹出的菜单中选择 other，展开材质属性关联编辑器。将 samplerInfo1 属性里的 filppednormal 项与 condition1 节点属性里的 firstTerm 属性相连，通过这个节点就可以对判断节点进行条件设置，在这里，设置的条件是模型的法线，如图 3-99 所示。

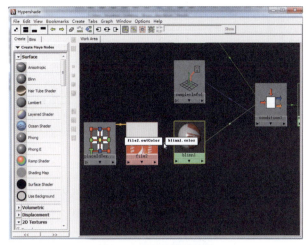

图3-98　连接易拉罐贴图

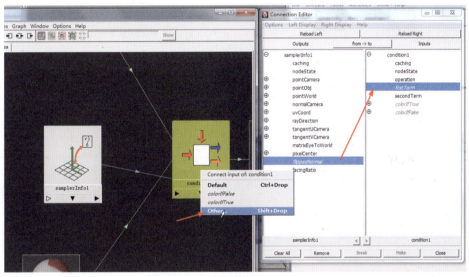

图3-99　节点链接及属性设置

3.4.3　易拉罐灯光的设置

材质设置完后，下面来设定灯光。因为没有特殊效果，参考第1章学习的角色灯光，首先制作主光，然后根据情况制作辅助光和补光。具体操作如下。

1 创建一盏聚光灯作为主光，灯光位置及渲染效果如图 3-100 所示，主光提供整体照明并控制阴影方向及强弱。

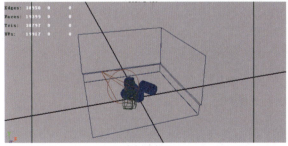

（b）透视图

（a）渲染效果

图3-100　主光位置及渲染效果

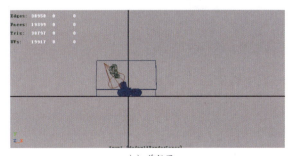

（c）前视图

图3-100（续）

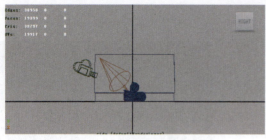

（d）侧视图

图3-100（续）

主光制作的时候注意边缘虚化及灯光阴影的虚化程度，应该是没有衰减的灯光。主光属性设置如图3-101所示。

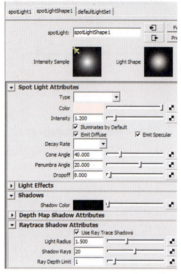

图3-101　主光的属性设置

⚠ **注　意**

这里打开了光线跟踪阴影，在渲染设置中也要打开这个属性，如图3-102所示。

（a）渲染效果

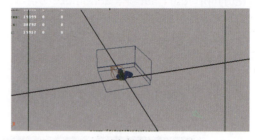

（b）透视图

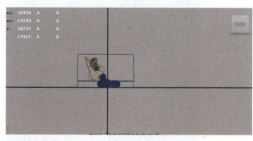

（c）前视图

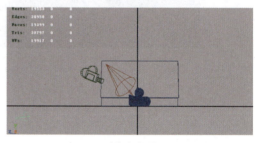

（d）侧视图

图3-103　辅助光位置及渲染效果

2 创建一盏聚光灯，作为辅助光，位置及渲染效果如图3-103所示，辅助光用来补充照明，增强物体空间感。

辅助光颜色偏冷，强度要弱于主光，为了不影响背景，属性如图3-104所示。这盏灯光有灯光链接，只照射易拉罐（可参考第1章1.2.5节灯光链接）。

图3-102　渲染属性设置

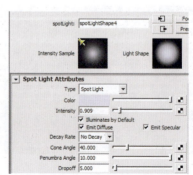

图3-104　辅助光的属性设置

3 创建聚光灯，作为背光，照亮物体边缘，增加物体体积感，位置及渲染效果如图3-105所示。

（a）渲染效果

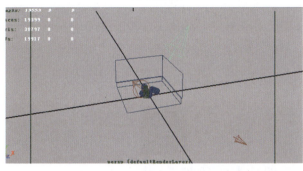

（b）透视图

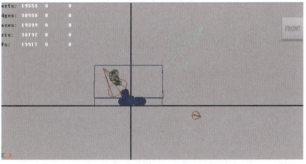

（c）前视图

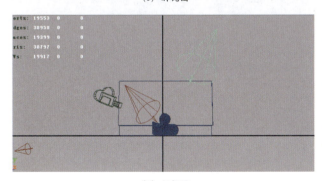

（d）侧视图

图3-105　背光的位置及渲染效果

制作背光的时候要注意光的强度不要抢主光的效果，光的位置十分重要，属性设置如图3-106所示。为了不影响背景，这盏灯光有灯光链接，只照射易拉罐（可参考第1章1.2.5节灯光链接）。

4 创建一盏聚光灯，作为第二盏背光，因为角度不同，所以要再添加一盏背光，位置及渲染效果如图3-107所示。

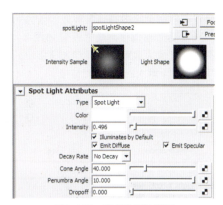

图3-106　背光的属性设置

（a）渲染效果

（b）透视图

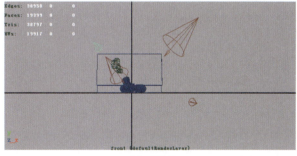

（c）前视图

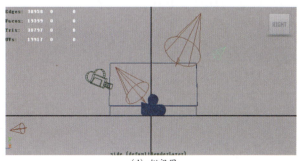

（d）侧视图

图3-107　第二盏背光的位置及渲染效果

属性设置不能完全照搬第一盏背光，因为角度和位置不同，所以要适当调整，属性设置如图3-108所示。为了不影响背景，这盏灯光有灯光链接，只照射易拉罐（可参考第1章1.2.5节灯光链接）。

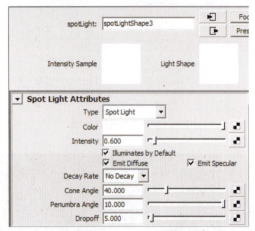

图3-108　第二盏背光的属性设置

5 创建一盏面光源，作为一个局部的补光，给最后的那个易拉罐调正高光效果，位置及渲染效果如图3-109所示。

（a）渲染效果

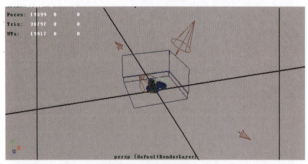

（b）透视图

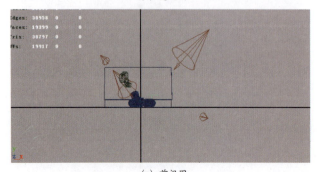

（c）前视图

图3-109　局部补光位置及渲染效果

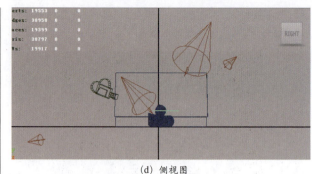

（d）侧视图

图3-109（续）

面光源强度和面光源的大小有关系，这里需要注意，属性设置如图3-110所示。为了不影响背景，这盏灯光有灯光链接，只照射易拉罐（可参考第1章1.2.5节灯光链接）。

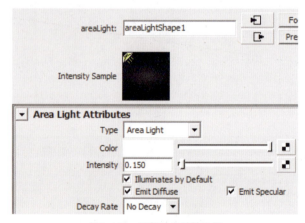

图3-110　局部补光属性设置

6 创建一盏环境光，提亮地面和背景的亮度，位置及渲染效果如图3-111所示。

（a）渲染效果

（b）透视图

图3-111　环境光的位置及渲染效果

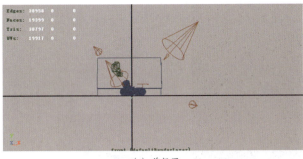

（c）前视图

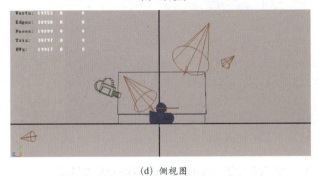

（d）侧视图

图3-111（续）

环境光颜色偏暖，在场景中任何位置都可以，属性设置如图3-112所示。为了不影响主体易拉罐，这盏灯光有灯光链接，只照射背景（可参考第1章1.2.5节灯光链接）。

7 最终渲染效果如图3-113所示。

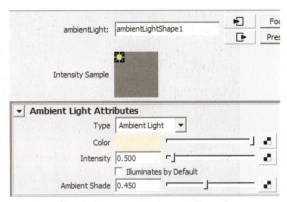

图3-112　环境光的属性设置

图3-113　最终渲染效果

【作品欣赏】

图3-114　作品欣赏1（完美动力动画教育　高森临摹作品　）

3

体验质感的魅力——认识UV及贴图

123

图3-115　作品欣赏2（完美动力动画教育　周玉洁临摹作品）

图3-116　作品欣赏3（完美动力动画教育　谷力临摹作品）

　　双面材质通常在单层模型两面有不同图案时使用，图3-114～图3-116这几幅作品所表现的都是生活中常见的双面材质，学习制作双面材质重点要理解Condition（条件）节点与SamplerInfo（信息采样）节点的原理及材质节点网络的连接方法。

3.5　BodyPaint 3D绘制无缝贴图——金鱼

　　无论是在现实中还是在影视动画中，鱼是经常出现的，怎么才能在三维世界中把一条鱼做得活灵活现呢？

　　在制作金鱼的贴图时，最需要注意的是接缝。当拆分UV，将鱼的左右分为两个UV块时，会出现金

鱼背部和腹部纵向中线左右两边的鱼鳞对不上的问题，这是因为在制作的时候左右两边的纹理是分别绘制的。想要解决这样的问题，有很多软件都能做到，例如ZBrush、Maya的3Dpaint笔刷、BodyPaint 3D等。其中Maya只能处理简单的效果，ZBrush学习起来比较困难，而BodyPaint 3D软件与经常使用的Photoshop软件接近，所以在这里讲解如何用BodyPaint 3D软件来处理接缝。

> **提　示**
>
> 　　很多模型都会有接缝问题，有时候由于位置比较明显，必须要进行处理。如果接缝位置在摄像机里看不到，就不必处理了，应视情况而定。

3.5.1 BodyPaint 3D 介绍

BodyPaint 3D 是由德国 MAXON 公司开发的一套 3D 彩绘软件，该软件可以在 3D 物体表面直接绘制贴图，利用它可以轻松制作出 10 种以上的不同材质，使得 3D 贴图绘制变得非常简单。BodyPaint 3D 拥有的 RayBrush 技术可以让人们在渲染好的影像上继续编辑，且图像不失真、不扭曲、不变形；人们还能在展开的 UV 图上直接编辑，甚至在复杂的物体上处理也没有问题；即使是最难处理的 UV 贴图接缝，BodyPaint 3D 内含的 UV 编辑工具也能为你排解困难。此外，BodyPaint 3D 还可以成为其他 3D 软件的外挂（包括 Maya、3D Studio Max、LightWave 3D、Softimage XSI），使用起来非常方便。

1）认识BodyPaint 3D的工作界面

BodyPaint 3D 含有两个主要的工作界面 BP UV Edit（BodyPaint UV 编辑绘制界面）以及 BP 3D Paint（BodyPaint 3D 画笔工作界面）。

在开始使用 BodyPaint 3D 时会先进入 BP 3D Paint 的工作界面，如图 3-117 所示。

进入 BodyPaint 3D 界面后，可以在左边的工具箱上看到 BP 3D Paint 和 BP UV Edit 以及主菜单的切换菜单，如图 3-118 所示。

工作界面切换选项可以将工作界面在 BP UV Edit 与 BP 3D Paint 之间切换。

主菜单切换选项可以选择将主菜单切换为 BodyPaint 3D Menu 专用的菜单，或者切换为 CINEMA 4D Menu 的菜单，或者用户自定义的菜单。

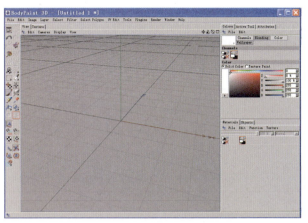

图3-117　Bodypaint3D的工作界面

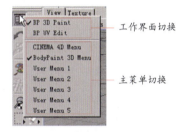

图3-118　菜单界面

将界面切换到 BP UV Edit 之后可以看到如图 3-119 所示的操作界面。

主菜单

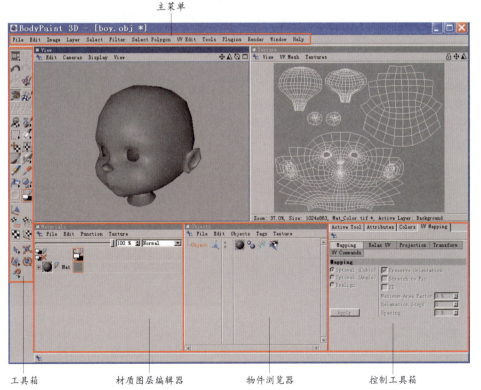

工具箱　　　材质图层编辑器　　　物件浏览器　　　控制工具箱

图3-119　BP UV Edit的操作界面

工具箱：常用工具按钮存放区，提供了画笔、克隆笔刷、绘制映射等丰富的工具。前面使用的界面切换菜单按钮就在上面。

主菜单：文件操作、编辑等常用菜单和针对 BodyPaint 3D 或者 CINEMA 4D 的专用菜单。

材质图层编辑器：整合了三维软件的材质球和 Photoshop 强大的层功能，非常好用。

物件浏览器：查看场景内 obj 物体的相关信息。

控制工具箱：容纳了工具属性、颜色管理和 UV 编辑器等重要部件。

2）常用快捷图标（表3-2）

表 3-2　Body Paint 3D 快捷图标

图　标	功　能
	重做和返回按钮
	绘制贴图向导
	绘制选项与映射绘制按钮
	笔刷与克隆笔刷工具
	橡皮擦与吸管工具
	属性绘制开关
	材质球和图层按钮

3）更改BodyPaint 3D的键鼠操作模式

初次打开 BodyPaint 3D 的时候，会发现视图的操作方式和 Maya 的正好相反，用起来很不习惯。习惯的操作模式可以提高工作效率，那么如何更改 BodyPaint 3D 的操作方式呢？很简单，在菜单中选择 Edit → Preferences，在弹出的参数选项对话框中激活 Common 选项（默认激活状态），勾选 Reverse Orbit（反转操作）选项，如图 3-120 所示。这样就把 BodyPaint 3D 的操作模式设为和 Maya 的一致了。

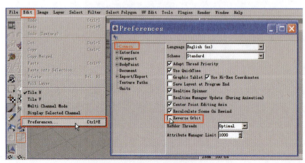

图3-120　更改操作模式

3.5.2　拆分金鱼 UV

打开场景文件（光盘：Project\3.5 Fish\scenes\3.5

Fish_base.mb），看到金鱼的模型分为鱼身、鱼鳍、鱼尾、鱼眼 4 个部分，并没有复杂的模型结构，而且以背鳍为界限金鱼左右两边是对称的，鱼鳍和鱼尾也都类似平面效果，因此可以使用平面映射（Planar Mapping）的方式拆分金鱼模型的 UV。

1 拆分金鱼的身体。选择金鱼身体模型，执行平面投射（Planar Mapping）命令在金鱼的侧面映射模型的 UV，如图 3-121 所示。

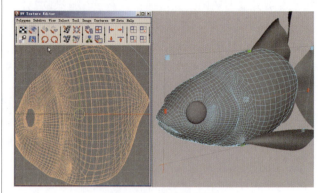

图3-121　拆分鱼身UV

2 执行平面映射后金鱼左右两侧的 UV 重叠到一起了，沿着模型的中线将 UV 使用剪开 UV 边（Cut UV Edges）工具分成两部分，然后整理 UV 并将其摆放到 UV 编辑器 0～1 的网格中，导出身体 UV 到工程目录的 sourceimages 文件夹中，如图 3-122 所示。

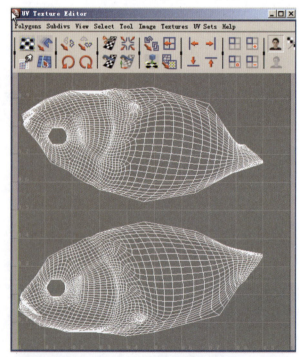

图3-122　金鱼身体的UV

3 拆分鱼鳍和鱼尾的 UV，鱼鳍分为背鳍、腹鳍和尾鳍，分别单独选择鱼鳍和鱼尾的模型，执行平面映射的命令。然后分别导出鱼鳍和鱼尾的 UV 到工程目录的 sourceimages 文件夹中。如图 3-123 ～图 3-126 所示。

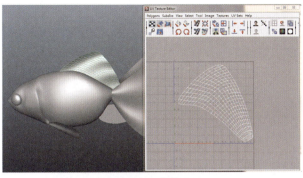

图3-123 背鳍UV

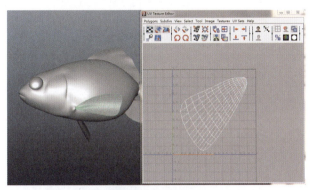

图3-124 腹鳍UV

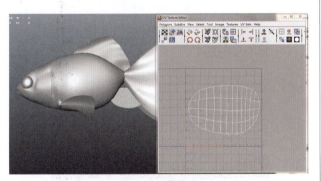

图3-125 尾鳍UV

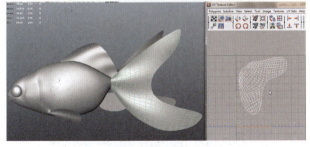

图3-126 鱼尾UV

3.5.3 绘制金鱼贴图

制作金鱼贴图时，为了使金鱼看起来更加逼真，可以通过素材库或网络找到真实金鱼侧面的图片，然后在 Photoshop 里面裁减出需要的部分，拼合到之前制作好的 UV 图上，再导入 Maya 中渲染。金鱼制作完成后的最终效果如图 3-127 所示。

图3-127 金鱼最终效果

1）金鱼身体贴图的制作

1 首先制作金鱼身体的颜色贴图，找一张清晰的金鱼图片作为贴图绘制的素材（可在网络上搜索合适的图片），与金鱼身体 UV 图一同导入到 Photoshop 中，然后进行拼接（参考本章的 3.2.2 节绘制木墩贴图）如图 3-128 所示。

图3-128 鱼身颜色贴图

2 在颜色贴图的基础上进行调节，运用去色、曲线、色阶等命令，制作金鱼身体的凹凸贴图和高光贴图（参考本章的 3.2.2 节绘制木墩贴图），贴图最终效果如图 3-129 所示。

(a) 凹凸贴图

(b) 高光贴图

图3-129 鱼身凹凸贴图和高光贴图

2）背鳍贴图的制作

1 背鳍贴图的制作方法和上面所讲到的身体的方法是一样的，在这里就不做过多的介绍了，同样也是分为颜色贴图、凹凸贴图和高光贴图。贴图的最终效果如图3-130所示。

（a）背鳍颜色贴图

（b）背鳍凹凸贴图

（c）背鳍高光贴图

图3-130

2 除了以上三张贴图之外，还要绘制一张透明贴图。透明的效果是通过纹理的黑白灰颜色信息控制的，黑色代表透明，白色代表不透明，可以使用画笔工具来画白色或者黑色，如图3-131所示。

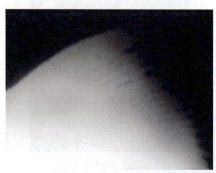

图3-131　背鳍透明贴图

3）腹鳍贴图的制作

腹鳍贴图的最终效果（参考背鳍的制作）如图3-132所示。

（a）腹鳍颜色贴图

（b）腹鳍凹凸贴图

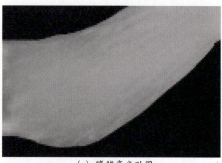

（c）腹鳍高光贴图

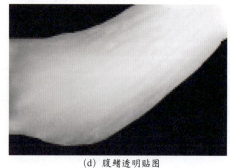

（d）腹鳍透明贴图

图3-132　腹鳍贴图效果

4）尾鳍贴图的制作

尾鳍贴图的最终效果（参考背鳍的制作）如图3-133所示。

5）鱼尾贴图的制作

鱼尾贴图的最终效果（参考背鳍的制作）如图3-134所示。

(a) 尾鳍颜色贴图

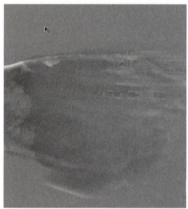

(b) 尾鳍凹凸贴图

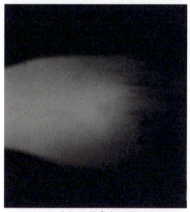

(c) 尾鳍高光贴图

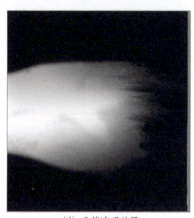

(d) 尾鳍透明贴图

图3-133 尾鳍贴图效果

(a) 鱼尾颜色贴图

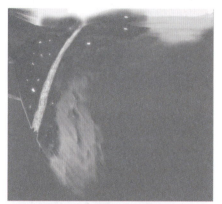

(b) 鱼尾凹凸贴图

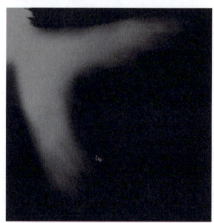

(c) 鱼尾高光贴图

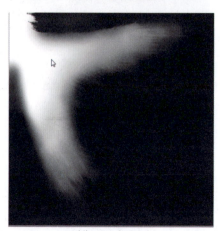

(d) 鱼尾透明贴图

图3-134 鱼尾贴图效果

6) 鱼眼睛贴图的制作

选取合适的金鱼眼睛图片，并截取出来拼合到鱼眼的 UV 上，鱼眼睛贴图的最终效果如图3-135所示。

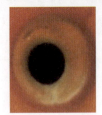

图3-135　鱼眼睛贴图

7) 测试贴图效果

鱼的所有贴图都已经制作完成，回到 Maya 中，创建几个 Blinn 材质球并将鱼身、背鳍、腹鳍、尾鳍、鱼尾和眼睛贴图连接到各自材质球的颜色（Color）属性上，赋予模型的相应位置并且进行渲染，如图3-136所示。

图3-136　渲染效果

3.5.4　处理贴图接缝

把 Maya 的视图调节成俯视和仰视的角度观看金鱼，会发现有一条明显的接缝存在，如图3-137所示。下面就来讲解如何使用 BodyPaint 3D 处理贴图接缝。

图3-137　金鱼背部的接缝

1 从 Maya 中导出需要处理的模型，储存格式为 OBJ，将模型文件用 BodyPaint 3D 打开。

提　示

（1）在 BodyPaint 3D 视图中按【H】键可最大化显示模型，和 Maya 中按【F】键的功能相同。

（2）导入 BodyPaint 3D 的模型要比 Maya 视图内的模型小很多，最好不要放大 BodyPaint 3D 视图中的模型，以免发生错误。

（3）在 BodyPaint 3D 中，【E】键、【R】键、【T】键分别对应移动、旋转、缩放。

2 设置 BodyPaint 3D 绘制贴图向导。单击工具箱中的绘制贴图向导图标，在弹出的窗口中单击【Next】按钮。

3 在下一个窗口中去掉 Recalculate UV 前面的勾选。这个选项是为物体重新展 UV，因为我们已经展好金鱼的 UV 了，所以取消该项的勾选。

4 在窗口中设置绘画的通道和贴图的尺寸，选择默认，然后单击【Finish】按钮就可以开始绘制、处理贴图了，如图3-138所示。

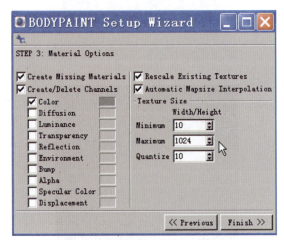

图3-138　设置绘画通道及贴图尺寸

5 在视图下方的材质图层编辑器中双击材质球的图标，打开材质球的属性编辑器，如图3-139所示。

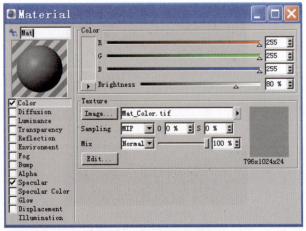

图3-139　材质球属性编辑器

6 单击【Image】按钮弹出指定文件窗口，给材质的颜色层指定已经画好的鱼身贴图，如图3-140所示，然后关闭窗口。

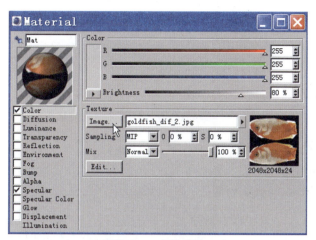

图3-140　添加贴图

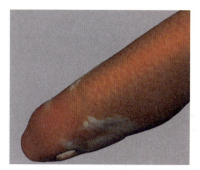

图3-142　接缝处理后的效果

> **提　示**
>
> BodyPaint 3D 的图层编辑器和 Photoshop 的很相似，大家结合 Photoshop 理解记忆。

7 首先单击工具栏中的映射绘制按钮，以映射的模式进行绘制，然后选择克隆笔刷对贴图的接缝进行处理。按【Ctrl】键＋鼠标左键吸取鱼身的贴图作为绘制目标点，然后在接缝处绘画，如图3-141所示。

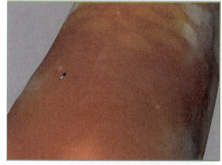

（a）克隆笔刷的目标点

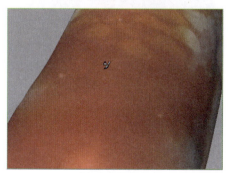

（b）克隆笔刷绘画

图3-141　接缝绘画

使用 BodyPaint 3D 的克隆笔刷和使用 Photoshop 中的仿制图章方法很像，是处理接缝的主要工具。处理接缝是需要耐心和技巧的，处理后的效果如图3-142所示。

> **提　示**
>
> BodyPaint 3D 的克隆笔刷在使用时，每调节一次视图都要重新吸取目标点。

8 在材质球图标后面的图层图标上单击鼠标右键，执行 Texture→Save Texture 命令，将处理好的贴图保存出来。

9 利用处理好接缝的颜色贴图在 Photoshop 中处理成新的凹凸贴图和高光贴图（参考本章的3.2.2节绘制木墩贴图），如图3-143、图3-144所示。

图3-143　凹凸贴图

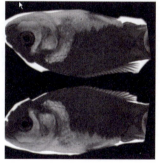

图3-144　高光贴图

最终渲染效果，如图3-145所示。

图3-145　金鱼最终效果

【作品欣赏】

图3-146　作品欣赏1（完美动力动画教育　安妮临摹作品）

图3-147　作品欣赏2（完美动力动画教育　郑跃伟临摹作品）

3.6　本章小结

（1）编辑UV的基本原则：不能UV重叠，UV块要在0～1之间，接缝放在不易察觉的位置，UV尽量不要拉伸，UV块数尽量少，尽可能利用0～1的空间，同一模型的棋盘格大小要尽量一致。

（2）UV的4种投射方式分别为：Planar Mapping（平面映射）、Cylindrical Mapping（圆柱形映射）、Spherical Mapping（球形映射）和Automatic Mapping（自动映射），分别代表物质世界的几何形体的分解。

（3）只有在UV点状态下才能编辑UV，UV的改变不会改变模型表面。

（4）最常用的UV编辑命令有：移动并缝合 、切开 ，它们都是针对选择的线进行编辑的。

（5）连接贴图有两种方法：一种是单击材质球颜色（Color）后面的黑白格 ▦ ，选择文件节点（file）。另一种是创建文件节点（file）并用鼠标拖拽到材质球的颜色（Color）属性上。

（6）所谓连接置换节点，是指将文件节点（file）连接到模型的SG的置换属性（Displacement mat）上。

（7）双面材质是通过信息采样（SamplerInfo）、条件节点（Condition）对模型的法线进行条件判断得出的。

（8）在BodyPaint 3D里面可以通过克隆画笔来处理贴图接缝。

3.7 课后练习

观察图3-148（模型文件光盘位置：Project\3.7 Homework\scenes\3.7 Homework），这是一幅幻想题材的作品，在制作的时候要注意以下几点：

（1）注意UV的接缝处不要放在摄像机能看到的地方。

（2）在做旧、做脏的时候要分析是否合理，在生活中应该是怎样的。

（3）注意纹理的大小（要适合微观的世界，一般纹理都会比较大）。

图3-148　虫子马车

3.8 作业点评

图3-149是一幅章鱼入侵的画面，完成得比较好，具体表现为：

图3-149　章鱼入侵（完美动力动画教育　郭腾临摹作品）

（1）整幅画面光影柔和，体现出空间感。

（2）章鱼的纹理清楚，接缝隐藏得很好。

图 3-150 是一幅比较失败的室内作品，具体表现为：

图3-150　室内场景

（1）这个作品画面墙壁的绿色太鲜艳，与地面脱节，没有整体感。

（2）墙上的纹理拉伸过度，在拆分 UV 时没有分好。

（3）画面上的管道颜色处理不佳。

（4）墙面的杂物有些不合常理，一般情况下，靠近地面的墙体更脏一些，这样也可以和地面的杂物有呼应。

4

登上材质制作的快车——分层渲染

> 了解分层渲染的作用
> 掌握分层渲染的设置方式
> 掌握角色分层渲染的流程和方法
> 掌握场景分层渲染的流程和方法

在前三章中，介绍了在 Maya 中制作灯光和材质的方法，然而这些效果属于三维软件内部数据信息，需要通过软件的计算生成为图像，才能用于影片的合成。计算机将三维软件中的模型、灯光、材质生成为图像的过程就是渲染，渲染是为了得到更加完美的图像效果。由于渲染是数据计算的过程，因此非常消耗计算机硬件计算资源，尤其对于高质量图像的渲染会非常慢，这就导致生产周期延长。为了优化生产流程、提高渲染速度、方便后期效果调节，在 Maya7.0 的版本以后引入了全新的分层渲染理念。本章就将带领读者学习分层渲染的制作方法，并通过实例讲解角色分层及场景分层的方法。

4.1　认识分层渲染

默认情况下，Maya 会渲染整个画面的全部内容。然而很多时候，并不是所有的物体都符合画面要求，有的就需要进行局部调节（例如会经常出现的动画穿插等），或者有些效果并不满意（例如阴影的颜色深浅等），这样反复渲染就会浪费很多时间，分层渲染可以解决这个问题。

1）什么是分层渲染

分层渲染也叫分通道渲染，是把场景中的物体按照需要分层，或者把物体按照相应的材质属性分层，通过分层渲染可以利用后期软件（如 Photoshop、Adobe After Effects 和 Nuke 等）更好地处理渲染出来的图片序列，也可以利用某些通道进行画面的局部调整。这样不但可以得到更好的效果，而且可以节约大量的时间。

2）渲染层面板

在 Maya 界面的右侧栏的下方，有一个层编辑面板，在 Maya7.0 之后层编辑面板由两部分组成：显示层面板和渲染层面板，如图 4-1 所示。

显示层面板的功能与 Photoshop 中的图层类似，是用来控制层内物体的显示、隐藏、锁定等操作。渲染层面板的功能是控制层内的物体是否被渲染及如何渲染的。

> **提示**
>
> 本节重点介绍渲染层面板，在层编辑面板中单击 Render 渲染便可以切换到渲染层面板。在主菜单栏里找到 Window → Rendering Editors → Render Layer Editor 也可以打开渲染层面板。

3）渲染层常用命令

（1）Layers 菜单下的命令

单击 Layers 菜单可以看到如图 4-2 所示的子菜单，这个菜单提供了常用的对渲染层操作的命令。

图4-1　层面板在Maya中的位置

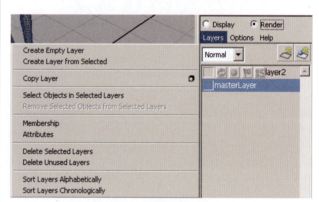

图4-2　层操作命令

"Layers"菜单各命令及含义见表 4-1。

表4-1　"Layers"菜单各命令及含义

命　令	含　义
Create Empty Layer	创建空层（快捷图标为 🎨）
Create Layer from Selected	选定物体创建层（快捷图标为 🎨）
Copy Layer	复制层
Select Objects in Selected Layers	选择当前选定层中的物体
Remove Selected Objects from Selected Layers	从当前选定层中移除选择的物体
Membership	当前选定层所需物体
Attributes	层的属性
Delete Selected Layers	删除选定层
Delete Unused Layers	删除未使用层
Sort Layers Alphabetically	按字母顺序排列层
Sort Layers Chronologically	按时间顺序排列层

Maya材质

（2）Options 菜单下的命令

单击 Options 菜单，可以看到如图 4-3 所示的子菜单。

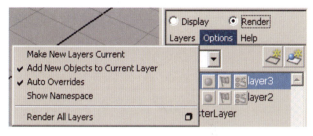

图4-3　Options菜单

"Options" 菜单各命令及含义见表 4-2。

表 4-2　"Options" 菜单各命令及含义

命　令	含　义
Make New Layers Current	使新层成为当前层
Add New Objects to Current Layer	添加新物体到当前层
Auto Overrides	自动覆盖物体
Show Namespace	显示名称栏
Render All Layers	渲染全部层

提　示

建立图层后，将鼠标移至需要修改的图层上右击即可显示出添加、移动、删除等命令，如图 4-4 所示。

图4-4　层菜单中常用命令

4）设置分层渲染

设置分层渲染就是将物体放入不同的渲染层中，对各层内物体分别设置渲染属性。例如：场景中有一个球体和一个立方体，在没有分层时进行渲染，两个物体会被同时渲染出来；将两个物体分别放入不同的渲染层中分别渲染，则可根据需要单独渲染球体或立

方体。下面就让我们来看看设置分层渲染的方法。

1　在 Render 渲染层面板中单击 "⤋" 命令创建新图层，该图层在创建时为空层。

2　选择该图层需要渲染的物体。

3　在图层上面单击鼠标右键，在弹出的菜单中选择 "Add Selected Objects" 将所选物体添加到当前层中。

4　渲染层创建完毕，可直接渲染或对层中的物体进行材质的修改。

注　意

在渲染层改变物体的材质不会对其他层该物体的材质造成改变。

当创建了一个或者多个渲染层时，会自动创建一个默认层（masterLayer），这个层就是没有创建层时渲染的效果，即原始效果。

提　示

每个图层前都有渲染开关 R 用于设置批量渲染时是否渲染此层，当 R 开启时渲染此层，反之将不渲染此层，如图 4-5 所示。

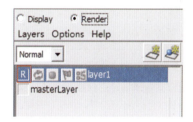

图4-5　渲染层渲染开关

4.2　角色分层渲染

分层渲染中的 "角色" 是个广义的概念，不仅仅指场景中的人物，也包括运动的物体，例如飞机、汽车等。相对背景，它们通常在镜头中占主要的位置，并且是运动的。

一般情况下，把这一类 "角色" 与背景分开渲染，以便于后期调整。

角色分层基本的分层有角色层、背景层、阴影层、自阴影层，在特殊情况下可以去掉一些分层，例如在画面中看不到角色的影子，就不需要制作阴影层。

4.2.1　创建基础分层

1）基础层介绍

基础层指的是每个场景都会有的图层，具体包括以下几项。

（1）角色层：层里只放置角色，一般命名为 "Ch"（Character 的缩写）。

（2）背景层：层里只放置背景物体，一般命名为 Bg（Background 的缩写）。

（3）阴影层：制作映射在物体上的影子，一般命名为 Sh（Shadow 的缩写）。

（4）环境光遮蔽层：制作物体与物体之间近距离接触产生的阴影，一般命名为 Occ（Occlusion 的缩写）。

这些图层在后期制作和叠加的过程中都是不可或缺的。其他特殊图层，例如遮罩层、高光层等，都是在基础层完成后根据需要创建的。

2）场景分析

打开光盘 \Project\scenes \ 4.2 CH Layered rendering\ scenes\ 4.2 CH Layered rendering 文件，可以看到一个卡通狗角色拿着一个长号，背景是一面墙，主光是从卡通狗背后照射过来的，影子会投射到卡通狗前面的地上。

可以把此场景分为 5 层：角色层（Ch1）、道具层（Ch2）、背景层（Bg）、阴影层（Sh）和自阴影层（Occ）。

> **提示**
>
> 在生产中会将角色附带的道具也归为角色类。

（1）Ch1 图层（角色层）

1 利用快捷方式 来创建空白层 layer1，双击此层弹出图 4-6 所示的对话框，在 "Name" 中输入 "Ch1"。单击【Save】按钮将该层命名为 "Ch1"。

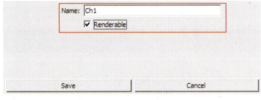

图4-6　重命名图层

> **提示**
>
> ① 在渲染层设置的过程中 Maya 的场景里只显示被选择层所包含的物体，所选层不包含的物体不会在场景中显示。
>
> ② 当创建 "Ch1" 层之后我们会发现场景中的所有物体都不见了，这是由于新创建的 "Ch1" 层是空白层，此层内不包含任何物体，因此场景中是空的。
>
> ③ 在创建渲染层的同时 Maya 会自动创建一个全局渲染层（MasterLayer），全局渲染层中包含场景中的所有物体。

2 在图层编辑器中选择全局渲染层（MasterLayer）并选择角色模型，将角色添加到 Ch1 层中。角色添加进去后，灯光也要用同样的方法添加进去，如果灯光不添加到层里，就不会显示出灯光效果。图 4-7（a）为 Ch1 层中的所有物体，图 4-7（b）为渲染完成的效果。

(a) 模型

(b) 渲染完成

图4-7　角色层

（2）Ch2 图层（道具层）

可以看到 Ch1 中已经没有背景墙，接下来制作卡通狗手中的长号。

如果像角色层一样单独渲染，会出现如图 4-8 所示的问题。

事实上，角色与道具进行交互时（手里拿着道具），或两三角色有交互时（例如牵着手），需要做遮挡。

从图 4-8 中可以看到：无论把长号放在前面还是后面，都会不合适。如何解决这个问题呢？——添加角色来制作遮罩层。做了遮罩的合成效果如图 4-9 所示。

遮罩具有这么大的用处，是怎么制作的呢？

1 选择卡通狗和长号模型，单击快捷键 创建并将选择的物体加入本层，并双击改名称为 Ch2 层，选择卡通狗模型赋予 Lambert 材质，渲染后的效果如图 4-10 所示。

图4-8　错误的遮罩效果

图4-9　正确的遮罩效果

图4-10　给卡通狗赋予Lambert材质的渲染效果

2 将Lambert材质属性中的Matte Opacity→Matte Opacity Mode下拉菜单中的选项改为Black Hole，完成后渲染可以得到如图4-11所示的效果。

当给模型赋予了Black Hole属性时就像把物体从图像

中抠出来一样，最后用后期软件处理，对比一下加了角色与没加角色Alpha通道的区别如图4-12所示。

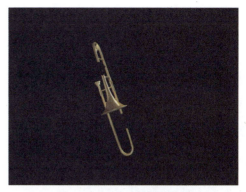

图4-11　Black Hole渲染效果

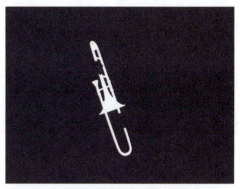

（a）有角色模型赋予Black Hole

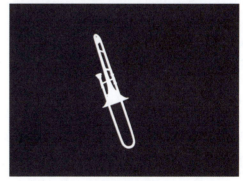

（b）无角色模型赋予Black Hole

图4-12　对比效果

⚠ **注　意**

　　观察图4-12可以看到图片中只有黑与白，Maya通道是利用颜色信息来分辨透明和不透明的，黑为透明，白为不透明——由此就很容易理解Black Hole的作用了。

📝 **提　示**

　　角色层（Ch1）中的卡通狗细分级别（Smooth）要与道具层（Ch2）作为遮挡的细分级别相同，不然合成时会出现缝隙。

（3）Bg图层（背景层）

接着是背景层，选择背景模型，单击快捷键创建并将选择的物体加入本层，将其命名为"Bg"，然后将背景墙与灯光添加到此层，渲染完成如图4-13所示。

图4-13 BG图层

（4）Sh图层（阴影层）

建立一个新图层，命名为"Sh"，然后将产生阴影与接收阴影的物体以及产生阴影的主光添加到该图层中。在这个场景中，只需要人物映射到墙面的阴影。制作步骤如下。

1 赋予背景墙一个UseBackground材质，但此时角色还是可以渲染出来的，要使角色渲染不可见却能产生阴影可以利用Window → General Editors → Attribute Spread Sheet命令来实现，它的中文意思是属性统一编辑。单击此命令后会弹出如图4-14所示的窗口。

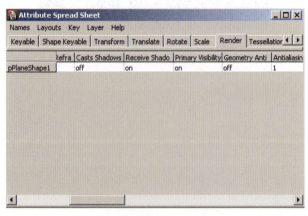

图4-14 属性统一编辑窗口

这里用到的属性见表4-3。

2 将卡通狗的Receive Shadow和Primary Visibility属性关闭，将背景模型的Casts Shadows属性关闭，从而可以使我们得到除阴影外没有任何物体的图片。

表4-3 属性及含义

属 性	含 义
Casts Shadows	产生阴影
Receive Shadow	接收阴影
Primary Visibility	渲染可见性

提 示

在Maya中off（关）对应数字0，on（开）对应数字1，单击属性名称（例如Receive Shadow）修改属性，就能够修改所有选择的模型的属性。

属性设置好后渲染一张图，图4-15（a）是图片的Alpha通道，图4-15（b）是它的RGB通道。

（a）通道

（b）颜色

图4-15 渲染效果对比

（5）Occ层（自阴影层）

Occ是Occlusion的缩写，中文含义为"环境光遮挡（环境光散射）"。简单说，它用来描绘物体和物体相交或靠近的时候遮挡周围漫反射光线的效果，可以解决或改善漏光、飘和阴影不实等问题，解决或改善场景中缝隙、褶皱、墙角、角线以及细小物体等的表现不清晰问题，综合改善细节尤其是暗部阴影，增强空间的层次感、真实感，同时加强和改善画面明暗对比，增强画面的艺术性。

Occ不需要任何灯光照明，它以独特的计算方式吸收光线，为有遮挡或有接触的部分添加阴影，从而模拟全局照明的结果，通过改善阴影来实现更好的图像细节。

1 建立一个新的图层命名为 Occ，然后将需要制作 Occ 的物体添加至层中，这个场景背景比较简单所以只需要角色产生 Occ 就可以了，因此将角色添加至 Occ 层中。

2 物体添加好后，给本层所有物体赋予 Surface Shader 材质，然后打开材质编辑器（Hypershade），在 Create mertal ray Nodes 栏的 Textures 中找出 mib_amb_occlusion，将此节点连接到 Surface Shader 的 Out Color 上，Occ 的材质就做完了，由于 mib_amb_occlusion 节点是 Mental Ray 的材质节点，所以 Occ 需要用 Mental Ray 的渲染器才能渲染出来。

> **技 巧**
>
> 快速制作 Occ 层：将鼠标移至所需要制作 Occ 的层上，单击鼠标右键，从 Presets 中选择 Occlusion，就会发现图层里所有物体都已赋予了 Occ 材质，同时本层的渲染器也已经设置完成。

最后效果如图 4-16 所示。

图4-16　Occ渲染效果

4.2.2　序列图片渲染设置

分层设置完毕之后，就可以将文件进行序列图片的渲染了，之前我们渲染的图片都是单张的，而现在看到的视频都是由连续的图片组成的，这时需要设置全局渲染。具体操作方法如下。

1 进入渲染编辑器 Render Settings。

2 在 File Output 的下拉菜单中找到 File name prefix，为序列图片命名。

3 在 Image Format 中选择图片的格式（一般情况下保持默认）。

4 在 Frame/Animation ext 中选择序列图片命名的方式，其中：name 表示名字、# 表示序列号，ext 表示后缀名。即名字、序列号和后缀名的排列方式。

5 在 Frame Range 的下拉菜单中 Start frame 里面输入动画首帧的帧数，在 End frame 里面输入末尾帧的帧数，在 By frame 里输入数字的位数（一般是 4 位）。序列图片渲染设置如图 4-17 所示。

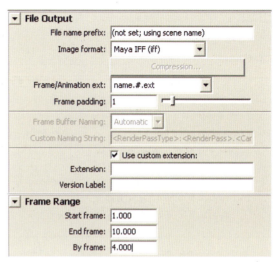

图4-17　序列图片渲染设置

6 设置完毕后关闭渲染编辑器，然后单击菜单栏 Render → Batch Render 即可开始序列图片的渲染。

4.2.3　后期合成

在上节我们将分层都渲染成序列图片了，但是这些我们不能够直接在电视或电影上播放，而且还需要调整一些效果，这时候我们就需要合成软件来对分层序列图片进行加工。

合成软件是把渲染出来的图片素材放在一起，经过叠加、校色、调整通道、景深模糊等处理，将它们合成为一段完整的视频。目前常用的合成软件有：Adobe After Effect、Nuke、Digital Fusion、Chalice 等。这些合成软件大体可分为两类：图层叠加方式和节点连接方式。本章使用的合成软件为 Adobe After Effect，它是属于图层叠加方式的合成软件。因为电视电影的要求并不相同，所以在将图片导入之前要进行初始的设置。

> **提 示**
>
> 在亚洲，电视节目的制式为 25 帧／秒（PAL 制式），而欧洲则为 30 帧／秒（NTSC 制式），电影的制式为 24 帧／秒。

1）创建项目

在制作之前，我们要先设置符合这个片子的环境、尺寸大小、制式（PAL 等）长度等信息，这样在制作时才不会出现错误。

1 打开 Adobe After Effect，创建一个新项目，执行菜单 File → New → New Project 命令，即可创建新的项目。

2 执行菜单 Composition→New Composition 命令（或单击项目视窗下方 按钮），创建一个新的 Composition（合成），在弹出的窗口中进行属性设置，初步为影片设定大小、制式、分辨率等，如图 4-18 所示。

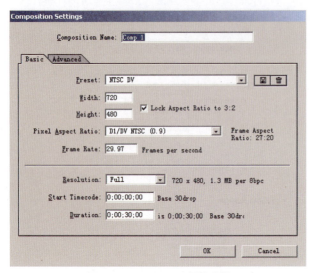

图4-18　Composition属性设置

【参数说明】

● Composition Name（合成影像名称）。
● Preset（合成影像的预制设置）：Adobe After Effect 中提供了 NTSC、PAL 等常用格式。
● Width/Height（视图的像素宽高比）：当 "Lock Aspect Ratio to 3∶2" 勾选时，将锁定视窗的宽高比。
● Pixel Aspect Ratio（像素比例）。
● Resolution（合成影像的分辨率）。
● Start Timecode（合成影像的起始时间）。
● Duration（合成影像的结束时间）。

2）导入素材

在完成初始设置后，将上节所渲染出来的图片导入到 Adobe After Effect 软件中。

1 执行菜单 File→Import→File 命令（或使用快捷键【Ctrl+I】）打开导入素材的窗口，如图 4-19 所示。

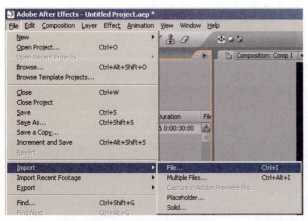

图4-14　打开导入素材窗口

2 Import File（图片素材）对话框，如图 4-20 所示，可以在该对话框中找出之前渲染的图片素材，并导入到 Adobe After Effect 里。

图4-20　选择要导入的素材

💡 **提　示**

如果是单帧可直接拖至窗口内，序列则必须导入，并在导入时勾选 IFF Sequence 选项。

3）基本素材的合成

在后期合成中，可以通过不同的素材对影片进行调整和修改，这一节先学习基本的素材角色、场景、阴影、自阴影层的合成，在场景分层里再讲解特殊的素材合成。

1 经过上一部的导入素材，Adobe After Effect 里面已经有了我们之前渲染的几个图层的序列图片。下面我们将每个图层依照前后顺序左键拖至 Timeline：comp1 视窗中，其顺序依次为：Occ、Ch1、Ch2、Sh、Bg。这样就可以进行下一步的图层叠加和编辑了，如图 4-21 所示。

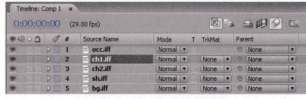

图4-21　在视窗中排列图层顺序

如果图片的比例出现了差异，可以针对比例错误的图层进行调整。选定图层按【S】键可打开视图的缩放属性，如图 4-22 所示。

图4-22　打开缩放属性

在一般情况下图片的长宽比例是锁定的，单击即可解除锁定，然后调整到合适的大小。

2 接下来将 Occ 的 mode 合成方式下的 Normal 修改为 Multiply（乘除）方式，使画面中的彩色图片显露出来，同时因为选择了 Multiply（乘除）的叠加方式，所以等于为彩色的图片加上了阴影，效果如图 4-23 所示。

图4-23　Occ乘方式叠加效果

3 Occ 图层调节。通过图 4-23，可以看到阴影过重，边缘过实，Occ 太重，现在逐个调节，使画面看起来合理、美观。选择 Occ 层，执行 Effect → Channel → Blend 命令，将图层混合。可以看到视窗中的显示如图 4-24 所示。

图4-24　混合图层显示

修改 Blend With Original，调节图层淡入淡出程度，将其调整为 55%，可以看到阴影减淡了，暗面就有了很大改善，如图 4-25 所示。

图4-25　调节图层淡入淡出

4 Sh 图层被放在背景层的上面，角色层的下面。和 Occ 层一样是需要调整 Blend With Original 属性的，如图

4-26 所示。

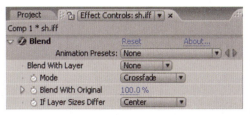

图4-26　Sh图层设置

5 但是阴影的边缘还是有点实，可以给阴影添加一些模糊。选中 Sh 层，执行 Effect → Blur&Sharpen → Channel Blur 命令即可为图片加上模糊。

单击后可以看到视图中多了一个属性的修改器，如图 4-27 所示。

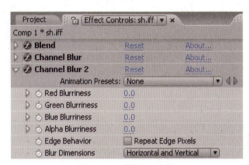

图4-27　模糊命令栏

改变 Alpha Blurriness 中的选项可以看到 Sh 会整体变模糊。调节后和直接渲染出来的图片效果，如图 4-28 所示。

(a)　直接渲染

(b)　调节后

图4-28　渲染效果

图4-29　作品欣赏1（完美动力动画教育　白璐临摹作品）

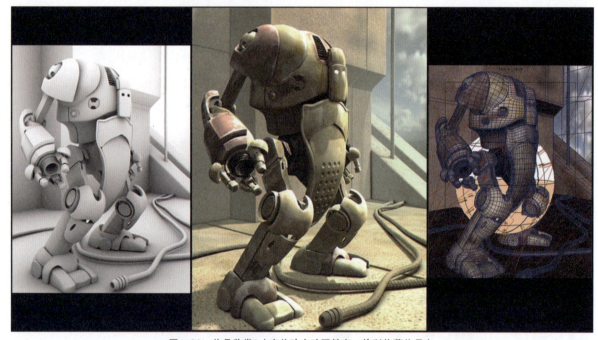

图4-30　作品欣赏2（完美动力动画教育　徐利临摹作品）

4.3　场景分层渲染

　　做分层的时候要把场景本身当作主体，作为背景的天空要分开来渲染，场景的分层渲染与角色的分层渲染很相似，也同样是需要Occ、Bg等基础图层。但是在制作的时候会遇到一些特殊情况，比如灯光雾、光斑、近实远虚、提亮高光强度等效果，是基础素材不能实现的，这时候就需要分别放到单独的层中去渲染，这样在后期合成的时候就能更方便地调

整了。

　　在这一节里主要介绍几种常用的特殊分层。

　　（1）灯光雾层：制作光线照进屋子里的雾效，一般命名为"Fog"。

　　（2）景深层：为了调整近实远虚的效果，提供的素材层一般命名为"Z"（空间坐标X、Y、Z中的Z是深度的缩写）。

　　（3）高光层：提取直射光的范围，可以加强强度或者改变高光颜色。一般命名为Sp（Specular的缩写）。

4.3.1 创建特殊分层

1）基础分层

在这个案例里面，同样先创建基础层，以 Bg 为基础，才能进一步加工。

打开文件（光盘 \Project\ 4.3 Layered Rendering\ scenes\ 4.3 Layered rendering_base）。

1 把房间和天空分开，选择房间和房间内的所有物体及灯光创建渲染层，命名为 Bg1，如图 4-31 所示（后一张为渲染效果图）。

图4-31　Bg1层及渲染效果

2 天空作为 Bg2 来分层和渲染，在这个图层中不需要添加照亮屋内的灯以及产生灯光雾的灯，如图 4-32 所示。

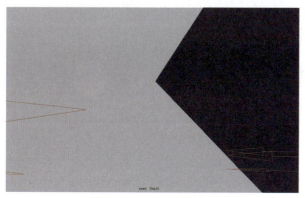

图4-32　Bg2层及渲染效果

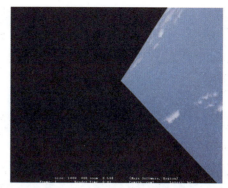

图4-32（续）

> 📖 **提示**
>
> 也可以不将天空层称作 Bg2 层，而是命名为 Sky（天空）。
>
> 一般在做天空时，可以先创建一个片模型（Plane），然后创建一个 Lambert 材质球赋予这个模型，并将天空贴图赋予材质球的环境色（Ambient Color）属性，这样就不需要为了天空打任何灯光，场景中其他灯光对于天空也没有影响了。这只是制作天空的一种方法。

3 制作 Occ 层，如图 4-33 所示。这个图层与角色的 Occ 层的制作及设置方式是一样的。

图4-33　Occ层效果

以上就是场景分层渲染的基本图层，其制作方式及设置可以参照 4.2 节角色分层渲染。

2）灯光雾层

观察图 4-31，可以看到从室外照射进来的灯光雾并不明显，可以把它独立为一层，这样更方便后期的调节。

新建图层命名为 Fog，将产生灯光雾的 Light 和屋子的模型放进层里，给屋子的模型赋予一个新材质球并修改其 Matte Opacity → Matte Opacity Mode 下的选项为 Black Hole（可参考角色分层中道具的制作），这样就可以得到有遮挡并且很纯粹的灯光雾，如图 4-34 所示。

图4-34　Black Hole效果

3）Z通道层

Z通道也称深度通道，它是根据物体到镜头的距离，按照由远到近分配由黑到白的颜色，通过提取其中的灰度信息来实现虚实的程度，这个虚实程度要在后期软件中实现。

方法1　传统创建方法

1. 创建新的渲染层，并将所有的物体（不包括天空和任何灯光）加入该层。
2. 在 Maya 的材质编辑器里创建一个 Surface Shader 材质球，并把该材质球赋给所有的物体。
3. 创建一个 samplerInfo1（表面信息采样）节点，再创建一个乘除节点和一个 setRangel 节点，使 samplerInfo1 节点的 pointCameraZ 属性链接乘除节点的 input1X 属性，如图 4-35 所示。

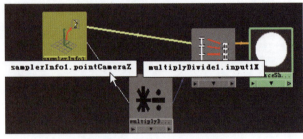

图4-35　samplerInfo1节点链接

4. 再使 samplerInfo1 节点的 cameraNearPlane 属性链接 setRangel 的 oldMinX 属性，cameraFarPlane 属性链接 setRangel 的 oldMaxX 属性。节点链接如图 4-36 所示，setRange 属性设置如图 4-37 所示。

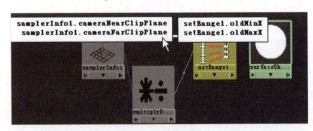

图4-36　节点链接

5. 使乘除节点的 outputX 属性连接到 setRangel 的 valueX 属性，如图 4-38 所示，属性设置如图 4-39 所示。

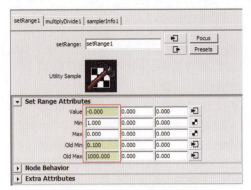

图4-37　setRange属性设置

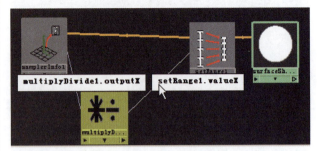

图4-38　乘除节点链接

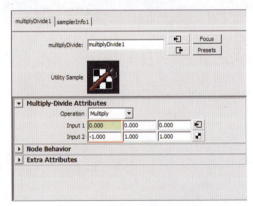

图4-39　乘除节点的属性设置

6. 再将 setRangel 连接到 Surface Shader 的 Out Color 上面。

方法2　快捷创建方法

建立一个新的图层，命名为"Z"将场景添加到层中，在此层上单击右键，选择 Presets → Luminance Depth（景深）。

创建后生成的材质节点如图 4-40 所示。

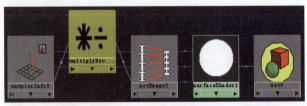

图4-40　Z通道材质节点链接

渲染效果如图 4-41 所示，Z 通道渲染图只有黑白灰 3 个颜色，利用从白到黑的颜色渐变来分辨出物体离摄像机的远近。

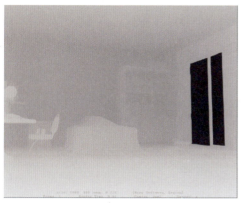

图4-41　渲染效果

提 示

　　如果通过上述两种方法制作出的深度层效果不到位，出现近处的模型不够白、远处的模型不够黑、中间过渡不均匀的情况，可以通过修改乘除（Multiply Divide）节点下的 Input2 的第一个参数来调节。增大这个参数白色占有面积增加，减小这个参数黑色占有面积增加，这个数值范围最好控制在 -1.5 ~ -0.5，如图 4-42 所示。

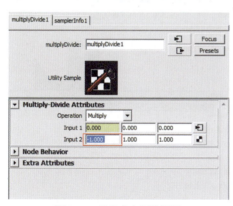

图4-42　乘除节点属性设置

4）高光层

　　高光层在整个画面的合成中起着画龙点睛的作用，可以通过对它的控制来改变画面中高光部分的强弱，使画面看上去更加真实，光感更加强烈和丰富。

　　制作方法如下。

1. 创建一个新的渲染图层，命名为 Specular（高光）。
2. 将主光和所有物体添加到该层中。
3. 在材质编辑器中创建一个新的 Lambert，将它赋予所有物体。
4. 在主光的灯光颜色上单击鼠标右键选择 Create Layer Override（仅在该层改变此属性），字体变红后将灯光颜色改为白色。
5. 在主光的灯光强度 Intensity 上面单击鼠标右键选择 Create Layer Override（仅在该层改变此属性），将灯光强度的数值调高到 2 或 3。

6. 打开灯光的阴影，勾选 Use Depth Map Shadows。
7. 最后渲染就能得到我们想要的效果，如图 4-43 所示。

图3-43　Specular层渲染效果

4.3.2　场景后期合成

1）基础合成

　　依照 4.2.3 节的方法，先将基础层合成好，各层的命名和位置如图 4-44 所示。

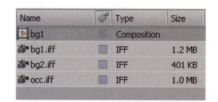

图4-44　基础层合成

2）Specular合成

1. 将 Specular 层图片添加至 Adobe After Effect 中，将此层的 Mode 改为 Add，选择 Specular 图层按【T】会出现一个下拉菜单，通过 Opacity 选项可调节图层的透明度，如图 4-45 所示。

Source Name	Mode
specular.iff	Add
Opacity	50 %

图4-45　调整透明度

2. 这时画面的 Specular 层会很僵硬，可添加一个模糊节点（添加方式同 4.2.3 节步骤 5），如图 4-46 所示。

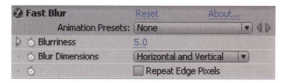

图4-46　添加模糊节点

模糊后效果如图 4-47 所示。

图4-47　添加模糊节点效果

3）灯光雾合成

将 Fog 层添加至 Adobe After Effect 里，并将 Fog 的 Mode 更改为 Add，这时发现灯光雾的效果并不明显，多复制几层即可解决这个问题，如图 4-48 所示，合成效果如图 4-49 所示。

图4-48　复制fog层

图4-49　合成效果

4）Z通道合成

1 将 Z 通道图层添加至 Adobe After Effect 中，想要看到 Z 通道的效果，需要建立一个调节图层，在图层空白处单击右键选择 New → Adjustment Layer（它是为了控制 Z 通道，使 Z 通道只影响 Adjustment Layer 下面的图层。）

2 执行 Effect → Blur&Sharpen → Lens Blur 命令，给控制层添加镜头模糊。

3 想控制模糊的程度，在 Lens Blur 里面找到 Depth Map Layer，它的下拉菜单可以选择控制层，选择 Z 通道，Maya 中黑色为实，白色为虚，这和 Adobe After

Effect 的相反，所以我们需要将 Invert Depth Map 勾选，即反转 Z 通道颜色，最后调整 Iris Radius 即可控制模糊大小。设置完毕如图 4-50 所示。

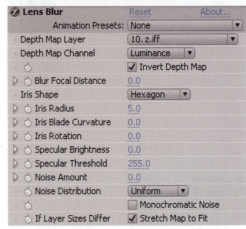

图4-50　设置模糊大小

4 调节 Z 通道的图片色阶，使其对比更明显，也就可以使模糊对比更加明显，给 Z 通道添加 Effect → Color Correction → Levels。调整完属性后的效果如图 4-51 所示。

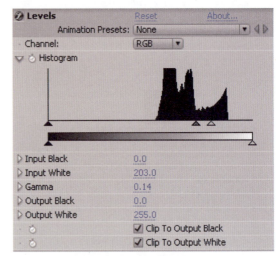

图4-51　调整通道色阶参数

最终效果如图 4-52 所示。

图4-52　最终效果

【作品欣赏】

图4-53　作品欣赏1（完美动力动画教育　程薇临摹作品）

图4-54　作品欣赏2（完美动力动画教育　郑蕾临摹作品）

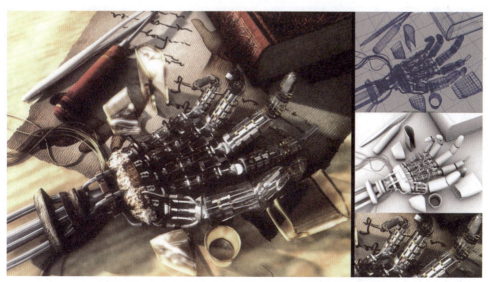

图4-55　作品欣赏3（完美动力动画教育　戴由甲临摹作品）

图4-56　作品欣赏4（完美动力动画教育　王乐临摹作品）

Maya材质

150

图4-57　作品欣赏5（完美动力动画教育　方景珍临摹作品）

图4-58　作品欣赏6（完美动力动画教育　赵丰临摹作品）

4.4 本章小结

（1）分层渲染就是把物体放到相应的渲染层中，通过设置渲染层的属性，对物体的高光、颜色、阴影等分别进行渲染 。

（2）分层渲染能够方便后期调节画面局部的效果，节省制作的时间。

（3）改变当前渲染层中物体的材质，不会改变其他层该物体的材质。

（4）删除渲染层，层内的物体不会被删除。

（5）MasterLayer（默认渲染层）是 Maya 自动创建的图层，MasterLayer 中包含场景中的所有物体。

（6）设置分层时，模型相对应的灯光也要添加进去，否则灯光效果将不能被渲染出来。

（7）基础分层包括：Ch（角色）层、Bg（背景）层、Sh（阴影）层、Occ（自阴影）层等，除此之外还会根据项目需求制作一些特殊的图层，例如：Sp（高光）层、Fog（灯光雾）层、Z 通道（深度）层等。

（8）常见合成软件的合成方式大体可分为两类：图层叠加方式与节点连接方式。尽管合成方式不同，原理是相通的，都是通过各层之间的混合模式使图片之间产生影响。

4.5 课后练习

观察图 4-59，运用之前学过的分层渲染知识，将下面动画场景（光盘：Project\4.5 Homework\scenes\4.5 Homework_base）的渲染层制作出来。制作过程需要注意以下几点。

图4-59　动画镜头分层渲染参考图

（1）把握角色的渲染分层，包括 Ch（角色）层、Occ（自阴影）层、Sh（阴影）层、Z（深度）层，背景的渲染分层为 Bg（背景）层。

（2）运用批量渲染命令渲染出所有图层的序列帧。

（3）熟练掌握动画序列帧的合成方法，输出最终合成效果的动画序列。

第二篇

进入迷幻般的材质世界

在上一篇中我们学习了色彩、灯光、节点、图案和渲染的制作。这些构成材质制作的基础体系。如果想使灯光、材质、图案、渲染结合得更加紧密，更加深入，就要学习第二篇的内容。我们之前学习了真实的金鱼材质和贴图，那么**写实角色**的材质如何制作呢？本书第5章将以杰克这个角色为例，从UV的分析制作，到贴图绘制、质感调节、灯光布置，一步步学习角色材质制作。

动画作品除了角色还有场景，本书第6章将详细讲解**场景**的制作和**布光**方式，相比之下场景更注重整体氛围的营造。

学习了制作角色和场景，这时候你可能会发现很多需要的质感，并不能够实现，本书第7章将介绍**高级渲染器** *Mental Ray* 的使用，讲解**特殊质感**的制作，例如汽车，次表面散射，也就是常说的SSS效果，还有灯光的全局照明，最终聚集等**照明**方式。

这一篇包含了第5～7章，是在第一篇基础上的**拓展与提高**。希望大家通过学习本篇知识，能够真正进入迷幻般的材质世界。

成就的体验——
角色材质制作

> 了解Unfold 3D的基本功能，并学习如何使用该软件进行UV的拆分及修改
> 掌握角色UV的制作方法
> 掌握皮肤节点的连接方法
> 掌握皮革质感的制作方法
> 掌握角色灯光的制作方法
> 掌握全局渲染的设置方法

动画作品中有各种各样的角色，怎样让他们，尤其是写实类角色看上去生动形象、栩栩如生呢？本章我们就以动画短片《木乃伊》中的主角杰克为例学习角色材质的制作方法。在拆分角色 UV 之前，先来认识一款好用的工具——Unfold 3D。

5.1 Unfold 3D介绍

Unfold 3D 是一款能在数秒内自动分配好 UV 的智能化软件。它不依赖传统的几何体包裹方式，通过计算自动分配理想的 UV。因其便捷的操作和强大的功能在业内得到广泛使用，帮助众多 CG 从业人员提升工作效率。它可以把 Maya 中导出的 OBJ 模型导入，并在制作完成后导到 Maya 里面去，极大节省了文件的制作时间。很多大型的工作室、独立的艺术家早已通过使用功能全面的 Unfold 3D，摆脱了调整 UV 的种种困扰。

Unfold 3D 可以对模型的线进行切割然后通过 Unflod 命令进行 UV 的展开。它更大的好处是可以同时观看三维的模型和平面 UV 的展开程度，不同的展开程度会显示不同的颜色，还可以在这个软件中通过黑白格的材质来查看 UV 的分布，如图 5-1 所示。

（a）Unfold 3D透视图中切线分割好的模型

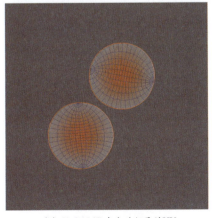

（b）Unfold 3D中自动舒展的UV

图5-1　Unfold 3D编辑UV展示

5.1.1　Unfold 3D 主界面

Unfold 3D 的操作非常简单，图 5-2 是它的主界面。

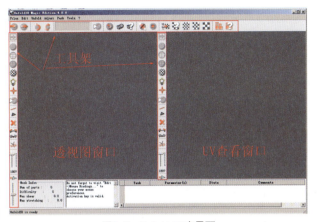

图5-2　Unfold 3D主界面

由图 5-2 可以看出，Unfold 3D 主界面有两大窗口：透视图窗口和 UV 查看窗口，前者是三维视图区，后者是二维 UV 查看区。这两个窗口的左侧是它们各自的工具架。

5.1.2　Unfold 3D 的常用工具

Unfold 3D 的常用工具如图 5-3 所示。

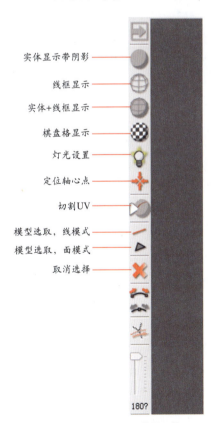

实体显示带阴影
线框显示
实体+线框显示
棋盘格显示
灯光设置
定位轴心点
切割UV
模型选取，线模式
模型选取，面模式
取消选择

图5-3　Unfold 3D常用工具

Unfold 3D 的常用命令及快捷方式见表 5-1。

表 5-1　Unfold 3D 的常用命令及快捷方式

常用命令	命令解释	图　标	快捷方式
Files 菜单 Load...	导入 OBJ 格式的多边形模型		Ctrl+O
reload	再次导入刚刚的文件（不包括 UV 信息），相当于将场景恢复到最初状态		Ctrl+R
load UV...	导入带 UV 切割信息的模型		
loadUV+Merge...	与 Load UV 功能类似，但有时 UV 切割信息不全		
save	保存。保存的文件会在原文件名的后面加上 _Unfold 3D 字样，然后另行保存，之后的每次保存都将覆盖此文件		Ctrl+S
Undo	撤销		Ctrl+Z
Redo	反撤销		Shift+Ctrl+Z
Preferences...	参数设置。可设置保存时原文件文件名后面加上的字样、是否在拆分物体 UV 后将片进行排列等		
Mouse Bindings...	鼠标设置。可在 Load Presets 将鼠标操作设置成自己习惯的方式		
Cut Mesh	切开物体，沿选中的边剪开物体		X
Reset 3D Coords	复位，将 UV 回复到展开前的样貌		
Auto Unfolding	自动展开 UV		U
Manual Unfolding	手动展开 UV。可在打开的窗口中输入展开的计算次数，如果次数太低则物体中较复杂的部分不能完全展开。当然，次数越多计算时间就越长		Ctrl+U
Adjust	调整 UV。使用该工具可以对展开后的 UV 进行手动调整		K
Settings...	设置 UV 调整的精度。数字越小调整得越精细，越大调整得越粗糙		Ctrl+K
FullscreenOn/Off	满屏 开 / 关。决定是否单独显示视图		
Polygon	多边形。一般的多边形平滑显示		
Wireframe	线框显示		
Poly+Wirefram	多边形显示 + 线框显示。最便于选择边		
Textured	棋盘格纹理显示。只有在物体 UV 被展开之后才产生作用。用于观察 UV 的展开情况，可看清楚哪里有拉伸。在展开 UV 之后，除 Wireframe 显示模式之外，其余显示模式在纹理出现拉伸的地方会以橘红色显示		
Center view last highlighted edge	灯光开关。关闭灯光可更清楚地显示线框		F
Edge selection mode	边选择模式。可用左键单一选择或右键框选选择。左键每点一次只能选择一段边，再单击另一段边为增选一段边。按住【Ctrl】键的同时使用鼠标左键或右键为减选		E
polygon selection mode	面选择模式		T
Clear selection	取消选择。包括所选择的所有边或面		
Edge to edge selection propagation mode	边到边连接选择模式。当选择了一段边 A 后，按住【Shift】键的同时选择另一段边 B，A 和 B 之间的路径会以白色显示，单击左键便可选中白色显示的这条边		V
Bidirectionnal selection propagation mode	圈状边选择模式。激活双向选择边模式，按住【Shift】键，鼠标所指的连续边将会以白色显示，单击选中便可以选中整圈边。选择这种模式后下面的两个按钮将被激活		B

5.1.3 操作方式

Unfold 3D 默认的操作是不需要按【Alt】键来进行旋转、移动、缩放的，但是现在我们已经习惯了 Maya 的鼠标操作方式。为了更好地进行操作，可以把鼠标设置为 Maya 方式。具体设置方法如图 5-4 和图 5-5 所示。

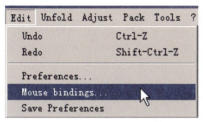

图5-4　Unfold 3D操作方式修改菜单

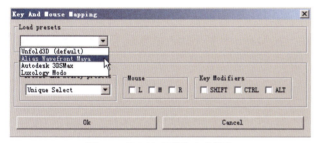

图5-5　Unfold 3D操作方式修改

这样，Unfold 3D 就能够像 Maya 一样，在三维视图中通过【Alt】键+鼠标的左、中、右键调整视图的移动、旋转、缩放了。

> **提　示**
>
> 在 Unfold 3D 里默认的鼠标操作方式是空白，即无法在三维视窗中进行移动、旋转和缩放。所以在使用前一定要修改此项。

5.1.4 拆分 UV 演示

使用 Unfold 3D 软件能够更加便捷地拆分所有物体的 UV。学习了该软件的基础工具之后，本小节以一个简单的不规则物体的 UV 拆分为例，说明具体的操作方法。

1　打开本案例的场景工程文件（光盘：Project\5.1.4 Jack\scenes\5.1.4Jack_base.ma），导出单个模型为 OBJ 格式。

2　将 R_UV_Start.obj 的模型文件导入到 Unfold 3D 中，如图 5-6 所示。

3　在模型上选择可以作为 UV 切口的一圈线。切口尽量放在摄像机看不到的地方，如图 5-7 所示。

图5-6　导入OBJ格式文件

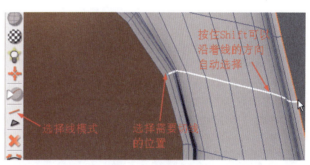

图5-7　选择物体线

> **提　示**
>
> 选线时可按【Shift】键，软件会自动跟随鼠标的路径选择线。

4　选择好切口位置的线之后，单击切线命令的快捷图标，确定切口位置，如图 5-8 所示。

图5-8　确定切口位置

> **技　巧**
>
> 在选择缺口位置线段的时候如果错选，可以按【Ctrl】+鼠标右键框选错选的线段取消选择。

5　单击自动舒展 UV 命令的快捷图标，Unfold 3D 会自动根据切口位置将模型的 UV 展开，如图 5-9 所示。

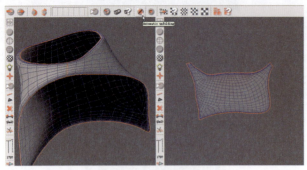

图5-9 自动舒展UV

技 巧

在 Unfold 3D 中拆分 UV 只需要让模型有一个切口，使用自动伸展 UV 命令后软件会自动将 UV 舒展开。

6 将拆分好 UV 的模型另存，然后将此模型导入到 Maya 中。

7 先选择拆分 UV 的模型，再加选原始未拆分 UV 的模型，使用传递属性（Transfer Attributes）命令，进行 UV 信息传递，属性设置如图 5-10 所示，使原模型继承拆分好 UV 模型的 UV 信息，然后将拆分好 UV 的模型删除，到此就完成了 UV 拆分的全过程。

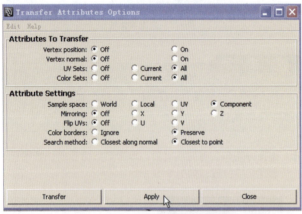

图5-10 传递UV属性命令属性设置

注 意

（1）导入模型之前一定要检查模型是否有合并的点、线、面或者错误的地方，否则软件读取模型时会出错。

（2）在 Maya 中导入模型时不要用拆分好 UV 的模型将原模型替换，如果直接替换原模型，会使原模型的层级关系出现错误或丢失绑定信息。

提 示

编辑 UV 的 5 个原则：
（1）贴图不能拉伸。
（2）尽量减少 UV 的分块，以减少贴图的接缝。
（3）接缝应该放在隐蔽处。
（4）尽量充分地使用贴图空间。
（5）尽可能的快。
其中（2）和（3）取决于如何选择要拆分的边，其他要求 Unfold 3D 会帮助使用者尽量完成。

5.2 拆分角色UV

掌握了 Unfold 3D 这个方便的拆分 UV 软件之后，我们使用 Unfold 3D 来为本章的角色拆分 UV。在拆分 UV 之前，按照第 3 章讲解的 UV 拆分的基本方法，在 Maya 中先为角色模型赋予一张棋盘格贴图，以便检测拆分后的 UV 是否有拉伸变形。

5.2.1 拆分头部 UV

在 Maya 中打开角色模型文件：光盘 \Project\ 5.1.4 Jack\scenes\5.1.4 Jack。

1 从 Maya 中将角色头部模型导出，并导入到 Unfold 3D 中，接下来确定各部分模型的缺口。

头部切口位置：选择头盖骨位置的一圈线，然后选择颈部的一圈线，之后选择头部后方的中线，头盖骨及颈部位置的线连起来。

耳部切口：以耳朵根部的线切开。

头发切口：头顶部分被帽子盖住了，所以在拆分这里的 UV 时可以相对随意，首先将头发的小辫子从根部切开，在小辫子上下中心位置留 2 个格子保留链接其他部分切开，沿头发后面正中心的位置线切开，为了能够完全展开，我们再在上面左右两边各切开一条，连接到刚才切开的线上。

耳环切口：因为耳环上面左右两侧有图案，所以选择耳环的中心位置的内外中心线切开。

各部分模型切口位置如图 5-11 ～图 5-13 所示。

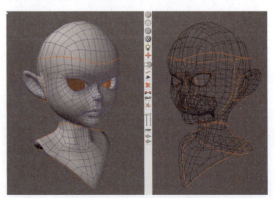

图5-11 头部及耳部切口位置

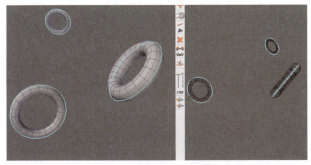

图5-12　头发切口位置

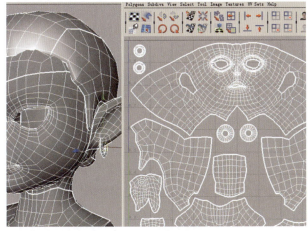

图5-13　耳环切口位置

2. 切口位置确定之后，单击自动舒展 UV 按钮，下面的工作就交给 Unfold 3D 自动完成了。待 UV 展开后将这些模型文件另存，并导入到 Maya 中，使用 UV 编辑器中整理分好的 UV，将头部、头发、耳环等已经展开的部分，用移动和缩放工具，尽可能紧凑地摆放在 UV 编辑器 0～1 贴图空间内，如图 5-14 所示。

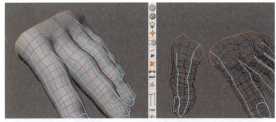

图5-14　舒展头部UV

⚠ 注 意

　　在 Maya 的 UV 编辑器中整理 UV 的时候，要考虑哪些部分是重要的，即观众最容易注意的位置，例如脸部，尽可能地等比例缩放到最大，其他的部分，例如口腔内部，我们能看到的很少，就可以放在空隙里了。

3. 将导入并整理好 UV 的模型与原有模型进行 UV 的传递。

4. 执行 UV Snapshot（导出 UV）命令，将整理好的 UV 信息保存成 UV 图（UV 图尺寸 1024×1024，格式 JPG），命名为 R_head_UV.jpg，为绘画头部贴图作准备。

5.2.2　拆分手部及腰部 UV

　　手和腰部的 UV 贴图在整个角色中占有面积不大，所以我们将这几个部分放到一个 UV 图里面。其中腰部材质是布质感的，需要绘制褶皱，所以尽量放平整，便于我们绘制。

1. 从 Maya 中导出手部及腰部的 OBJ 模型，将其导入到 Unfold 3D 中，接下来确定各部分模型的切口。
   手部切口：分为手心和手背两部分，从手指的侧面中线切分。指甲部分的切线是模型内圈，这里不要搞错了。
   内衣切口：因为是个圆柱状，我们直接在后面中线切开。
   腰带切口：从左右侧竖线切开。
   裆部切口：在最下面横线切开。
   如图 5-15～图 5-17 所示。

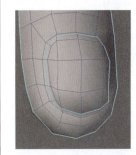

图5-15　手部切口位置

图5-16　指甲切口位置　　图5-17　内衣、腰带及裆部切口位置

2. 将展开的 UV 模型另存并导入 Maya。在 Maya 中调整并摆放在 UV 编辑器 0～1 的空间内，如图 5-18 所示。

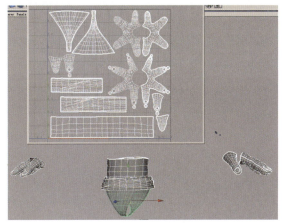

图5-18　手部及腰部最终UV

3 将导入并整理好 UV 的模型与原有模型进行 UV 的传递。

4 同样执行 UV Snapshot 命令，将整理好的 UV 信息保存成 UV 图，命名为 R_hand_UV.jpg，为绘画贴图作准备。

5.2.3　拆分上衣 UV

在这个案例中，因为袖子和衣服的质感不同，所以要像裁缝制作衣服一样，将袖子和身体部分的 UV 分别拆开，方便后续制作不同的质感。

1 从 Maya 中导出上衣的 OBJ 模型，将此模型导入到 Unfold 3D 中，接下来确定各部分模型的切口。

上衣切口：先将两个袖子切下来，再在衣服的两个侧面各切开一条线。

绳扣切口：衣服上的绳扣因为不可能解开，因此观众也不会看到里面，所以将所有的切口都放到里面或衣服遮挡住的部分。

领子和衣角：这两个部分可以直接展开，所以不用裁切。如图 5-19 和图 5-20 所示。

图5-19　角色服装UV拆分

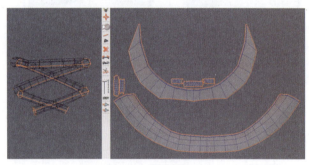

图5-20　服装配饰UV

2 将展开的 UV 模型另存并导入 Maya，在 Maya 的 UV 编辑器中调整 UV 块的摆放位置，如图 5-21 所示，注意衣服部分在 UV 编辑器中所占有的面积，它是这里面最重要的部分。

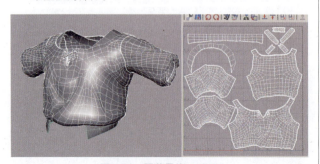

图5-21　服装最终UV展示

3 将导入并整理好 UV 的模型与原有模型进行 UV 的传递。

4 执行 UV Snapshot 命令，将整理好的 UV 信息保存成 UV 图，命名为 R_cloth_UV.jpg，为绘画上衣贴图作准备。

5.2.4　拆分裤子 UV

裤子是扎腿裤，我们在制作模型的时候不能像真正的裤子一样，制作出完整的样子，再束好裤腿，只能直接按其外形制作模型，所以拆分 UV 时裤子不可能展开得很平整，所以将扎腿的部分分开来做。

1 从 Maya 中导出裤子的 OBJ 模型，将此模型导入到 Unfold 3D 中，接下来确定模型的切口。首先在裤腿与裤子收口之间切开，然后在腿的内侧，切开一条线，因为裤子下面模型比较复杂，为了保证完全展开，需要再开两三个小口。如图 5-22 所示。

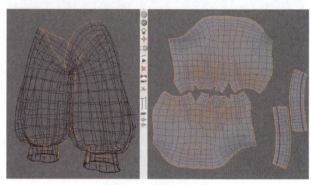

图5-22　裤子UV拆分

2 将展开的 UV 模型另存并导入 Maya，这里面要注意裤子是对称的，为了方便绘制贴图，将一条裤腿的 UV 传导到另一条裤腿上，使两条裤腿的 UV 重叠，然后在 Maya 的 UV 编辑器中调整 UV 块的摆放位置，如图 5-23 所示。

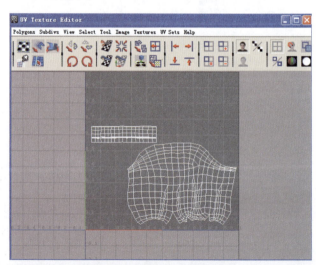

图5-23　调整裤子UV摆放位置

3 选择拆分好 UV 的模型，加选原始未拆分 UV 的模型，使用传递属性（Transfer Attributes）命令，进行 UV 信息传递，属性设置如图 5-24 所示，使原模型继承分好

UV 模型的 UV 信息，然后将拆分好 UV 的模型删除。

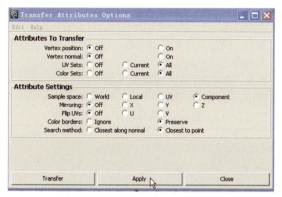

图5-24　传递UV属性命令属性设置

4 执行 UV Snapshot 命令，将整理好的 UV 信息保存成 UV 图，命名为 R_ pants_UV.jpg，为绘画裤子贴图作准备。

5.2.5　拆分绷带 UV

绷带部分因为涉及了绘制缝合线，所以不光要展开，还要将绷带摆放平整。

1 从 Maya 中导出绷带的 OBJ 模型，将此模型导入到 Unfold 3D 中，因为是分开的模型，所以只需要分别展开，如图 5-25 所示。

图5-25　手臂绷带UV拆分

2 将展开的 UV 模型另存并导入 Maya。为了方便查找，在 Maya 的 UV 编辑器中自上而下按照从手部到肩部的顺序摆放 UV，如图 5-26 所示。

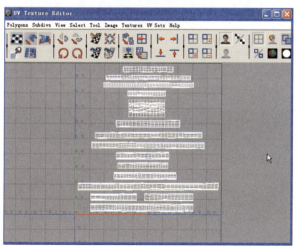

图5-26　绷带最终UV排列

为了方便在绷带上刻画细节，需要将每条绷带的 UV 都调整成直的，快捷的方法：可以将 UV 的边缘先展平，然后将中间的 UV 点 Unfold 以放松这些 UV 点。

3 执行 UV Snapshot 命令，将整理好的 UV 信息保存成 UV 图，命名为 R_ arm_UV.jpg，为绘画手臂绷带贴图作准备。

5.2.6　拆分小腿及鞋子 UV

1 从 Maya 中导出鞋子的 OBJ 模型，将此模型导入到 Unfold 3D 中，接下来确定鞋子切口。

鞋底：只要沿着边缘切开就可以了。

鞋面：从正后方切开，注意脚尖部分应切开两条线。

鞋子上部：沿最内侧的环状线切开，并在正后方纵向切开。

小腿：这部分像是一个圆柱，从内侧切开一条线。如图 5-27 所示。

图5-27　鞋子UV拆分

2 将展开的 UV 模型另存并导入 Maya，这里要注意小腿及鞋子都是对称的，为了方便绘制贴图，需要用传递属性来传递 UV（参考 5.2.4 节步骤 2），这样 UV 就会完全重叠，然后垂直镜像翻转 UV，最后在 Maya 的 UV 编辑器中调整 UV 块的摆放位置，如图 5-28 所示。

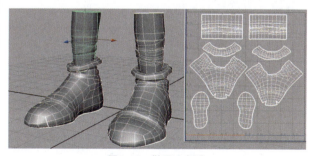

图5-28　鞋子UV拆分

提 示

垂直镜像 UV：选择一侧鞋子和小腿的全部 UV 点，使用 U 向反转命令（Flip selected UVs in U direction）。快捷图标为 ，这样就将所选择的 UV 垂直翻转了。

Maya材质

注 意

在制作对称材质的过程中涉及凹凸效果，我们必须通过调整使对称双方的法线方向是一致的，否则会出现一侧是凹下去而另一侧却是凸出来的效果。

3 执行导出UV（UV Snapshot）命令，将整理好的UV信息保存成UV图，命名为 R_foot_UV.jpg，为绘画鞋子贴图作准备。

5.2.7 拆分帽子 UV

帽子是比较简单的圆柱形，将切割线放到后面即可。

1 从 Maya 中导出帽子的 OBJ 模型，将此模型导入到 Unfold 3D 中，直接在帽子的正后方中线打开一个切口，如图 5-29 所示。

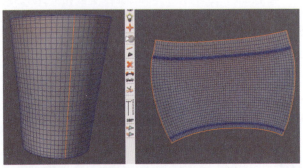

图5-29　帽子UV拆分

2 将展开的 UV 模型另存并导入 Maya，帽子模型是由圆柱型的帽身和圆形的顶部组成的，所以帽子顶部在 Maya 中使用平面 UV 投射，映射 UV 就可以了，然后在 Maya 的 UV 编辑器中调整 UV 块的摆放位置，如图 5-30 所示。

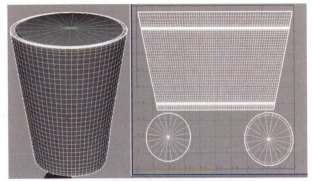

图5-30　帽子UV

3 执行 UV Snapshot 命令，将整理好的 UV 信息保存成 UV 图，命名为 R_cap_UV.jpg，为绘画帽子贴图作准备。

5.2.8 手表的 UV 拆分

手表部分比较零散，我们按照几何形切割即可，注意接缝处的隐蔽。

1 从 Maya 中导出手表的 OBJ 模型，将此模型导入到 Unfold 3D 中，接下来确定各部分模型的切口。
表带：模型本身都是几何形，我们在内侧的边缘和四个角线上切开就可以了。
表盘：在中央凹陷处最里面那条线切开。
按钮：在四个角切开。
如图 5-31、图 5-32 所示。

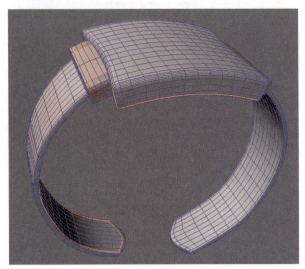

图5-31　表带UV拆分

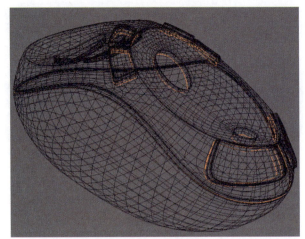

图5-32　表盘UV拆分

2 将展开的 UV 模型另存并导入 Maya，将表盘和按钮放到一张 UV 图里，如图 5-33 所示。将表带 UV 放到一张图里面，如图 5-34 所示。

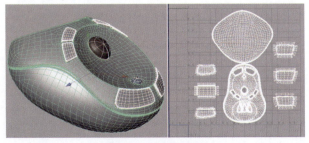

图5-33　表盘UV整理

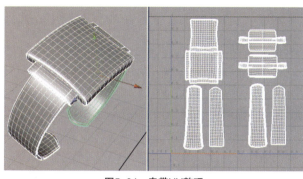

图5-34　表带UV整理

3 执行 UV Snapshot 命令，将整理好的 UV 信息保存成 UV 图，分别命名为 R_biaodai_UV.jpg、R_biaopan_UV.jpg，为绘画手表贴图作准备。

角色的 UV 通过插件整理完之后，会发现使用 UV 插件拆分 UV 比在 Maya 中手动映射 UV 方便很多。这个角色的衣服部件较多，拆分 UV 比较繁琐，要耐心、认真地整理好每个部件。

5.3　绘制皮肤贴图

本节开始制作角色的材质部分。一般在制作角色材质时，皮肤是重点，注意皮肤是否有斑点，是否有胡子等细节。通常先确定皮肤颜色，然后是五官的调整，最后是细节的制作。

图 5-35 是本章要制作的角色的设计稿，我们要按照设计稿来进行贴图的绘制和材质的制作。这个角色属于半卡通风格，形象偏卡通，而质感却是写实的，因此在制作这个角色材质的时候，需要将质感和纹理做得尽量写实，尤其需要注意刻画皮肤质感及细节。

图5-35　角色手绘图

5.3.1　角色头部的材质贴图

绘制头部贴图，注意绘制出脸部的高低起伏，凸起的部分颜色画淡一点，凹进去的部分画深一点，脸部毛孔大小要适合。

1 在 Photoshop 中打开导出的头部 UV，将 UV 线提取出来，将背景色设置为白色，如图 5-36 所示。

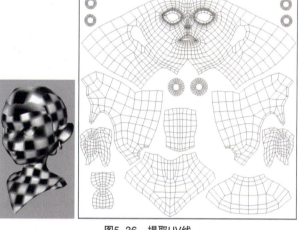

图5-36　提取UV线

2 根据原设计图的皮肤颜色、头发颜色、结构示意来确定各个部分的颜色及质地，绘制出贴图，并在 Phtoshop 中对贴图进行处理，完成后如图 5-37 所示。可以先用皮肤的素材贴图，然后再绘制明暗。可以通过添加图层的方式绘制再叠加，也可以直接在皮肤层上使用加深和提亮工具进行绘制（每个人使用的方法都不同，可选择自己习惯的方法）。

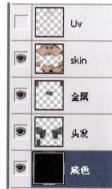

图5-37　绘制面部贴图

> ⚠ **注　意**
>
> 在绘制过程中要经常贴回到 Maya 中进行测试渲染，并且使用 Body Paint 3D 工具处理接缝。将贴图贴回到 Maya 中渲染测试，如图 5-38 所示。

3 根据颜色贴图来制作高光贴图和凹凸贴图。

高光贴图： 主要控制光照在脸部受光范围的图片。一般我们会将脸部高出的部分提亮，例如颧骨、额头、嘴唇和鼻梁等，而将眼窝、鼻孔和耳朵眼等不需要高光的部分降暗，这个过程需要反复测试才能够达到最终的效果。通常先用颜色贴图通过去色转化成黑白图，然后用提亮和加深工具制作出来。

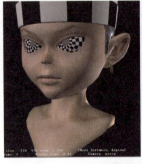

图5-38　渲染测试

凹凸贴图：用来控制脸部凹凸情况，例如毛孔、皱纹、唇裂等。它也是先用颜色贴图去色转成黑白图，然后用对比度工具增加整体的凹凸效果。凹凸帖图要在 Maya 和 Photoshop 中反复测试才能够达到完美效果，如图 5-39 所示。

（a）高光　　　　　　（b）凹凸

图5-39　绘制高光贴图

4 将高光和凹凸贴图贴回到 Maya 中，进行测试渲染，如图 5-40 所示。

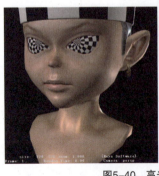

图5-40　高光渲染测试

5.3.2　绘制手部、腰部皮肤以及腰部布料贴图

绘制手部与绘制脸部一样，可以用真实的图片拼接，不过这里更要注意绘制的位置，因为手比较小，位置偏差很容易看出来。腰带用布的贴图，在绘制的时候要顺着 UV 上的拓扑走势画，要绘制出褶皱，立体感要比较强。

1 把整理好的 UV 导入到 Photoshop 中进行绘制，图 5-41 为导入的 UV 图，通过使用真实的贴图拼合，再用加深减淡工具调整，完成最终的效果如图 5-42 所示。

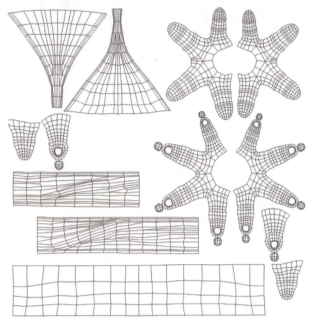

图5-41　导入手部、腰部UV

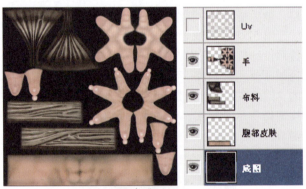

图5-42　手部、腰部贴图

绘制好后，回贴到角色上，测试一下渲染效果，如图 5-43 ～图 5-45 所示。

图5-43　手部、腰部渲染

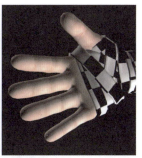

图5-44　手部、腰部渲染

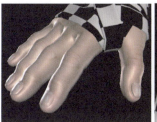

图5-45　手部、腰部渲染

2 高光贴图和凹凸贴图的绘制方法跟脸部贴图的绘制方法一样，同样是用颜色贴图来制作高光贴图和凹凸贴图，如图 5-46、图 5-47 所示。

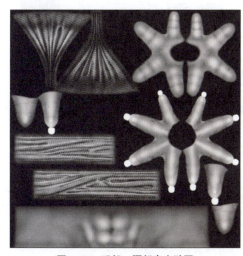

图5-46　手部、腰部高光贴图

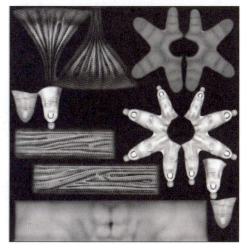

图5-47　手部、腰部凹凸贴图

3 再次回贴到 Maya 中进行测试渲染，如图 5-48 和图 5-49 所示。

图5-48　渲染效果

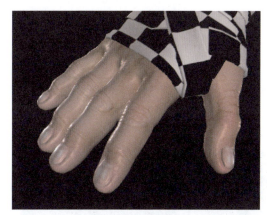

图5-49　渲染效果

5.4　调节皮肤材质质感

制作完贴图会发现虽然颜色上很相似，但是质感却像塑料，解决这个问题需要制作节点，让它具有次表面散射效果。这个角色使用了 Maya 默认的 Software 渲染器来渲染出逼真的皮肤效果。为了让皮肤更光泽，需适当提高饱和度，这就需要使用 Clamp（范围）及 Surf. Luminance（曲面亮度）节点来完成效果。

5.4.1　Clamp（范围）及 Surf. Luminance（曲面亮度）节点

1）Clamp（范围）节点

可以根据设定的 Min（最小）和 Max（最大）参数，来对 Input 作裁剪缩放，然后输出。Clamp 节点与 Set Range 节点类似，但少了 Old Max / Old Min 参数。我们常常使用 Clamp 节点限定输出值的范围，例如把纹理的输入值限定到 Color 所能接受的数值范围内。

使用程序表达 Clamp 节点的含义如下。

if（Input>Min&&Input<Max）Output=Input;

if（Input<Min）Output=Min;

if（Input>Max）Output=Max;

2) Surf. Luminance（曲面亮度）节点

为了模拟皮肤材质的半透明效果，即皮肤的透光性，需要用到 Surf. Luminance 节点。

这个节点可返回物体表面的光照信息，通过这些信息可以表现一些与光照相关的特殊效果，例如把 Surf. Luminance 的输出连接到 Bump Depth（凹凸深度）上，则光照强的部分凹凸强烈，光照弱的部分凹凸减弱。

Surf. Luminance（曲面亮度）节点结合 Sampler Info（采样信息）节点可以模拟物体边缘的透光效果。

5.4.2　皮肤节点连接

皮肤质感是由很多节点构成一个网络，如图5-50 所示。皮肤节点分为两个部分：皮肤颜色部分（包括颜色、轮廓光颜色、皮肤高光颜色、凹凸）和高光部分（皮肤表面高光凹凸），需要用层材质球输出给模型。

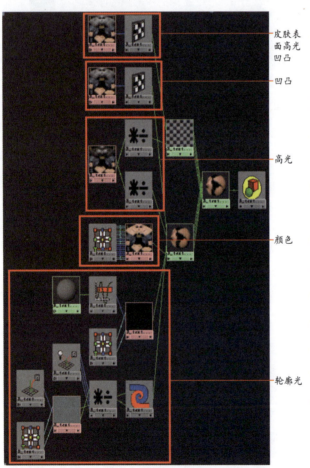

图5-50　皮肤节点网络

1) 控制皮肤颜色材质

通过 Clamp（范围）节点与 Ramp（渐变）节点的连接，控制脸部环境色属性，以增加脸部饱和度。

1 创建一个 Blinn 材质球，将制作好的颜色贴图连接到颜色（Color）属性上，如图 5-51 所示。

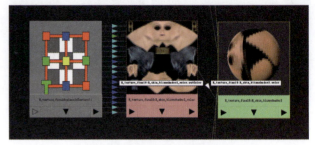

图5-51　脸部贴图连接颜色属性

2 添加角色的环境色部分，来增加脸部的饱和度，需要用到之前学习到的 Clamp 节点。

首先创建 Lambert 材质球，将 Lambert 材质球的 outColor 输出到 Clamp 节点的 input 属性上。然后创建一个 Ramp 节点，将 Clamp 节点的 outputR 连接到 Ramp 的 vCoord 属性上。调整 Ramp 节点的属性如图 5-52 所示。

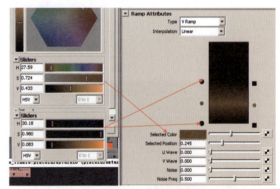

图5-52　Ramp属性设置

> **提　示**
>
> 为什么要创建 Lambert 材质球并输出 outColor 呢？这是因为 Lambert 材质球在没有灯光渲染的情况下一样有黑白灰的明暗关系，但创建灯光后这种黑白灰明暗关系会受到灯光的控制和影响，这种连接可以模拟物体的自阴影效果，并且通过调节 Clamp 节点能够提高皮肤颜色的饱和度。

3 输出 Ramp 节点的 outColor（输出颜色）到 Blinn 材质的 ambientColor（环境颜色）上，如图 5-53 所示。

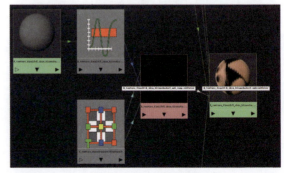

图5-53　输出环境颜色

4 调节前后的渲染对比如图 5-54 所示，不难看出，皮肤材质颜色的饱和度得到了提升。

（a）调节前 （b）调节后

图5-54　渲染对比

2）控制皮肤轮廓光材质

接下来制作轮廓光，通过提高边缘亮度来模拟 SSS（表面散射效果）。节点链接网络如图 5-55 所示。

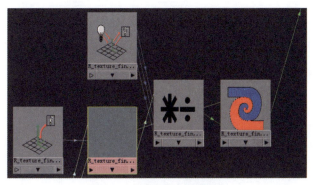

图5-55　轮廓光节点链接网络

1 创建曲面亮度（Surf.Luminance）节点，输出该节点的 outValue（输出属性）属性到新创建的乘除（Multiply Divide）节点的 input2（X，Y，Z）属性上。

2 创建信息采样（Sampler Info）节点输出对比度（Facing Ratio）属性到新创建的 Ramp 节点的 vCoord 上。

3 输出 Ramp 节点的 outColor 到乘除节点的 input1 属性上。Ramp 的颜色及位置的设置如图 5-56 所示。

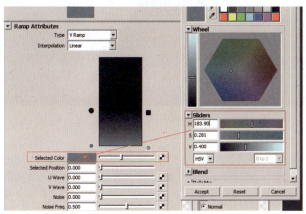

图5-56　Ramp节点属性设置

4 创建混合颜色（Blend Color）节点，将乘除节点输出 outPut 连接到 Blend Color 的 color2 属性上，输出 Ramp 节点的 outColor 连接到 Blend Color 的 color1 属性上，我们来融合这两个节点输出的颜色信息，Blend（融合值）设定为 0.680。

5 输出 Blend Color 混合好的颜色信息 outPut 到 Blinn 材质的 incandescence（自发光）属性上，实现皮肤的透光效果，渲染效果的对比如图 5-57 所示。

（a）调节前 （b）调节后

图5-57　渲染对比

3）控制皮肤高光材质

1 创建 Multiply Divide（乘除）节点，输出高光贴图的 outColor（输出颜色）到该节点的 input1 属性上，并在 Multiply Divide（乘除）节点的 input2 中填入 RGB 颜色信息（0.15，0.2，0.4）。

2 输出 Multiply Divide（乘除）节点的 outPut 到 Blinn 材质的 Specular Color（高光颜色）属性上，这样就用 Multiply Divide（乘除）节点控制高光贴图的颜色增益效果。最后的节点链接如图 5-58 所示。

图5-58　节点链接

连接高光贴图后，我们发现之前高光过亮的部分得到了有效的控制，皮肤的质感更加真实，最终渲染效果如图 5-59 所示。

图5-59　渲染效果

4）控制皮肤凹凸材质

最后添加凹凸效果，连接面部凹凸贴图到材质球的凹凸通道，设置凹凸节点的 Bump Depth 值为0.018，这一层是对皮肤细节的处理，凹凸的数值不能过大，节点网络如图 5-60 所示。

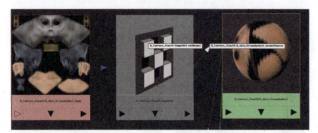

图5-60　凹凸效果的节点链接

渲染效果如图 5-61 所示。

图5-61　渲染效果

5）控制皮肤表面高光材质

现在的皮肤缺少一些毛孔的凹凸和部分高光，下一步就是制作这些细节。

凹凸效果如果不受控制，在全身各处都有显现的话，皮肤会给人很粗糙的感觉，一般真实的情况是在皮肤的高光区域才会看到毛孔的凹凸感，所以皮肤的凹凸范围要受到高光范围的控制。控制高光和凹凸的节点网络如图 5-62 所示。

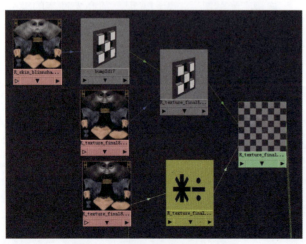

图5-62　控制高光和凹凸的节点网络

1　创建一个 Blinn 材质球，将其透明颜色设为1（完全透明），这样材质球只会输出高光属性而不会影响颜色。将高光贴图经由乘除节点的 outPut 连接到 Blinn 材质的高光颜色（Specular Color）上，将乘除节点的 Input2 的 RGB 信息设为（0.2，0.3，0.5），将高光贴图连接到 Blinn 材质的凹凸通道上，将 Bump Depth 值设为0.05。复制刚才创建的贴图文件和凹凸节点，输出 bump2 的 outNormal 到 bump1 的 normalCamera 属性上。将 Bump Depth 值设为0.2。

2　设置 Blinn 材质球高光的强度和范围，如图 5-63 所示。

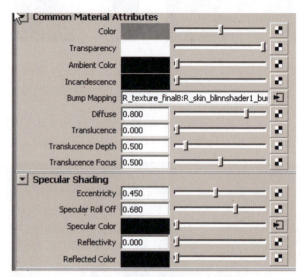

图5-63　Blinn材质球属性设置

3　创建一个 Layered Shader（层材质），将控制高光和凹凸的 Blinn 材质球放到第一层，控制颜色的 Blinn 放到第二层，渲染对比如图 5-64 所示，高光效果还是比较明显的。

图5-64　渲染对比

5.5　绘制衣服贴图

衣服的最终效果如图 5-65 所示。杰克的皮质上衣和帽子最为明显，这个部分要重点制作，注意皮衣的质感处理。

图5-65　衣服最终渲染

5.5.1　绘制帽子的贴图

因为帽子的效果比较特殊，它上面金线是有光泽的，其他部分是普通布质，所以需要制作高光层、凹凸层、凹凸纹理层。

1 绘制颜色层：先将之前展好的 UV 图导入 Photoshop 中，如图 5-66 所示。在 Photoshop 中绘制帽子的颜色贴图，在绘制的时候注意帽子的质感，将明暗变化也绘制出来，如图 5-67 所示。

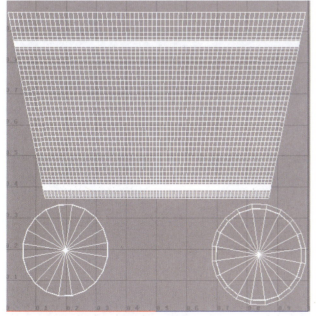

图5-66　帽子UV图

2 制作帽子本身凹凸质感。单独制作出布料的凹凸纹理，纹理的选择注意不要太密，如图 5-68 所示。

图5-67　绘制帽子颜色贴图

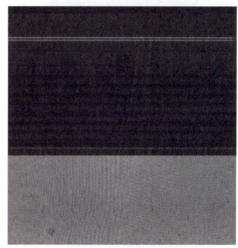

图5-68　凹凸纹理贴图

3 制作控制环境色范围层：绘制出帽子上的花纹黑白图，用来制作遮罩，绘制的时候要黑白分明，不要有灰色，如图 5-69 所示。

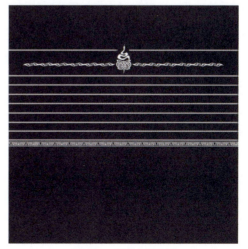

图5-69　帽子花纹贴图

4 控制高光的凹凸：绘制出条纹的凹凸黑白图，如图 5-70 所示。

5 将贴图贴回 Maya 中测试渲染，如图 5-71 所示。

图5-70　纹理凹凸贴图

图5-71　帽子渲染

5.5.2　绘制上衣的贴图

上衣的制作最重要的是纹理和凹凸要清晰。

1 将之前制作的上衣的 UV 导入到 Photoshop 中，如图
5-72 所示。在绘制衣服的贴图时注意衣服的质感分为
皮革、麻布、麻绳、布料等几种，在绘制时要区分不
同质感的特点。上衣的 UV 图如图 5-73 所示。

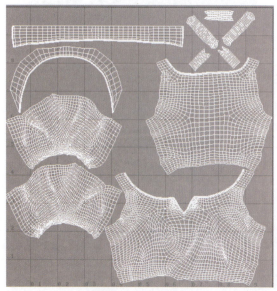

图5-72　上衣的UV图

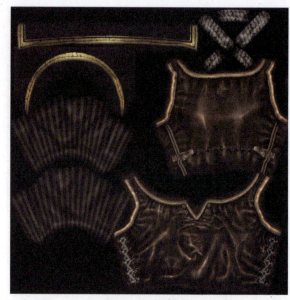

图5-73　衣服颜色贴图

2 绘制上衣凹凸层。用之前的方法，制作出皮革的凹凸
贴图，如图 5-74 所示。

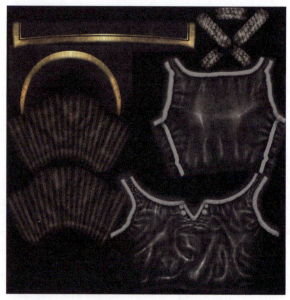

图5-74　皮革凹凸贴图

3 贴回到 Maya 中测试渲染，如图 5-75 和图 5-76 所示。

图5-75　衣服正面最终渲染

图5-76　衣服背面最终渲染

5.5.3　绘制裤子的颜色贴图

裤子制作找贴图是至关重要的，纹理正确，就成功了一半，另外应根据 UV 的走势拼合图片。

1 将之前制作的裤子的 UV 导入到 Photoshop 中，如图 5-77 所示。在制作裤子颜色贴图的时候，注意 UV 的走向，如图 5-78 所示。

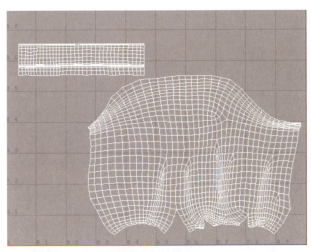

图5-77　裤子UV

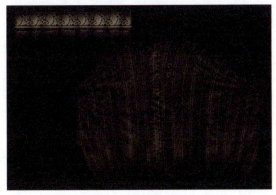

图5-78　裤子颜色贴图

2 因为裤子纹理凹凸不明显，布料的质地也没有高光，而且不是重要的地方，所以只需要制作颜色层就可以了，调整好后进行渲染，效果如图 5-79 所示。

贴图绘制完毕后，我们需要制作符合其质地的材质并赋予模型。

图5-79　裤子渲染

> **提示**
>
> 合理运用材质的特性可以使角色的渲染效果增色不少。

5.5.4　鞋子的贴图

鞋子的贴图跟皮质上衣很像，都是通过准确拼接贴图再进行绘画完成的，注意褶皱的绘制要有明显的起伏，最终效果如图 5-80 所示。

图5-80　鞋子效果

1 将 5.2.5 节中制作的鞋子的 UV 导入到 Photoshop 中，如图 5-81 所示。

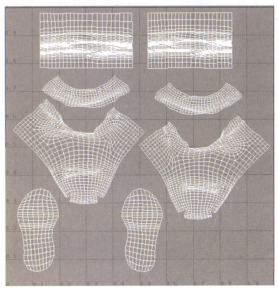

图5-81　鞋子的UV图

2 制作鞋子的颜色贴图：在 Photoshop 中绘制鞋子的贴图，注意选择皮革的贴图，绘制褶皱的位置要合理，如图 5-82 所示。

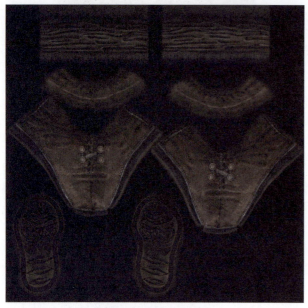

图5-82 鞋子颜色贴图

3 制作鞋子的凹凸贴图。根据颜色贴图处理出一张凹凸贴图，可以使用对比度命令进步调整，完成效果如图 5-83 所示。

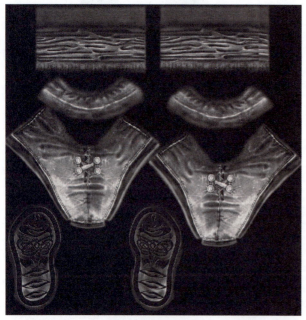

图5-83 凹凸贴图

5.5.5 绷带的贴图

绷带的贴图绘制，注意缝合线的位置要准确，绷带的颜色不要太单一，使其看起来更饱满，最终效果如图 5-84 所示。

图5-84 绷带最终效果

1 将 5.2.6 节制作的绷带的 UV 导入到 Photoshop 中，如图 5-85 所示。

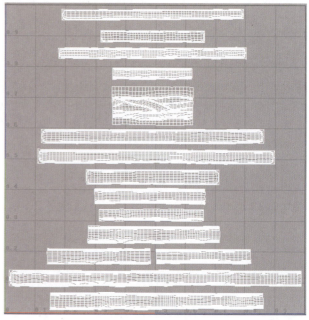

图5-85 绷带的UV

2 绘制绷带颜色贴图：根据绷带的 UV 使用素材图片绘制绷带的贴图，在制作这部分时，要按照参考图把绷带上的缝纫线绘制出来，如图 5-86 所示。

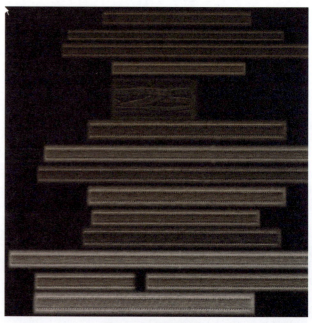

图5-86 绷带颜色贴图

技 巧

5.2.5 节中将绷带 UV 在 Maya 中拉直，是为了在这里贴图可以复制使用。

3 绘制绷带凹凸贴图：根据颜色贴图处理凹凸贴图，如图 5-87 所示。

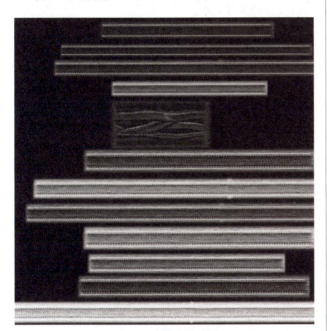

图5-87 绷带凹凸贴图

5.6 调节衣服材质质感

5.5 节中已经绘制了上衣贴图，并分析了其材质质感（图 5-88）。因为不同质地的材料，它们的 Diffuse（漫反射）、Glossy（模糊反射）和 Specular（镜面反射）都是不一样的，所以要分别赋予不同的材质类型。

亮面的皮革
一般的布匹
普通的麻布

图5-88 衣服质感分类

注 意

有的模型是成组的，直接赋予组材质会出现某些不可预测的问题。

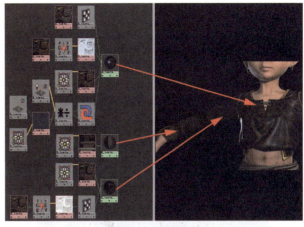

图5-89 细分材质球

5.6.1 衣袖布料材质

前面已经介绍过，袖子和衣服质感是不同的，所以衣袖部分要选面赋予布料材质，如图 5-90 所示。在衣袖贴图绘制时只做了颜色贴图，没有制作凹凸贴图。我们之前已经对凹凸属性只识别黑白图片有所了解，所以制作时通过 RGB TO HSV 节点，先将颜色图转化成黑白图，然后连接凹凸属性。

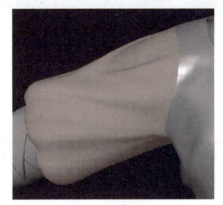

图5-90 选择衣袖部分的面

连接衣袖部分的布料节点网络如图 5-91 所示。

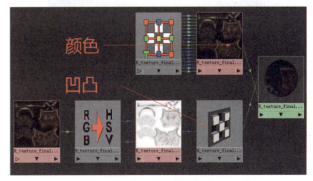

颜色
凹凸

图5-91 布料节点网络

颜色贴图直接连接到材质球颜色（Color）属性上，这里凹凸贴图运用Maya内部节点转换贴图，如图5-92所示，使用RGB TO HSV节点生成凹凸纹理，将颜色贴图的outColor属性连接到Rgb To Hsv节点的inRgb属性上，输出Rgb To Hsv节点的outHsvV连接到Ramp的vCoord和uCoord属性上，Bump Depth值为0.02。

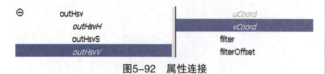

图5-92　属性连接

渲染效果如图5-93所示。

图5-93　袖子渲染效果

5.6.2　衣服皮革材质

选择衣服的面并为其指定皮革材质，如图5-94所示。

图5-94　为衣服指定皮革材质

设置皮革的材质链接，如图5-95所示。

这组节点网络分为四个部分：颜色、凹凸、高光、轮廓光。

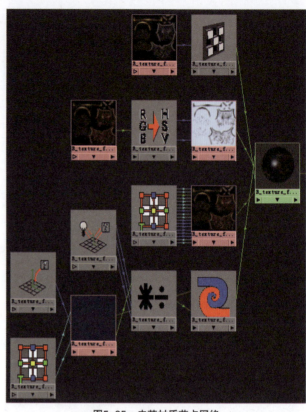

图5-95　皮革材质节点网络

1　颜色贴图连接到材质球Color（颜色）属性上。

2　凹凸连接到材质球的Bump（凹凸）属性上。

3　高光贴图的转换是通过Maya的运算节点实现的，和制作布料的凹凸贴图的方法一样。

高光属性连接如图5-96所示，Ramp节点的属性设置如图5-97所示。

图5-96　高光属性连接

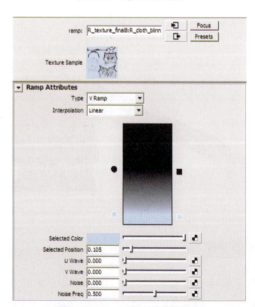

图5-97　Ramp节点的属性设置

4 实现轮廓光效果。首先创建 Sampler Info（信息采样）节点，输出 Facing Ratio（对比比度）到 Ramp（渐变）节点的 vCoord 上，输出 Ramp 节点的 outColor 到乘除节点的 input1 属性上，创建 Blend Color（混合颜色）节点融合前面节点输出的颜色信息。乘除节点输出 outPut 连接到 Blend Color 的 color2 属性上，输出 Ramp 节点的 outColor 连接到 Blend Color 的 color1 属性上〔可参考本章 5.4.2 节的 2 ）〕。Blend（混合值）设定为 0.5，输出 Blend Color 混合好的颜色信息 outPut 到 Blinn 材质的 Incandescence（自发光）属性上，如图 5-98 所示。

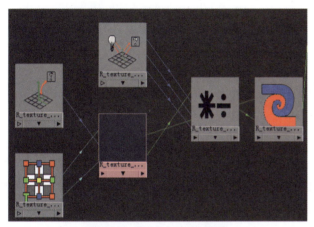

图5-98　轮廓光效果节点网络

其渲染测试效果如图 5-99 所示。

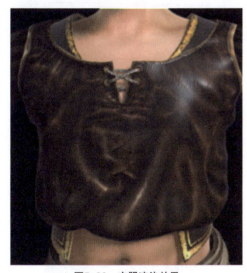

图5-99　衣服渲染效果

5.6.3　衣服麻绳材质

麻绳材质节点网络如图 5-100 所示。

颜色贴图连接到颜色（Color）属性上，并调节贴图的 Color Balance 中的 Color Offset 颜色为"360, 0, 0.22"，Bump Depth 值为 0.18，如图 5-101 所示。

由于凹凸并不明显，所以直接用颜色贴图连接到材质球凹凸属性上。

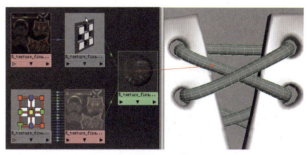

图5-100　麻绳材质节点网络

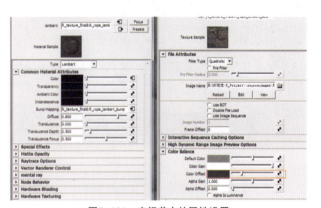

图5-101　麻绳节点的属性设置

5.6.4　衣服帽子材质

经过这一阶段的学习，相信大家对连接基础材质节点网络的方法已经不再陌生了，帽子的材质节点网络由两大部分组成：第一部分是基本的颜色和凹凸，第二部分是控制帽子上的金属线的光泽，如图 5-102 所示。在制作时注意帽子的光泽的强弱。

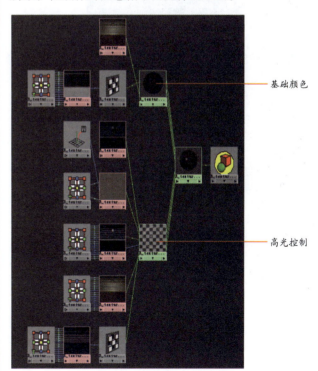

基础颜色

高光控制

图5-102　帽子材质节点网络

1 基础颜色部分是最基本的连法，颜色贴图连接材质球颜色（Color）属性，凹凸贴图连接凹凸（Bump）属性并设置值为 0.018，如图 5-103 所示。

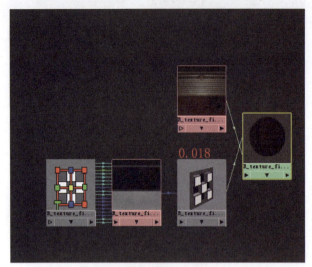

图5-103　凹凸节点网络

2 高光控制部分的属性连接：首先将帽子花纹贴图连接到材质球的环境色（Ambient Color）节点，将透明贴图连接到透明度（Transparency）属性，将颜色贴图连接到颜色（Color）属性，将凹凸贴图连接到凹凸（Bump）属性并设置值为 0.85，节点网络如图 5-104 所示。

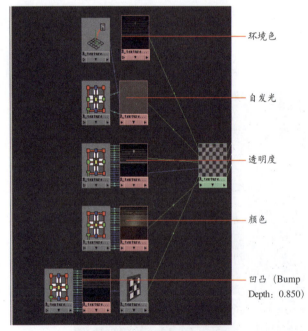

　　　　　　　　　　　　　　　　　　环境色

　　　　　　　　　　　　　　　　　　自发光

　　　　　　　　　　　　　　　　　　透明度

　　　　　　　　　　　　　　　　　　颜色

　　　　　　　　　　　　　　　　　　凹凸（Bump Depth：0.850）

图5-104　高光属性节点网络

3 创建一个 Ramp 节点和 Sampler Info 节点，将 Sampler Info 节点的 Facing Ratio 属性连接到 Ramp 节点的 vCoord 属性上，Ramp 节点的属性设置如图 5-105 所示。高光部分的 Blinn 材质球的属性设置如图 5-106 所示。

调整好后，其渲染测试的效果如图 5-107 所示。

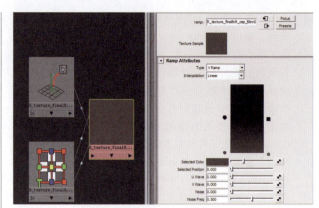

图5-105　Ramp节点属性设置

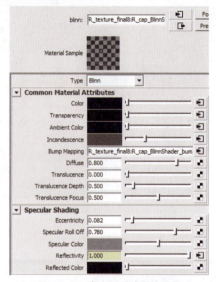

图5-106　高光材质球属性设置

图5-107　帽子渲染效果

5.7　制作眼球材质

　　在制作眼睛模型时，注意三个部分：角膜、玻璃体、瞳孔。通常眼球模型分为里、外两层，角膜对应的是眼球外层的模型，是一个透明体，瞳孔对应的是眼球里层模型上球体中间的凹陷，玻璃体就是眼球里层模型球体的后半部分，如图 5-108 所示。眼睛的材质是使用程序纹理制作的，其最终效果如图5-109所示。

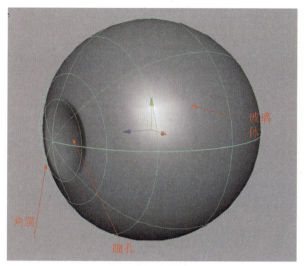

图5-108　眼球模型

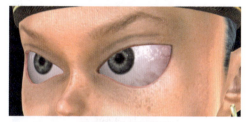

图5-109　眼球纹理

眼球的节点网络如图5-110所示。眼球的节点链接分为两个部分：瞳孔的纹理和角膜的纹理。二者通过层材质球组合到一起。

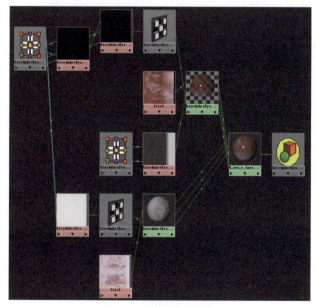

图5-110　眼球节点网络

5.7.1　瞳孔部分

1　创建一个Blinn材质球，属性设置如图5-111所示。

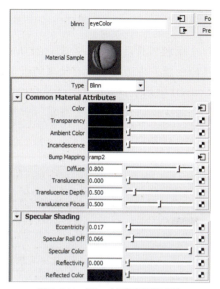

图5-111　Blinn材质球属性设置

2　创建一个Ramp节点，连接到材质球凹凸（Bump）属性，来模拟瞳孔内部的凹凸，其属性设置如图5-112所示。

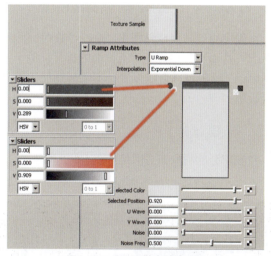

图5-112　Ramp节点属性设置

3　再创建一个Ramp节点，连接到材质球的颜色（Color）属性，来模拟眼球瞳孔的纹理，调节完成之后将最终的纹理转换成一张贴图，如图5-113所示。

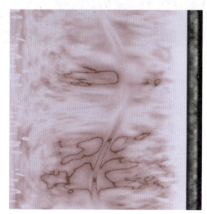

图5-113　瞳孔纹理

技 巧

　　将程序纹理转换成贴图：在 Hypershade 中选择要转换的纹理，再选择赋予此纹理的模型，执行 Edit → Convert to File Texture(Maya Software) 命令。注意一定要选择纹理节点和模型再进行此操作，如图 5-114 所示。

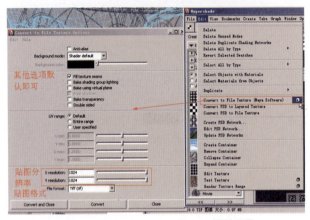

图5-114　Convert to File Texture属性设置

　　将程序纹理转换成贴图可以减少渲染时间和运算的次数，从而有效地避免节点过多的情况。关于瞳孔的 Ramp，读者可以自己设置，不需要拘泥于教材的属性设置。

5.7.2　角膜部分

　　角膜部分的材质节点网络如图 5-115 所示。

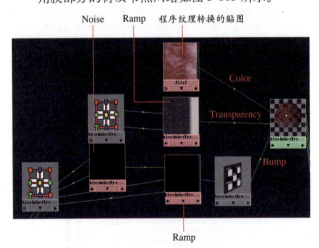

图5-115　角膜节点网络

1 创建一个 Phong 材质，属性设置如图 5-116 所示。

2 创建 Ramp 节点，调整属性设置后转化为贴图，（参考 5.7.1 节瞳孔步骤 3）连接到材质球的颜色（Color）属性，如图 5-117 所示。

3 创建一个 Ramp 连接到材质球的透明（Transparency）属性，属性设置如图 5-118 所示，这个属性控制瞳孔部分的透明度。

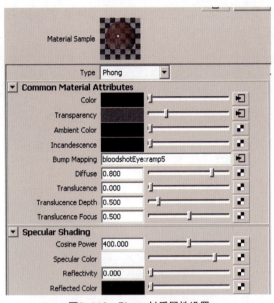

图5-116　Phong材质属性设置

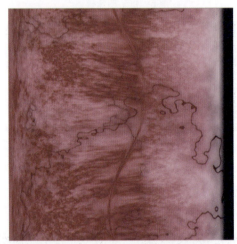

图5-117　眼球角膜的颜色贴图

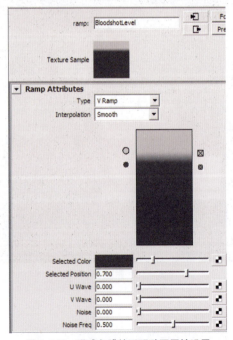

图5-118　眼球角膜的透明贴图属性设置

4 创建 Ramp 节点，在最下面的颜色控制点上连接 Noise 节点，并连接到材质球凹凸属性上，属性设置如图 5-119 所示，这样就给眼球上瞳孔之外的部分添加了小的凹凸。

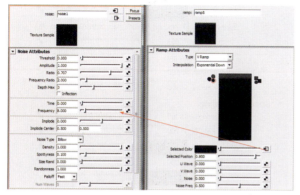

图5-119 眼球角膜的凹凸贴图属性设置

5.7.3 层材质部分

创建一个 Layered Shader（层材质球）将 Phong 材质和 Blinn 材质整合起来，最后连接到眼睛模型上，属性设置如图 5-120 所示。这样就将眼球和瞳孔合并到一起了。

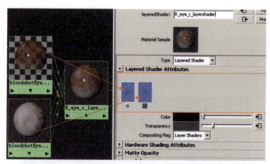

图5-120 Layered Shader的属性设置

5.8 绘制头发、手表、小配饰贴图及材质

在制作头发时要注意头发纹理的走势，然后是头发光泽的绘制。手表小配饰的制作，是通过纹理的叠加让手表看起来更古朴的。

5.8.1 绘制头发贴图及材质

导入之前在制作头部时整理好的 UV 图，如图 5-121 所示。查看头发和耳环的成品效果，如图 5-122 所示。

1 使用 Photoshop 打开头发的贴图，注意根据 UV 的趋势来拼接头发，然后根据颜色贴图处理出透明贴图、凹凸贴图、高光贴图（参考 5.3.1 节角色头部的材质贴图），如图 5-123 ～图 5-126 所示。

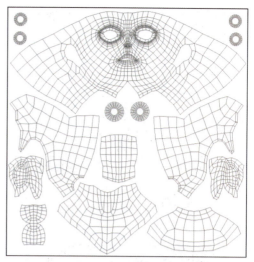

图5-121 头部的UV图

图5-122 头发和耳环的成品效果

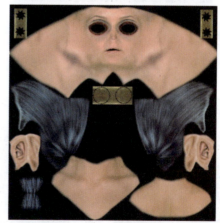

图5-123 头发颜色贴图

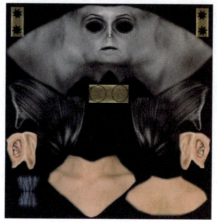

图5-124 头发凹凸贴图

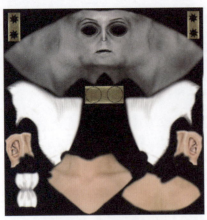

图5-125 头发透明贴图

图5-126 头发高光贴图

2 将头发节点分别连接到凹凸（Bump）、透明（Transparency）、颜色（Color）和高光（Specular）属性上，如图5-127所示。

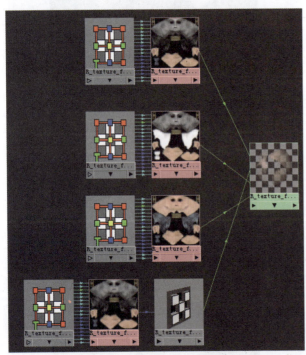

图5-127 头发节点网络

Blinn材质球的属性设置如图5-128所示。

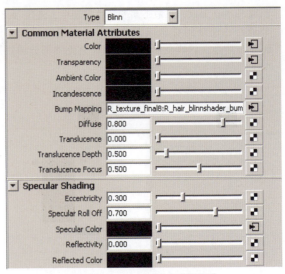

图5-128 Blinn材质球属性设置

⚠️ **注 意**

调整高光，注意强度不要太高，关闭Reflectivity反射属性。

5.8.2 耳环的贴图绘制及材质

在此环节应注意金属的质感，在绘制的时候可以通过修改金属图片达到这一目的。

1 找到合适的贴图，通过调色及加重减淡工具完成纹理颜色的制作，如图5-129～图5-131所示。

图5-129 内圈颜色贴图

图5-130 外圈的颜色贴图

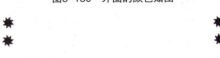

图5-131 耳环纹理贴图

Maya材质

2 贴回 Maya 中测试，耳环节点网络如图 5-132 所示。将耳环的内环、外环的贴图通过 Blend Colors（颜色融合）节点输出颜色给 Blinn 材质，将高光贴图的 out Alpha 属性连接到 Blend Colors 节点的 blender 和 Blinn 的 reflectivity 属性上，将高光贴图连接到 Blinn 的高光属性上。

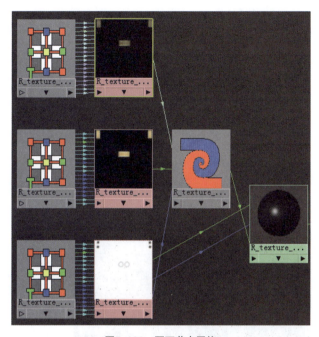

图5-132　耳环节点网络

3 材质球属性设置如图 5-133 所示。

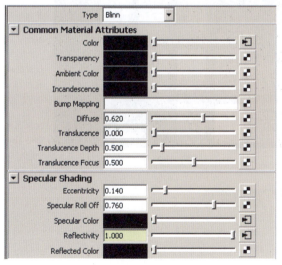

图5-133　耳环材质球属性设置

调整完成后，其渲染测试效果如图 5-134 所示。

图5-134　耳环渲染效果

5.8.3　绘制手表的贴图及材质

手表具有旧金属质感，有点青铜器的感觉，颜色是青蓝色，按钮有蓝色及绿色，如图 5-135 所示。

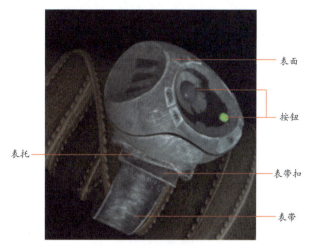

表面

按钮

表托

表带扣

表带

图5-135　手表最终效果

1 在 Photoshop 中根据表盘的 UV 绘制贴图，突出质感和花纹，如图 5-136～图 5-141 所示。

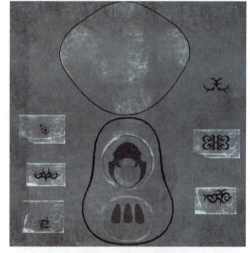

图5-136　颜色贴图

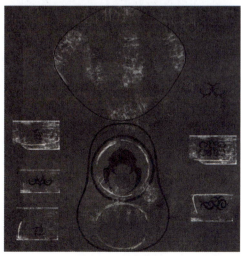

图5-137　高光贴图

图5-138 金属凹凸贴图

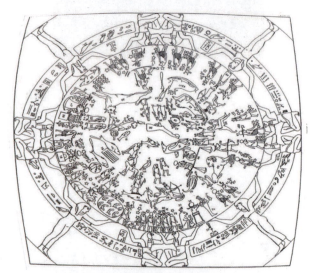

图5-139 手表纹理

图5-140 纹理凹凸1

2 贴图制作完成之后，将高光贴图连接到 Specular（高光）属性，将颜色贴图连接到 Color（颜色）属性，将金属凹凸贴图连接到 Bump（凹凸）属性，这里需要再

创建两个 2D 凹凸节点，将手表纹理贴图及纹理凹凸贴图连接起来并连接到金属贴图的凹凸节点上，在 Maya 中的节点网络如图 5-142 所示。

图5-141 纹理凹凸2

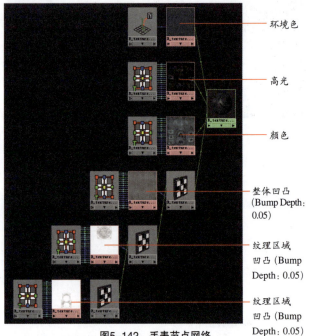

图5-142 手表节点网络

环境色

高光

颜色

整体凹凸（Bump Depth：0.05）

纹理区域凹凸（Bump Depth：0.05）

纹理区域凹凸（Bump Depth：0.05）

> **提 示**
>
> 凹凸与凹凸连接方法：将一个凹凸节点的 OutNormal 与另一个凹凸节点的 Normal Camera 属性连接。

3 创建一个 Ramp 节点和 Sampler Info 节点，将 Sampler Info 节点的 Facing Ratio 属性连接到 Ramp 节点的 VCoord 属性上，Ram 节点的属性设置如图 5-143 所示。

4 材质球属性设置如图 5-144 所示。渲染测试效果，如图 5-145 所示。

5 绘制表带、表带扣、表托的贴图和凹凸贴图，如图 5-146～图 5-148 所示。

图5-143　Ramp的属性设置

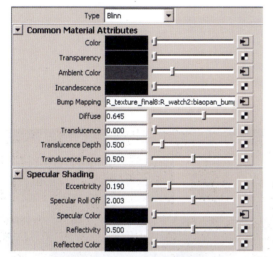

图5-144　手表材质球属性设置

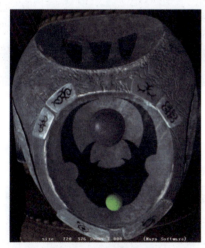

图5-145　表盘最终渲染

图5-146　表带等颜色贴图

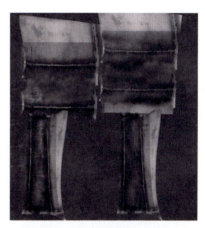

图5-147　表带纹理凹凸贴图

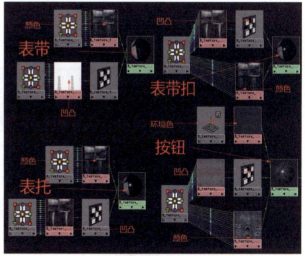

图5-148　表带等凹凸贴图

6 将颜色贴图连接到材质球 Color（颜色）属性上，凹凸贴图连接到材质球的 Bump（凹凸）属性上，表带节点网络如图 5-149 所示。

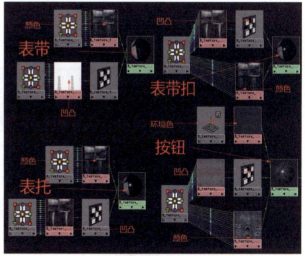

图5-149　表带节点网络

7 再创建一个 Ramp 节点和 Sampler Info 节点，用来调整边缘颜色。连接 Sampler Info 节点的 facingRatio 属性到 Ramp 节点的 VCoord 属性上，属性连接和 Ramp 的属性设置如图 5-150 所示。

8 渲染测试，效果如图 5-151 所示。

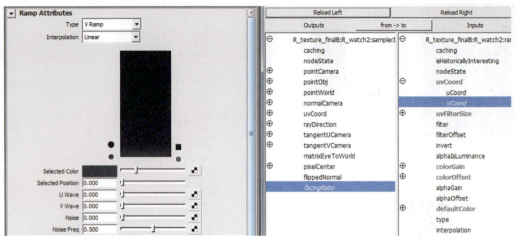

图5-150　属性连接和Ramp的属性设置

图5-151　表带等渲染效果

📝 **提 示**

　　使用程序纹理制作表面上的圆形按钮材质，绿色按钮纹理节点网络如图 5-152 所示。

9 创建 Blinn 材质球，通过其颜色和凹凸属性制作表盘蓝色按钮，将颜色和凹凸属性连接 Leather 节点，并在 Color Gain 属性连接 Ramp 节点，凹凸的参数为 0.02，

具体属性设置如图 5-153 所示。

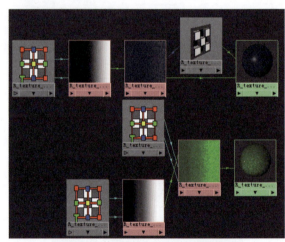

图5-152　绿色按钮纹理节点网络

10 制作表盘绿色按钮。创建 Blinn 材质球，在颜色属性连接 Mountain 节点，并在 Color Gain 属性连接 Ramp 节点，具体属性设置如图 5-154 所示。

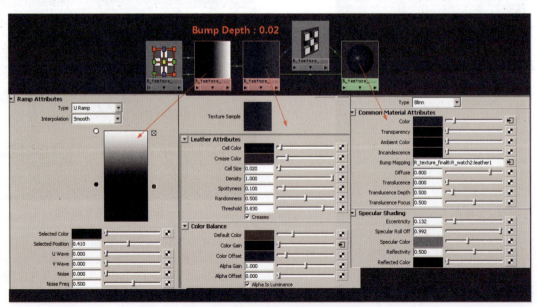

图5-153　表盘蓝色按钮节点属性设置

Maya材质

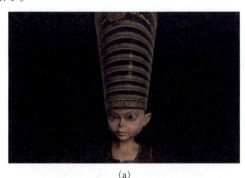

图5-154　表盘绿色按钮节点属性设置

5.9 设置灯光及最终渲染

前面介绍了贴图和质感的制作，但是没有合适的灯光是渲染不出来最好的效果的，这一节要为角色设置灯光，并且要进行最终的产品级渲染，这里的制作顺序和第1章介绍灯光原理时是一致的：确定主光，然后通过辅助光将角色凸显出来。

下面就来学习如何进行灯光分布和属性设置。

5.9.1 灯光的分布

1　创建一盏聚光灯用来确定方向及强度，位置如图5-155所示。

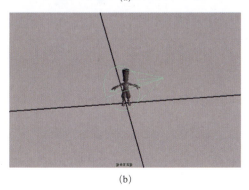

（a）

（b）

图5-155　主光位置及渲染效果

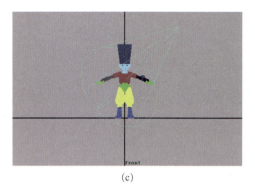

（c）

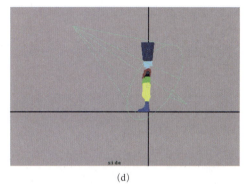

（d）

图5-155（续）

主光设置为暖色调，照亮角色，投影采用光线追踪阴影，设置 Shadow Rays 值为 19、Rays Depth Limit 值为 5，这样可以使阴影显得更加柔和。主光属性设置如图 5-156 所示。

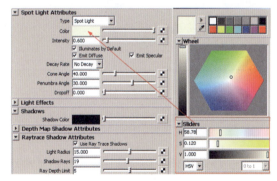

图5-156　主光属性设置

2　创建一盏聚光灯，作为辅助光，位置及渲染效果如图5-157所示，来补充主光因角度问题照射不到的左下方位置。

（a）

图5-157　辅助光1的位置及渲染效果

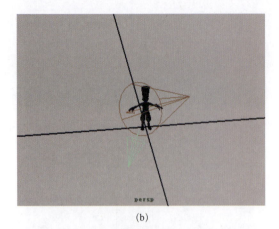

(b)

(a)

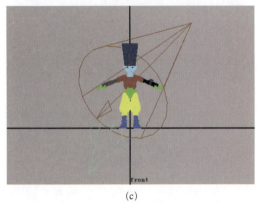

(c)

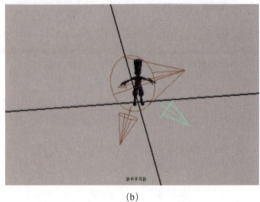

(b)

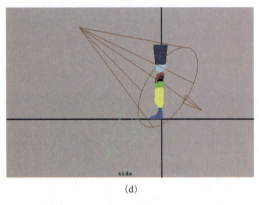

(d)

图5-157（续）

辅助光颜色和主光相同，但是强度很弱，属性设置如图 5-158 所示。

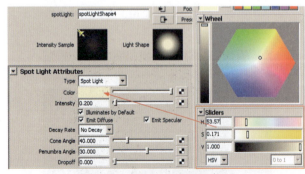

图5-158　辅助光1的属性设置

3 创建一盏聚光灯，作为另一束辅助光，位置如图 5-159 所示，来补充画面右下侧主光照不到的位置。

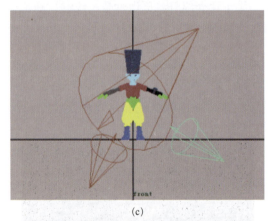

(c)

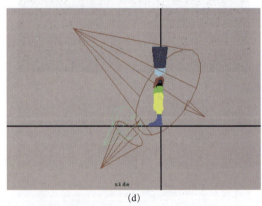

(d)

图5-159　辅助光2的位置及渲染效果

这盏辅助光颜色设置为冷色调，可以增强画面的冷暖对比，使画面颜色更丰富，其属性设置如图 5-160 所示。

Maya材质

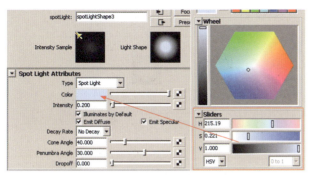

图5-160 辅助光2的属性设置

4 创建一盏聚光灯，作为辅助光，位置如图5-161所示，照顾角色边缘的亮度。

(a)

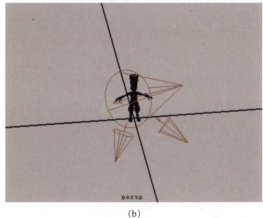

(b)

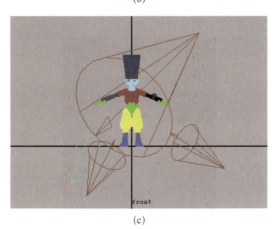

(c)

图5-161 辅助光3的位置及渲染效果

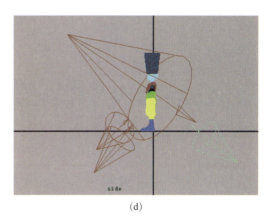

(d)

图5-161（续）

这盏聚光的属性设置基本和辅助光2的差不多，属性设置如图5-162所示。

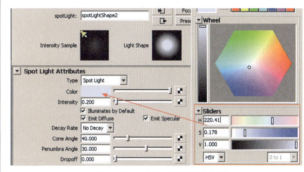

图5-162 辅助光3的属性设置

5 创建一盏平行光，作为背光，位置如图5-163所示，来模拟全局光的效果。

(a)

(b)

图5-163 背光的位置及渲染效果

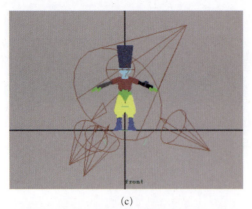

(c)

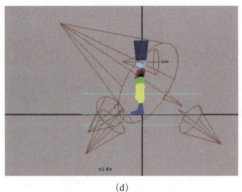

(d)

图5-163（续）

背光可以表现角色的边缘，模拟简单的全局光效果。取消 Emit Specular（照亮高光）选项勾选，如图5-164 所示。

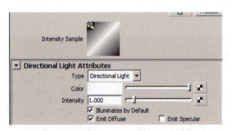

图5-164　背光属性设置

5.9.2　眼睛灯光的连接

为了把角色的"精、气、神"更好地体现出来，就要专门为眼睛添加一盏灯，让它显示出水润、晶莹剔透的效果来。

1 创建一盏聚光灯（Spot Light），摆放在眼睛前方位置，如图5-165 所示。

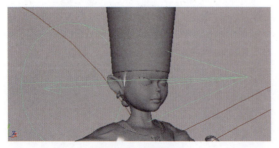

图5-165　眼睛灯光

这盏的灯的属性设置如图5-166 所示。

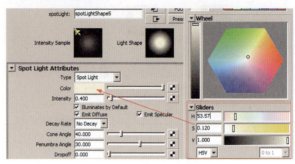

图5-166　眼睛灯光属性设置

2 使用灯光排除确保用来做眼球辅光的这盏聚光灯只照射眼球，如图5-167 和图5-168 所示。

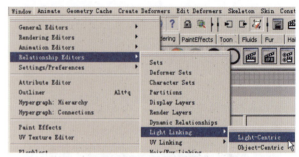

图5-167　灯光连接菜单

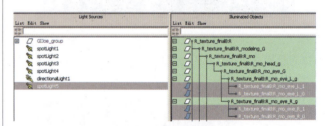

图5-168　灯光链接关系

> ⚠ **注　意**
>
> 在制作中，可以用其他的灯光来为眼睛增加亮度，比如可以添加点光源。在运用点光源的时候最好每一只眼睛单独与一个点光源进行连接，这样在控制方面可以更加自如。

增加眼球辅助光前后效果对比如图5-169 所示。

（a）增加眼球辅助光之前

图5-169　增加眼球辅助光前后效果对比

(b) 增加眼球辅助光之后

图5-169（续）

5.9.3 全局渲染设置

材质灯光全部做好后，要进行最终的渲染了。最终渲染的时候我们要选择的是产品级别，渲染器中的质量属性栏如图 5-170 所示。

全局渲染设置应注意三个方面：抗锯齿等级、采样值和光线追踪。

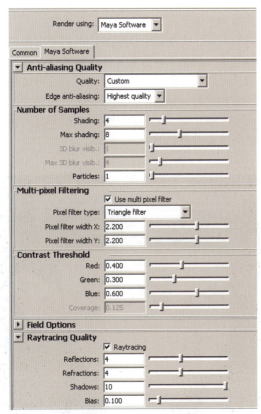

图5-170　渲染器中的质量属性栏

1）抗锯齿等级

图 5-170 中，渲染器设置第一栏就是 Anti-aliasing Quality（抗锯齿），分为 Low quality（低品质）、Medium quality（中等品质）、High quality（高品质）和 Highest qulity（最高品质）四种，各自的效果如图 5-171 所示。当我们显示最终效果时要将抗锯齿

级别设置为最高。

(a) 低品质

(b) 中品质

(c) 高品质

(d) 最高品质

图5-171　渲染质量对比

2）采样值

采样值的大小决定了渲染结果的精致程度，简单理解就是在一张平面上进行点的抽取。大家知道，面是由无数个点构成的，当渲染时，光线由摄像机发出，并沿直线运动，当遇到模型阻挡时就会停止前进，反馈给摄像机一个信息值，当设置好了采样的最大值和最小值时，Maya会自动根据摄像机与模型之间的角度计算返回的信息值。例如：最小采样值为4时，摄像机就每个采样点采集四次，次数越多信息还原度越高，如图5-172所示，但渲染速度就越慢。

（d）阴影采样为8

图5-172（续）

3）光线追踪

光线追踪的属性主要分为折射和反射两大类。我们知道，在自然界中表面光滑的物体或透明的物体都会产生反射和折射现象。水、玻璃和金属是比较常见的反射折射体。折射效果和物体本身的透明度以及折射率有关，二者可以互相影响，要做出真实的带有透明属性的物体就要在这两个属性上下功夫。

总的来说，渲染成品级别的作品需要均衡地设置反锯齿等级、阴影采样值和光线追踪属性。有时为了追求效果可以将这些数值定得很高，不过当这些数值高到一定程度时，画面的质量不一定会提升，渲染速度反而会下降，所以要多做测试，从低到高，逐步尝试。最终渲染效果如图5-173所示。

（a）阴影采样为1

（b）阴影采样为2

（c）阴影采样为4

图5-172　阴影采样不同次数的效果对比

图5-173　最终渲染效果

Maya材质

【作品欣赏】

图5-174　作品欣赏1（完美动力动画教育　褚飞临摹作品）

图5-175　作品欣赏2（完美动力动画教育　董珩临摹作品）

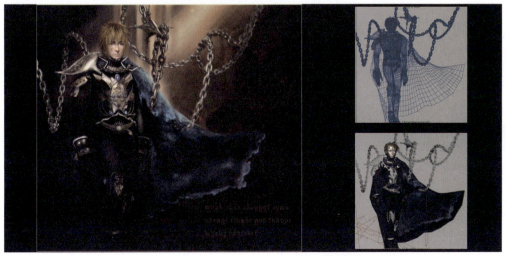

图5-176　作品欣赏3（完美动力动画教育　唐寅临摹作品）

图5-177　作品欣赏4（完美动力动画教育　杨晨临摹作品）

图 5-174 ～图 5-177 是 4 种不同表现风格的角色作品，图 5-174 是超自然生物风格，图 5-175 为游戏风格，图 5-176 为漫画风格，图 5-177 为写实风格，这些作品表现的整体效果不同，但是制作方法基本相同。在制作不同风格角色之前需要根据角色所要表现的效果搜集一些类似的参考资料，这样对确定作品的最终风格会有很大帮助。

5.10　本章小结

（1）在 Unfold 3D 软件中选线时可按住【Shift】键，软件会自动跟随鼠标的路径选择线。在选择缺口位置线段时如果错选，可以通过【Ctrl】键 + 鼠标右键框选错选的线段将其取消。

（2）在 Maya 的 UV 编辑器中整理 UV 的时候，要考虑哪些部分是重要的部位，即观众最容易注意的位置，例如脸部，尽可能地等比例缩放到最大，其他的部分例如口腔内部，观众能看到的很少，就可以放在空隙里了。

（3）在制作贴图时，一般先制作颜色贴图，然后再根据颜色贴图处理高光、凹凸等。

（4）利用 SSS 效果模拟皮肤的透光性，需要用到 Surf. Luminance 节点。

（5）在运用点光源给眼睛添加高光的时候，最好每一只眼睛单独与一个点光源进行连接，这样利于控制，用聚光灯则要选好合适的角度。

（6）在 Maya 中提供了渲染质量的预设值，经常应用的是预览和生产级别。

5.11　课后练习

观察图 5-178，运用之前学过的知识，为下面的角色（光盘：Project\5.11 Homework\scenes\5.11 Homework _base）制作材质。制作过程中需要注意以下几点：

（1）地上的草和天空是图片最后合成上的，只有角色和房子是有实物模型的。

（2）注意角色的脸部 SSS 效果，贴图绘制时颜色不要太暗，同时要注意结构。

（3）身上几个部分的金属质感要区分开。

图5-178　士兵

5.12　作业点评

图 5-179 的这幅作品如下方面完成得比较好：

（1）画面有层次，配合上头发的飘动，很有动感。

（2）脸部变化很微妙，不会感觉很单调。

（3）眼神光的使用到位，目光很有神。

（4）头发的贴图制作逼真。

图 5-180 的这个道士作品有以下几个不足之处：

（1）皮肤的质感像胶皮，而且质地过于均匀，人的面部皮肤质感应有微妙变化。

（2）灯光设置出现了死黑，而且缺少阴影。

（3）眼睛灰暗，没有神采。

图5-179　侠女图（完美动力动画教育　陈琪琴临摹作品）

图5-180　道士

场景材质制作

> 学习场景UV的拆分方法
> 掌握场景贴图的绘制方法
> 掌握场景材质的制作方法
> 熟练制作场景的灯光

与角色材质相比，场景材质制作更注重宏观的效果，需根据剧本想表达的意境，用光影和材质营造整体氛围。

本章以如图6-1所示的"夏天的小屋"为例，依次介绍如何进行场景UV拆分、灯光材质制作和后期处理。

图6-1　夏天的小屋原图

6.1 拆分场景UV

与人物角色相比，场景的模型相对比较零散，拆分UV更接近几何形状，相对简单。但是场景的模型数量一般比较多，所以在拆分时应注意主次关系，一些不重要的模型，直接使用自动拆分UV命令即可。

6.1.1 拆分 UV 前的准备

1）筛选Polygons（多边形）模型

因为NURBS（曲面）模型不需编辑UV，只有Polygons（多边形）模型需要拆分UV。为此，需要将Polygons模型筛选出来。

打开场景（光盘：Project\6.1 Summer House\ scenes\ 6.1 Summer House_base.ma），在persps（透视图）中观看，单击视图中菜单 Show → None 命令，隐藏场景中全部物体，再单击 Show → Polygons 只显示Polygons类的模型。

2）分析UV

（1）通过观察参考图中的图案纹理（图6-2），来确定切口的合适位置，例如：坐垫UV拆分时要考虑纹理的连续性，切割的位置是在侧面，而不是在上面，否则就会出现纹理对不上的情况。

（2）根据模型自身的形态，选择UV拆分方式。例如：木板使用平面投射，灯球使用球形投射，管道使用圆柱投射。

图6-2　案例最终效果

3）给Polygons模型赋予格子贴图

为模型创建一个 Lambert 材质球，并为其 Color（颜色）属性赋予一张 UV 格子贴图，如图 6-3 所示。

图6-3　赋予UV格子贴图

6.1.2 拆分 UV

1）屋顶UV拆分

屋顶拆分时只将看见的部分拆分出来即可，将切割线放到不易察觉的地方。

1 屋顶的模型分为两个部分，选择如图 6-4 所示的模型，执行 Polygon → Create UVs → Planar Mapping（平面映射）命令进行 UV 映射。

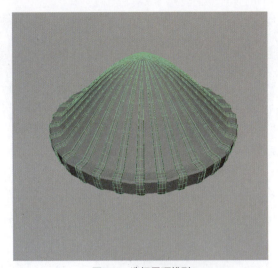

图6-4　选择屋顶模型

2　选择如图 6-5 所示屋顶的另一部分模型，执行 Polygon → Create UVs → Planar Mapping（平面映射）命令进行 UV 映射。

图6-5　选择屋顶模型

3　选择如图 6-6 所示的一圈线，在 UV 编辑器窗口中执行 Polygons → Cut UV Edges（切割 UV 边）命令，将锥形屋顶的内部和外部的 UV 裁切成两个 UV 块，并分开摆放，如图 6-7 所示。

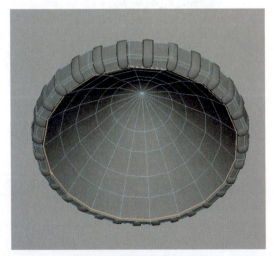

图6-6　选择模型内部的一圈线

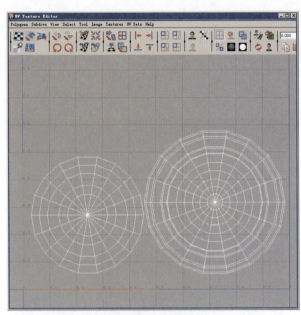

图6-7　将UV分开摆放

4　同时选择屋顶模型的两个部分（图 6-8），在 UV 编辑器中调整 UV 块的大小和位置，将 UV 编辑器 0～1 的空间充分填满（图 6-9）。

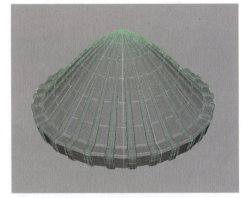

图6-8　选择屋顶的两个模型

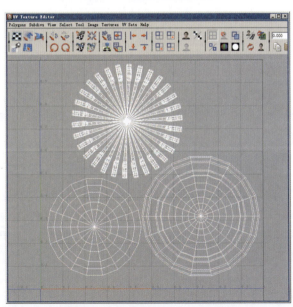

图6-9　将UV摆放在0～1的空间内

Maya材质

5 执行 UV Snapshot（导出 UV）命令，将整理好的 UV 信息保存成 UV 图，命名为 House_ top_UV.jpg，为绘画屋顶贴图作准备。

⚠ **注 意**

要确认工作模块是处于 Polygons 状态。

2）灯罩部分UV拆分

灯罩是不规则的形状，它是有厚度的，所以两面都要拆分。

1 灯罩分两部分，上面模型接近立方体，选中后执行 Polygon → Create UVs → Planar Mapping（平面映射）命令，如图 6-10 所示。

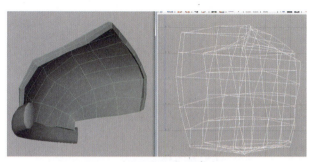

图6-10　灯罩上部分平面映射

2 选择如图 6-11 所示的内部的面，执行 Polygon → Create UVs → Planar Mapping（平面映射）命令。

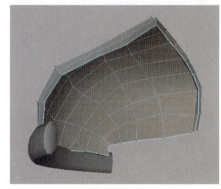

图6-11　选择里面的面进行平面映射

3 选择灯罩下面部分的模型，执行 Polygon → Create UVs → Cylindrical Mapping（柱形映射）命令，并选择圆柱的边缘线执行Polygons → Cut UV Edges（切割 UV 边）命令，如图 6-12 所示。

图6-12　选择边缘切开

4 调整好 UV 格子的形状，并将灯罩全部 UV 摆放好，执行 UV Snapshot（导出 UV）命令导出 UV 图并命名为 top2-1_UV.jpg，为绘画屋顶贴图作准备，如图 6-13 所示。

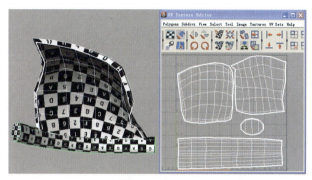

图6-13　灯罩UV

📓 **提 示**

当场景中模型数量较多时，在拆分 UV 的过程中，应养成良好的工作习惯，把分好 UV 的模型添加到 Display 层中，并隐藏显示，如图 6-14 所示。

图6-14　层面板

3）灯罩的骨架

灯罩骨架跟灯罩下半部分拆分一样，执行 Polygon → Create UVs → Cylindrical Mapping（柱形映射）命令，将整理好的 UV 图导出，命名为 top2-2_UV.jpg，如图 6-15 所示。

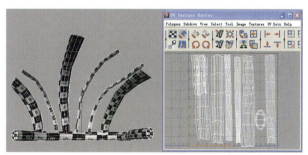

图6-15　骨架UV

4）屋子两侧的板子

屋子两侧的板子是有厚度的，应从侧面切开。

1 选择左侧的板，执行 Polygon → Create UVs → Planar Mapping（平面映射）命令，选择板的内侧边缘切开后将其移开，如图 6-16 所示。

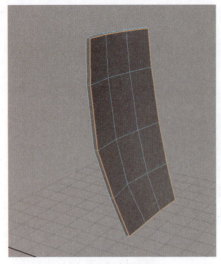

（a）左侧板选择线切开

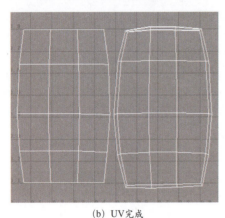

（b）UV完成

图6-16 左侧板切开

2 因为左右两侧板的模型是相同的，所以可以利用UV传递工具，先选择已分好UV的模型，再选择要传递的模型执行 Mesh → Copy → Mesh Attributes 命令，单击 Apply 即可完成传递。

3 由于两块板UV和材质是一样的，选择其中一个模型导出UV即可，将UV图命名为 ban_2_UV.jpg，如图 6-17 所示，

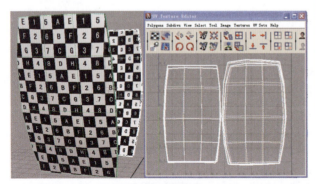

图6-17 板子UV

5）屋子背板

屋子背板参考两侧板的UV制作方法，执行 Polygon → Create UVs → Planar Mapping（平面映射）命令导出UV图 ban_1_UV.jpg，如图6-18所示。

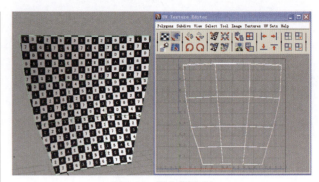

图6-18 拆分背板UV

6）房屋支架

房屋支架的拆分参考灯罩下半部分，执行 Polygon → Create UVs → Cylindrical Mapping（柱形映射）命令，导出UV图 ban_3_UV.jpg，如图6-19所示。

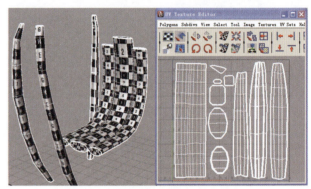

图6-19 支架UV

7）灯和球部分

这三个模型在参考图中可以看到，上边并没有什么特殊花纹要处理，给了UV格子后格子纹理很平均，选择一个球体执行 Polygon → Create UVs → Spherical Mapping（球型映射）命令，给它们一个球形UV映射，其他两个模型同样，然后导出UV图 daqi_UV.jpg，如图 6-20 所示。

图6-20 球形UV映射

8）上半部分坐垫

上半部分坐垫由三个部分组成，如图 6-21 所示，我们先制作下面的坐垫，考虑到要在坐垫上画上缝合的缝和褶皱纹理，这里把坐垫分成了上下两片。

1 执行 Polygon → Create UVs → Planar mapping（平面映射）命令后，选择中间的线执行 Polygons → Cut

UV Edges（切割 UV 边）命令，如图 6-21、图 6-22 所示。

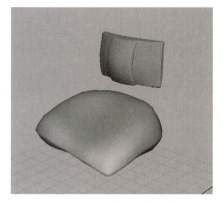

图6-21　上半部分坐垫模型

图6-22　坐垫切口位置

2 其他的两个部分同步骤 1，将三个物体整理到一个 UV 图中，导出为 zuodian_UV.jpg，如图 6-23 所示。

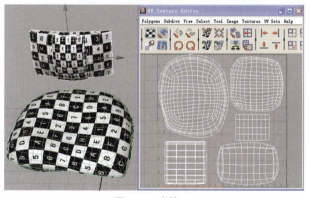

图6-23　坐垫UV

9）下半部分坐垫

下半部分坐垫模型 UV 的拆分，参考上半部分坐垫即可。根据 UV 的片数越少接缝也就越少的原则，尽量减少 UV 的片数，如图 6-24 所示，导出 UV 图 dian1_UV.jpg。

10）房屋底座

底座部分更接近方盒子，我们通过执行 Polygon → Create UVs → Planar Mapping（平面映射）命令拆分每个面，然后使用 Move and Sew UV Edges（移动并缝合 UV）命令，将它们缝合到一起，如图 6-25 所示，然后导出为 dian_2_UV.jpg。

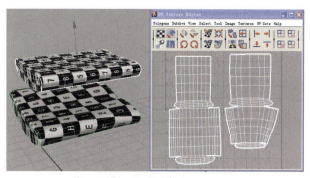

图6-24　坐垫底部UV

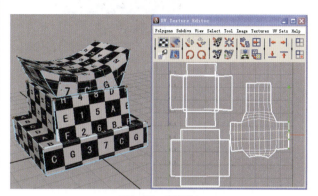

图6-25　底座UV

11）房屋前面的板

参考屋子的侧板，导出 UV 图 ban4_UV.jpg，如图 6-26 所示。

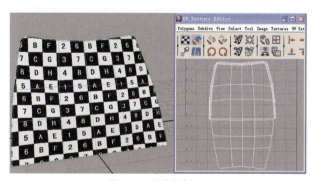

图6-26　下部面板UV

12）房屋侧夹板

房屋侧夹板部分 UV 的拆分可参考侧板部分，只需要制作一个即可。使用 UV 的传递命令即能让另一张侧夹板获得相同的 UV，如图 6-27 所示。导出 UV 图 taban_UV.jpg。

13）电源开关

通过平面映射或者圆柱映射将这部分的模型 UV 拆开，参考上面制作的步骤，完成效果如图 6-28 所示，导出 UV 图 dianyuan_UV.jpg。

14）灯柱模型

通过圆柱映射将这部分的模型 UV 拆开，参考上面制作的步骤，重复地使用 UV 传递命令，完成效果如图 6-29 所示，导出 UV 图 dengzhu_UV.jpg。

图6-27 夹板UV

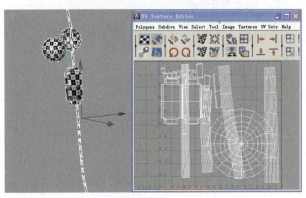

图6-28 电源开关UV

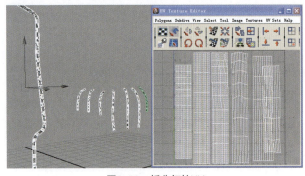

图6-29 拆分灯柱UV

15）铆钉

通过圆柱映射或者平面映射将这部分的模型 UV 拆开，参考上面制作的步骤，重复地使用 UV 传递命令，完成效果如图 6-30 所示，导出 UV 图 dingzi_UV.jpg。

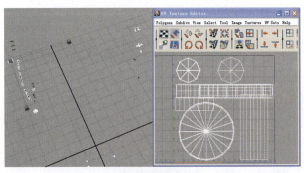

图6-30 铆钉UV

16）辅助支架

剩下这些模型都是金属锈迹质感的，而且在画面中也不需要很多细节，所以可用摄像机角度，选择所有零碎模型，执行 Polygon → Create UVs → Planar Mapping（平面映射）命令，Project from 属性选择 Camera（摄像机），这样就针对摄像机进行了投射，如图 6-31、图 6-32 所示。

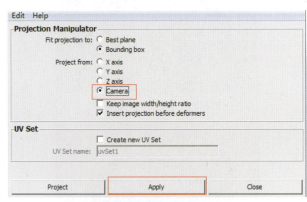

图6-31 选择摄像机角度投射

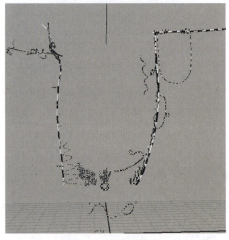

图6-32 拆分支架UV

17）UV完成后整理

接下来显示所有拆分好的模型，如图 6-33 所示，这样的分展已经完全满足下一步制作贴图的要求。

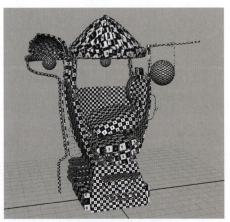

图6-33 显示全部模型

Maya材质

选择所有模型删除历史，并将模型利用色彩分类，如图 6-34 所示。

图6-34 模型色彩分类

接下来就可以制作材质了。

6.2 材质制作

最终效果如图6-35所示，可以看到屋子应用到的材质种类很少，只有大面积的木质板和少量的旧金属管、布，在制作时先做面积大的木板，这样容易控制整个氛围，再制作其他的材质，需要注意整体感。

图6-35 最终效果

6.2.1 屋顶材质制作

制作屋顶，先摆放木纹的位置，再制作沧桑感，最后转化高光和凹凸。

1）屋顶贴图

1 将之前导出的 UV 图 House_ top_UV.jpg 导入 Photoshop，

如图 6-36 所示。双击图层，将背景层转化成普通层，把 UV 图层叠加模式改为滤色，这样能更好地观察 UV 的位置。

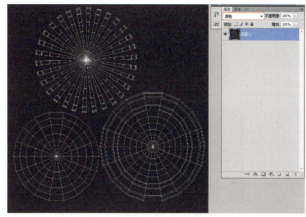

图6-36 导入UV图

2 选择屋顶模型的贴图，这里选用的是一张横木纹贴图，如图 6-37 所示。把贴图放到工程文件的 sourceimages\UV 文件夹下，然后把贴图连接到材质球的 Color 属性上，并将材质球赋予场景中的模型。渲染摄像机视图来测试贴图效果，如图 6-38 所示。可以看到基本符合设计稿的要求，如果贴图效果不理想，应继续找更合适的贴图。

图6-37 横木纹贴图

图6-38 屋顶材质测试效果

3 将选定好的横木纹贴图导入 Photoshop 中，放到 UV 层的下层，对贴图进行复制、粘贴处理，再用组合键【Ctrl+T】(自由变换)进行角度、位置的调整，让贴图匹配 UV 的布线，如图 6-39 所示。

图6-39　贴图匹配UV

4 新建图层并用笔刷工具把 UV 的边缘部分稍微描暗，让材质有一种沧桑感。然后使用图像→调整→色相\饱和度工具，把颜色调整为近似图 6-40 的颜色图。为了方便调整，可以多分几层，如图 6-41 所示。制作完成后存储为 top1.tif 文件。

5 接下来制作其他各层，凹凸贴图和高光贴图均为灰度图，所以先进行去色处理，选择图像→灰度，并在弹出的对话框中选择不合并，然后用图像→调整→亮度\对比度工具分别调整和存储凹凸 (top1-bum.tif) 和高光 (top1-squ.tif) 贴图，由此得到三张图，如图 6-40 所示。

(a) 颜色

(b) 凹凸

图6-40　最终图

(c) 高光

图6-40 (续)

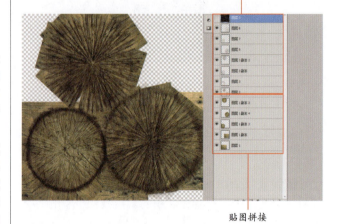

分层做旧

贴图拼接

图6-41　贴图图层

2）屋顶质感

屋顶节点除了将颜色、凹凸、高光各自连接以外，还要注意下雨后木质的湿润效果，需要再添加一个层材质球，来达到这个效果。

1 制作雨中屋顶湿润的高光效果。创建一个 Layered Shader 材质，新建一个 Blinn 材质球将其拖入到 Layered Shader 材质的第一层，并调整其 Transparency 属性为白色，单击 Specular Roll Off 属性后的黑白格，在弹出对话框中选择 file，然后将已经做好的高光贴图指定给它，节点网络如图 6-42 所示。高光层的 Blinn 材质球属性设置如图 6-43 所示。

图6-42　高光层节点网络

2 颜色部分制作。新建一个 Blinn 材质球，将其拖入到 Layered Shader 材质的第二层，在材质球的 color 属性上建立一个 Blend Colors 节点，将已经做好的色彩贴图指定到 Blend Colors 属性中的 Color 1 项，再建立一个 Sampler Info 节点，将其 facingRatio 项链

Maya材质

接到 Blend Colors 属性中的 blender 项，这样就能用 Color 2 来控制材质的边缘色彩。颜色的节点网络如图 6-44 所示。

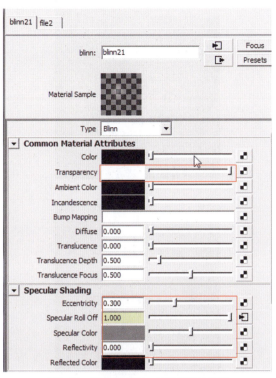

图6-43　高光层的Blinn材质球属性设置

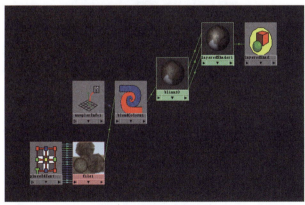

图6-44　颜色层节点网络

3 凹凸及高光控制。将已经做好的凹凸贴图指定到 blinn10 材质球的 Bump Map 属性上，单击建立的 Bump2d 节点，并调整其 Bump Depth 为 0.250，在这里为了能更好地控制高光，将之前使用过的高光贴图连接到 blinn10 材质球的 Specular Roll Off 属性上，blinn10 材质球属性设置如图 6-45 所示，最终的节点网络如图 6-46 所示。

4 将 Layered Shader 材质赋予屋顶，渲染结果如图 6-47 所示。

 提　示

场景中木质质感的材质连接都采用此种方法。

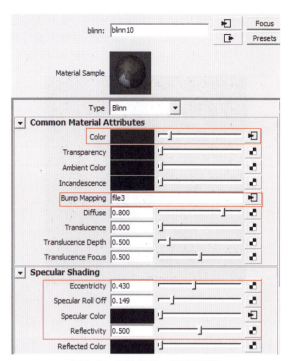

图6-45　颜色层Blinn的属性设置

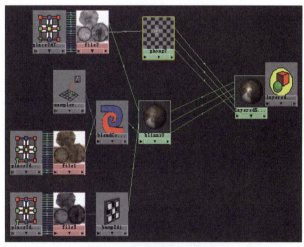

图6-46　凹凸及高光节点网络

图6-47　屋顶效果

6.2.2　灯罩材质制作

1）灯罩贴图

将木板拼好，再绘制破旧效果，最后制作高光图、凹凸图。

1 将之前的 UV 图 top2-1_UV.jpg 保存到 sourceimages\UV 文件夹下，并导入 Photoshop 进行设置〔参考 6.2.1 节中 1）屋顶贴图的步骤 1〕，如图 6-48 所示。

图6-48　导入UV进行设置

2 选择木纹贴图，在 Photoshop 中打开，同样复制、粘贴处理，再用组合键【Ctrl+T】（自由变换）进行角度调整〔参考 6.2.1 节中 1）屋顶贴图的步骤 3〕，如图 6-49 所示。

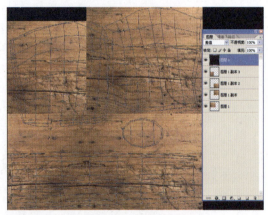

图6-49　图片处理

3 新建图层并用笔刷工具把 UV 的边缘部分稍微描暗，注意这里画的时候笔刷半径可以设置得略大，笔触柔和。然后调整图片颜色〔参考 6.2.1 节中 1）屋顶贴图的步骤 4〕，存储 top2-1.tif 文件，如图 6-50 所示。

图6-50　灯罩颜色贴图

4 凹凸贴图和高光贴图制作。通过去色、对比度工具，分别调整并保存成凹凸（top2-bum.tif）和高光（top2-squ.tif）贴图，如图 6-51 所示。

（a）颜色

（b）凹凸

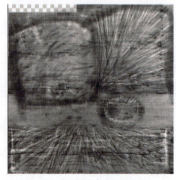

（c）高光

图6-51　颜色、凹凸、高光贴图

2）灯罩质感

1 接下来制作材质链接，链接方法参照屋顶部分的材质制作，同样是把高光做出湿润的感觉，材质节点链接网络如图 6-52 所示，颜色材质球与高光材质球属性设置如图 6-53 所示。

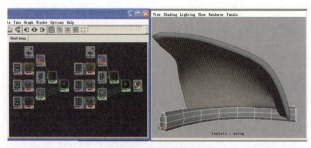

图6-52　灯罩节点网络

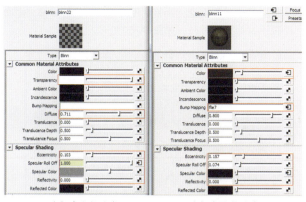

(a) 高光材质球　　　　　(b) 颜色材质球

图6-53　属性设置

2 将材质赋予模型，渲染结果如图 6-54 所示。

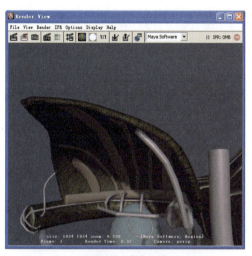

图6-54　渲染效果

6.2.3　屋子两侧板材质制作

屋子两侧板子的材质制作和灯罩制作过程大体相同。

1）屋子两侧的板子贴图

1 将 UV 图 ban_2_UV.jpg 导入 Photoshop，选择一张合适的木纹贴图，如图 6-55 所示。

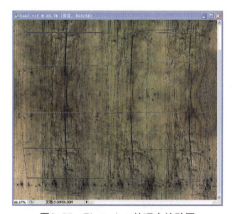

图6-55　Photoshop处理木纹贴图

2 在 Maya 中新建一个 Blinn 材质球连接贴图，并赋予模

型，在 Maya 中渲染，测试贴图效果，如图 6-56 所示。

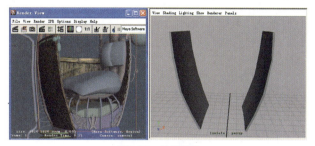

图6-56　材质效果

3 在 Photoshop 中继续对贴图纹理进行处理，制作颜色（ban2.tif）、凹凸（ban2-bum.tif）和高光（ban2-squ.tif）贴图，并导出，如图 6-57 所示。

(a) 颜色

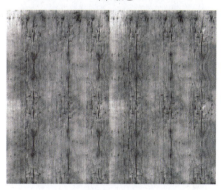

(b) 凹凸

(c) 高光

图6-57　贴图最终效果

2）屋子两侧的板子质感

把制作好的贴图贴回到 Maya 中，参考屋顶的材质连接完成材质制作，渲染效果如图 6-58 所示。

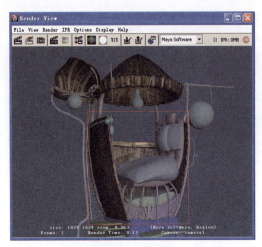

图6-58 渲染效果

6.2.4 背板材质制作

背板材质制作需要找到合适的木板贴图。

1）背板贴图

1 将 UV 图 ban_1_UV.jpg 导入 Photoshop，选择一张合适的木纹贴图，如图 6-59 所示。

图6-59 Photoshop处理木纹贴图

2 创建材质球链接这张贴图，并赋予模型，测试贴图效果，如图 6-60 所示。

图6-60 指定颜色节点

3 确定好效果和位置，用笔刷工具把 UV 的边缘部分稍微描暗，给贴图做旧，如图 6-61 所示。

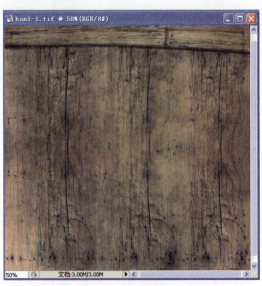

图6-61 背板颜色层贴图

4 颜色层制作完成，制作高光和凹凸贴图，并导出颜色（ban1.tif）、高光（ban1-squ.tif）和凹凸（ban1-bum.tif）贴图，如图 6-62 所示。

2）背板质感

把制作好的贴图导入到 Maya 中，参考屋顶的材质连接完成材质制作，渲染效果如图 6-63 所示。

（a）颜色

（b）凹凸

图6-62 背板完成贴图

（c）高光

图6-62（续）

图6-63　渲染效果

6.2.5　坐垫材质制作

坐垫材质制作需注意选择合适的纹理。

1）坐垫材质制作

将 UV 图 zuodian.jpg 导入 Photoshop，选择合适的布纹及木纹贴图，在 Photoshop 中把选定的贴图进行处理，分别制作出颜色（zuodian.tif）、凹凸（zuodian-bum.tif）和高光（zuodian-squ.tif）贴图，注意磨损与污渍效果的绘制，如图 6-64 所示。

2）坐垫质感制作

1 坐垫的材质球制作方法和前面的屋顶相似，创建一个 Blinn 材质球，把制作好的坐垫的颜色、凹凸、高光贴图分别链接到材质球的色彩、凹凸和高光属性上，靠背的链接方法与屋顶相同。材质节点网络如图 6-65 所示。

（a）颜色

图6-64　坐垫完成贴图

（b）凹凸

（c）高光

图6-64（续）

图6-65　坐垫节点网络

2 将材质球分别赋予模型，渲染效果如图 6-66 所示。

图6-66　渲染效果

6.2.6 座椅支架材质制作

座椅支架的制作方法跟背板大体相同。

1）座椅支架贴图

导入座椅支架 di_UV.jpg 到 Photoshop 中，同样使用之前选定制作屋顶的木纹贴图，进行贴图的处理。由于支架属于非重点结构，可以用颜色图直接代替凹凸和高光，导出颜色层 di.jpg，如图 6-67 所示。

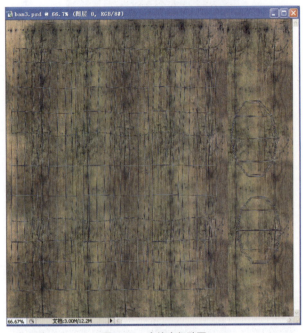

图6-67　座椅支架贴图

2）座椅支架材质

1 参考屋顶材质节点网络，如图 6-68 所示。

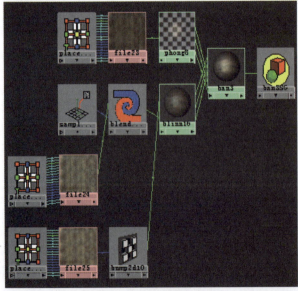

图6-68　座椅支架节点网络

2 完成材质节点连接后赋予模型，渲染结果如图 6-69 所示。

图6-69　渲染效果

6.2.7 房屋底座材质制作

1）房屋底座贴图制作

将 UV 图 dian_2_UV.jpg 导入到 Photoshops 中，同座椅支架一样，选定木纹贴图进行角度调整，让贴图去匹配 UV 的布线，之后用笔刷工具把 UV 的边缘部分稍微描暗、做旧，进行贴图纹理的处理，导出 ban5.jpg 图片，如图 6-70 所示。

图6-70　纹理处理

2）房屋底座质感制作

1 底座材质节点的链接方法与屋顶相同，参考屋顶节点连接，如图 6-71 所示。这里用一张颜色贴图，替代高光贴图和凹凸贴图，修改颜色贴图的 File 节点中的 Color Gain 属性对图片颜色进行调整，如图 6-72 所示。

2 完成节点连接后将材质赋予模型，渲染效果如图 6-73 所示。

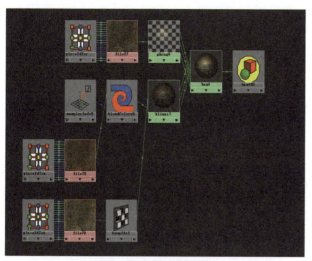

图6-71　房屋底座节点网络

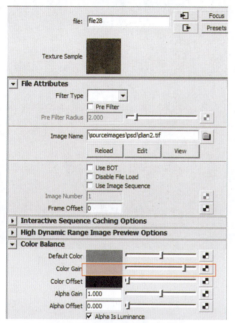

图6-72　颜色贴图属性设置

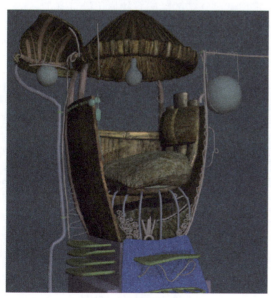

图6-73　渲染效果

6.2.8　房屋底座正面板材质制作

1）房屋底座正面板贴图制作

　　将 UV 图 ban_4_UV.jpg 导入到 Photoshop 中，选定木纹纹理贴图进行贴图的处理，在这里要注意的是要在踏板接缝处绘制颜色加深，模拟阴影。导出贴图ban_4.jpg，如图 6-74 所示。

图6-74　贴图处理

2）房屋底座正面板贴图制作

1 节点连接参考屋顶，如图 6-75 所示。

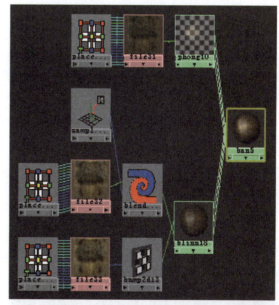

图6-75　房屋底座正面板节点网络

2 渲染效果如图 6-76 所示。

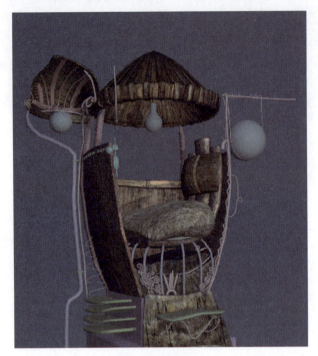

图6-76 渲染效果

6.2.9 房屋支架材质制作

1）房屋支架贴图制作

将 UVban_3_UV.jpg 导入到 Photoshop 中，选定木纹纹理图片进行贴图的处理，贴图最终效果如图 6-77 所示。

图6-77 贴图处理

2）房屋支架质感制作

节点链接参考屋顶部分，节点网络及渲染效果如图 6-78 所示。

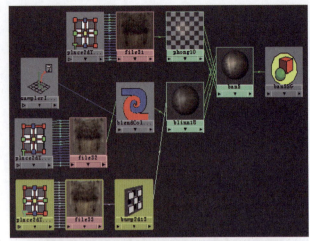

图6-78 支架节点网络及渲染效果

6.2.10 木纹球材质制作

木纹球的材质占据画面比例比较小，也不是重点，所以找到合适的贴图直接使用就可以了。

1 重新挑选一张木纹图片作为木纹球的贴图，如图 6-79 所示，该贴图不需要进行修改，直接将其连接到灯球模型上即可。

图6-79 木纹球的贴图

2 新建一个 File 节点，将步骤 1 选定的贴图指定给 File 节点。新建一个 Blinn 材质球，在颜色（Color）和凹凸属性上连接 File 节点，节点连接如图 6-80 所示，凹凸默认的数值为 1。然后调整贴图 place2dTexture37（二维坐标）节点的 Rotate Frame（旋转）属性为 30，如图 6-81 所示。

图6-80　木纹球节点网络

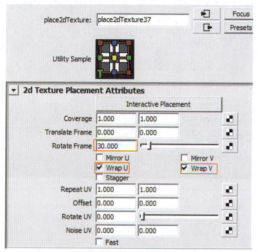

图6-81　二维坐标的属性设置

> **提示**
>
> 　　二维坐标的调整是为了让贴图的纹理在模型上产生延续性的效果，也就是首尾相接。

3 渲染结果如图 6-82 所示。

图6-82　渲染结果

6.2.11　房屋踏板材质制作

　　制作房屋踏板时，选择合适的贴图，在节点中使用重叠的凹凸，突出细节。

1）房屋的踏板贴图制作

1 导入 UV 图 taban 到 Photoshop 中，选择一张布满锈迹的金属纹理贴图进行位置角度调整，让贴图去匹配 UV 的布线，之后用笔刷工具把 UV 的边缘部分稍微描暗，如图 6-83 所示。

图6-83　贴图处理

2 用颜色贴图制作凹凸及高光，这里凹凸和高光使用一张贴图，在 Photoshop 里处理后输出颜色（taban.tif）和凹凸（taban-bum.tif）贴图，如图 6-84 所示。

(a) 颜色

(b) 凹凸及高光

图6-84　完成的贴图效果

2）房屋的踏板材质及其他质感制作

1 先在 Maya 中做出颜色和凹凸的链接，然后创建一个 Bump2d 节点，在 Bump Value 选项的属性中指定凹凸贴图，再将新建立的 Bump2d 节点的 outNormal 项链接到现有 Bump2d 节点的 normalCamera 属性上，这是为了做纹理叠加效果，让踏板的凹凸效果更加细腻。如图 6-85、图 6-86 所示。

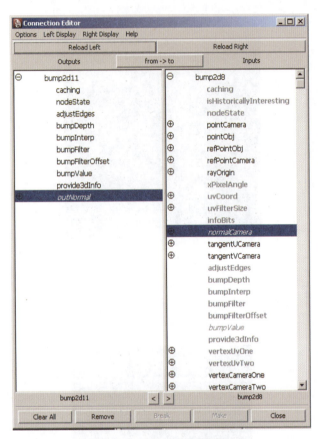

图6-85　凹凸节点属性连接

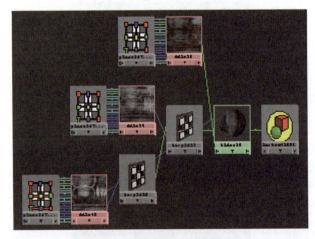

图6-86　房屋踏板节点网络

2 渲染最后效果如图 6-87 所示。

3 将此材质球指定给其余的金属物体，如图 6-88 所示。

图6-87　踏板渲染效果

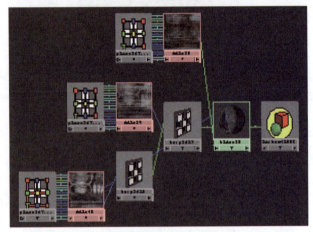

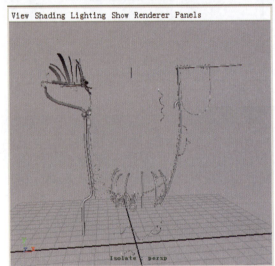

图6-88　指定材质球

6.2.12　灯泡材质制作

灯泡材质主要是使用自发光和辉光属性使材质产生光亮。

1 创建一个 Blinn 材质球，赋予灯泡模型，这里注意要调整辉光强度（Glow Intensity）来让灯泡模拟出发光的特效，属性设置如图 6-89 所示。

2 创建 Blend Color 节点，调整颜色如图 6-90 所示。

3 创建 Sampler Info 节点，并将它的 facingRatio 连接到 Blend Color 节点的 blender 参数上，目的是模拟灯泡内部到外部的颜色变化，让灯泡的效果更真实，属性设置如图 6-91 所示。

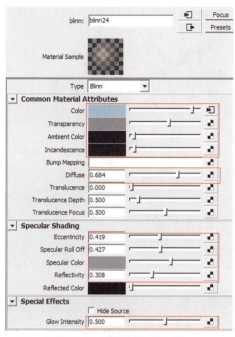

图6-89　材质球的属性设置

图6-90　Blend Color节点属性设置

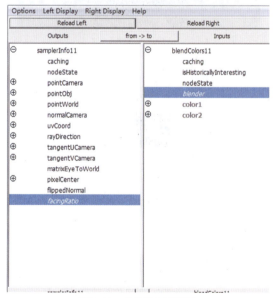

图6-91　连接的属性设置

4 渲染效果如图 6-92 所示。

图6-92　灯泡渲染效果

6.2.13　增强木板效果

这里是在木板上添加小部分的油漆未剥落的效果，添加两张贴图，一张是油漆图，另一张是控制油漆范围的透明贴图。透明贴图黑色是透明部分，白色是不透明部分，这样就能控制油漆的露出范围。

1）增强木板的贴图制作

给木板添加一层漆质效果，在原先做好的木板材质上添加一个层，在 Photoshop 里我们制作残缺漆图，并通过去色、调整对比度制作出透明贴图，如图 6-93 所示。

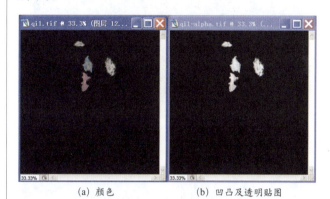

(a) 颜色　　　　(b) 凹凸及透明贴图

图6-93　透明贴图

2）增强木板质感制作

1 基础颜色的材质球操作方法与屋顶相同，分别链接颜色贴图和凹凸贴图，只是在完成后添加了一层漆的材质球，用来模拟木板外面的清漆效果，清漆效果是透明并且有厚度的，所以需要给材质球设置透明和凹凸，最后通过层材质球将这两个材质球链接，基础颜色材质和漆材质链接如图 6-94 所示。

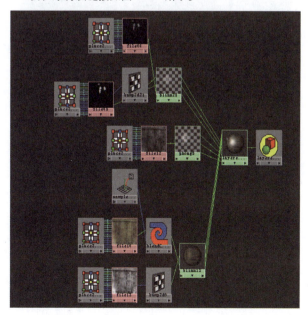

图6-94　漆材质节点网络

2 最终渲染结果如图 6-95 所示。

图6-95　最终渲染效果

6.3　为场景设置灯光

为场景设置灯光前，先来回顾一下最终效果（图6-96）。就整个灯光布局来说，主光源有两盏，形成了强烈的冷暖对比效果，制作时需注意暖光和冷光的范围。

图6-96　最终效果

1 创建两个点光源作为场景的主光源，一盏放在屋外灯泡下面，一盏放在屋内灯泡下面，这样就不会产生模型遮挡阴影的情况，灯光位置及渲染效果如图6-97所示。这里要注意两盏灯光都是取消Emit Specular（照射高光）选项勾选，并使用Linear（线性衰减），具体属性设置如图6-98所示。

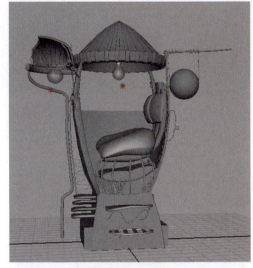

（a）主光源位置

（b）渲染效果

图6-97　主光源灯光位置及渲染效果

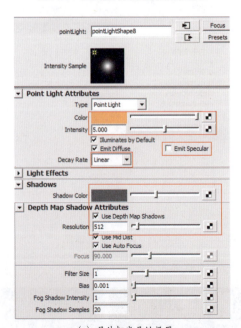

（a）屋外灯光属性设置

图6-98　主源灯光属性设置

Maya材质

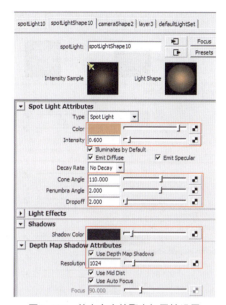

图6-98（续）

（b）屋内灯光属性设置

2 这时会发现屋内的光对座位的照射不够强，如果加强点光的强度，会将屋顶照射得太亮，可以为屋顶创建一个聚光灯（Spot Light）向下照射，注意不要插到模型里面，灯光位置及渲染效果如图 6-99 所示，聚光灯属性设置如图 6-100 所示。

图6-100　补充主光的聚光灯属性设置

3 主光完成之后，环境依然太暗，创建环境的冷光。为了能得到丰富的色彩，需要创建多盏聚光灯（Spot Light），分布在各个方向，注意最终得到的只是摄像机角度的画面，所以看不到的部分不要布光。这时候会发现渲染速度明显慢了，所以要控制灯光数量。灯光位置及渲染效果如图 6-101 所示，属性设置如图 6-102 所示。

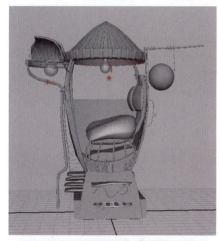

（a）补充主光的聚光灯位置

（a）环境光的位置

（b）渲染效果

图6-99　补充主光的聚光灯位置及渲染效果

（b）渲染效果

图6-101　环境光位置及渲染效果

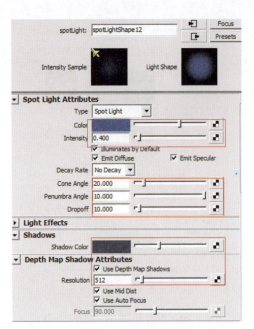

图6-102 环境光属性设置

4 为了增强冷暖对比效果，这里增加了一盏聚光灯（Spot Light），放在左上方，这时会在木纹球、坐垫和靠背部分有明显的冷光照射。灯光位置及渲染效果如图6-103所示，属性设置如图6-104所示。

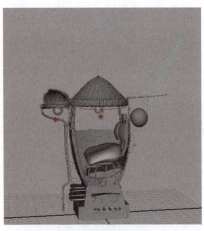

（a）增强环境光位置

（b）渲染效果

图6-103 增强环境光位置及渲染效果

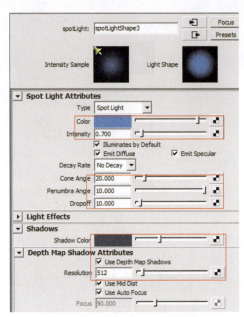

图6-104 增强环境光属性设置

5 完成冷暖对比后，摄像机角度渲染效果还是比较暗，为此在摄像机方向增加一盏聚光灯（Spot Light）补一下光，灯光位置及渲染效果如图6-105所示，属性设置如图6-106所示。

（a）补光的位置

（b）渲染效果

图6-105 补光聚光灯位置及渲染效果

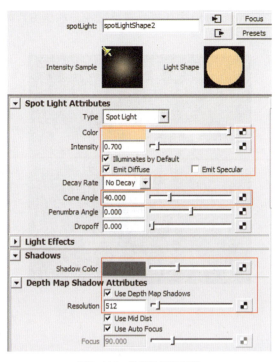

图6-106 补光的属性设置

6 这样通过主次光的制作，完成了最终效果，如图6-107所示。

图6-107 最终渲染效果

> ⚠ **注 意**
>
> 保持总的明暗平衡，不要出现死黑或者曝光，冷暖关系要保持好。

6.4 后期合成处理

灯光材质部分已经完成，通过学习之前的内容我们知道，渲染输出即代表中期部分的制作已经完成，开始进入后期合成处理阶段。制作后期有很多种软件，例如After Effects等，这里处理的是单张图片，所以使用图像处理软件Photoshop。

这里先将制作的屋子提取出来，再与原画的背景合成。

1 与最终效果图对比一下，如图6-108所示，要做的就是将背景还原出来，再将渲染好的图进行细节处理，放到背景里替代手绘稿的模型。

(a)

(b)

图6-108 效果对比

2 在Photoshop中对透光的暗部，还有小屋子的整体下部都做颜色加深处理；并且对小屋子的边缘进行模糊处理；在灯光处手动处理一些辉光颜色，如图6-109所示。

图6-109 对小屋子的处理

3 使用图章工具将手绘稿中的房屋涂掉，并放到处理好的渲染图的下层，然后复制出来一层制作前景层，使房屋环境更加融合，如图6-110所示。

4 在 Photoshop 中处理出最终效果，存储图片如图6-111 所示。

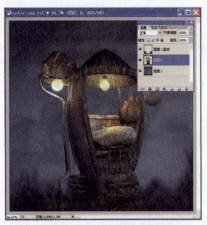

图6-110　处理好的分层

图6-111　最终效果

【作品欣赏】

图6-112　作品欣赏1（完美动力动画教育　施俊杰临摹作品）

图6-113　作品欣赏2（完美动力动画教育　王猛临摹作品）

Maya材质

图6-114　作品欣赏3（完美动力动画教育　陈文雨临摹作品）

精灵小屋

制作:胡悦

图6-115　作品欣赏4（完美动力动画教育　胡悦临摹作品）

　　从材质的角度来说，场景可以分为写实风格、艺术风格、卡通风格、奇幻风格等；从灯光的角度来说，场景可以分为室内场景、室外场景、日景、夜景等。在场景制作之前先分析场景的风格类型可以更好地把握作品所要表现的主题。图6-112～图6-115，即为四种不同风格的场景，分别为写实风格（图6-112）、唯美风格（图6-113）、艺术风格（图6-114）、奇幻风格（图6-115）。

6.5　本章小结

　　（1）拆分场景模型UV时，要对原图进行分析。以做静帧为例，尽可能地把能够看见的模型角度UV拆分到位；根据模型不同的形状来制订不同的拆分方案，将UV拆好绘制贴图才能更容易、更便捷。

　　（2）制作场景材质效果时，要根据参考图找到合适质感的贴图，在Photoshop中根据UV进行处理，要注意不同的物体其质感、颜色、凹凸、高光、反射、透明等属性各不相同，这些内容在制作时都需要根据需求反复绘制和渲染，直到最终效果满意为止。

　　（3）设置场景灯光时，要依据现实生活设置主光的衰减、投影和辅光的颜色与强度；把握好光线的明暗与色调平衡，不要出现死黑或曝光的区域。

（4）后期合成处理就是对渲染效果的二次加工，添加背景、校色等，使作品整体效果更好。

6.6   课后练习

观察图 6-116，充分运用之前学到的知识，将场景（光盘：Project\6.6 Homework\scenes\6.6 Homework_base）的质感和光感完整地还原出来。在制作过程中需要注意以下几点：

图6-116   练习作业天空小屋参考图

（1）场景材质风格介于写实与卡通之间，细节比较多，可以归类后再进行贴图绘制。

（2）绘制墙面和砖块贴图时，要考虑现实中的污渍堆积在接缝或角落，并注意水渍往下流的现象。

（3）场景的灯光类似现实生活中的白天，主光方向确定后，还可借助辅助光将场景整体提亮，确保没有死黑的地方。

（4）烟云效果在后期中合成。

（5）学会举一反三，通过这个场景的制作学会总结适合自己的材质灯光制作方法，以后再做类似题材的场景时就能得心应手。

6.7   作业点评

图 6-117 中的作品，在以下两个方面做得较为突出。

（1）颜色的协调性：画面的色彩对比很舒服，通过光影的强弱自然地将场景的主题烘托出来，暖色调配合些许冷色调，使场景生机焕发。

（2）优秀的作品必然不能缺少细节，作者在这一方面也做得很好，画面近景和中景的质感处理很细腻，忽略远景的细节，遵循近实远虚的规律。

图6-117　较为精彩的场景作品（完美动力动画教育　张艳超临摹作品）

同上一幅作品比较，图6-118作品明显要逊色很多，主要体现在以下两个方面。

图6-118　较为失败的场景作品

（1）整体色调和光线不准确，色调偏灰偏暗，光影信息不明朗，与现实明显不符。

（2）场景质感细节不够，不论是地面的水泥或是吧椅的木质与不锈钢，都没有制作出相应的质感效果，像是一幅未完成的作品。

7

Mental Ray
渲染器基础
与应用

> 了解Mental Ray的属性
> 掌握Mental Ray常用材质球的使用方法
> 掌握用HDRI图像渲染的方法
> 掌握焦散的制作方法
> 掌握采用全局照明制作室内场景的方法
> 掌握SSS效果的制作方法

前几章学习了 Maya 材质灯光的属性及应用，对于一般的动画片制作来说已经足够了，但是如果要制作高质量的电影，在有些地方还有很多欠缺，因为 Maya 默认的渲染器，是以扫描线的方式渲染出图片，这种方式的优点是速度快、易于掌握，缺点是对自然界物理现象模拟得并不真实，这样就需要一个更高级的渲染器——Mental Ray（简称 MR），来代替 Maya 默认的渲染器。

7.1 Mental Ray渲染器

Mental Ray 渲染器是德国 Mental Image 公司（Mental Image 现已成为 NVIDIA 公司的子公司）最引以为荣的产品。作为业界公认的唯一一款可以和 RenderMan 相抗衡的电影级渲染器，Mental Ray 凭着良好的开放性和操控性，以及与其他主流三维制作软件良好的兼容性拥有大量的用户。Mental Ray 是一个专业的 3D 渲染引擎，它可以生成令人难以置信的高质量真实感图像。Mental Ray 在电影领域得到了广泛的应用和认可，被认为是市场上最高级的三维渲染解决方案之一。它的光线追踪算法无与伦比，即使不使用其新功能也可以用它代替 Maya 默认的渲染器。在渲染具有大量产生反射、折射物体的场景时，速度要比默认渲染器快 30%。它在置换贴图和运动模糊的运算速度上也远远快于 Maya 的默认渲染器。

7.1.1 在 Maya 中加载 Mental Ray 渲染器

一般在 Maya 中第一次使用 Mental Ray 插件时，需要先加载，具体操作步骤如下。

1 打开 Maya。

2 执行 Window → Settings/Preferences → Plug-in Manager 命令打开插件管理器。

3 找到 Mayatomr 并且勾选 Loaded（加载），如图 7-1 所示。

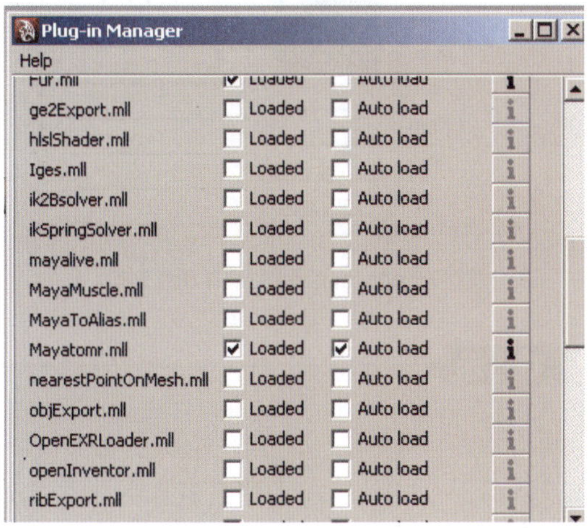

图7-1 装载Mental Ray

提 示

如果希望每次打开 Maya 时自动装载 Mental Ray，可以勾选自动装载（Auto load）。

4 单击 Close。

这样就完成了 Mental Ray 插件的加载了。

7.1.2 Mental Ray 常用属性

加载 Mental Ray 插件之后渲染设置有什么变化呢？执行 Window → Rendering → RenderSettings 命令，在 Render Using 选项中选择 Mental Ray 选项卡，并打开 Mental Ray 的渲染设置标签，以 Maya2008 为例，属性设置窗口及功能简介如图 7-2 所示。

图7-2 Mental Ray的渲染属性窗口

本章着重学习 Caustics and Global Illumination（焦散和全局光照）、Final Gathering（最终聚集）。

1）Caustics and Global Illumination（焦散和全局光照）

焦散和全局光属性（图 7-3），用来实现对 Mental Ray Caustics and Global Illumination（焦散和全局光照）渲染效果的全局控制。

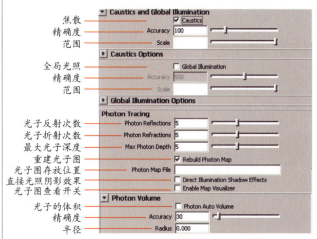

图7-3 Caustics and Global Illumination属性

Mental Ray 渲染器通过计算光子的状态实现焦散

和全局光照效果，因此在使用焦散和全局光照效果时需要用灯光作为光子发射器，每一个光子发射器可以进行单独控制。灯光的光子属性如图7-4所示。

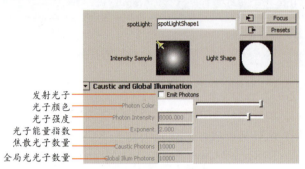

发射光子 —— Emit Photons
光子颜色 —— Photon Color
光子强度 —— Photon Intensity
光子能量指数 —— Exponent
焦散光子数量 —— Caustic Photons
全局光光子数量 —— Global Illum Photons

图7-4　灯光的光子属性

2）最终聚集（Final Gathering，简称FG）

最终聚集是一种特殊的模拟全局光照的技术，通过颜色的强度来对物体照明，可以快速计算出非常不错的间接照明效果，并且使用简单，易于控制。Final Gathering 的渲染属性如图 7-5 所示。

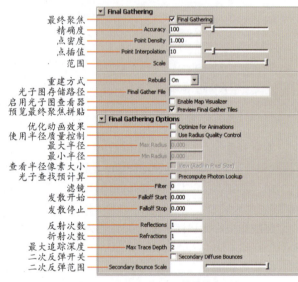

最终聚焦 —— Final Gathering
精确度 —— Accuracy
点密度 —— Point Density
点插值 —— Point Interpolation
范围 —— Scale
重建方式 —— Rebuild
光子图存储路径 —— Final Gather File
启用光子图查看器 —— Enable Map Visualizer
预览最终聚焦拼贴 —— Preview Final Gather Tiles
优化动画效果 —— Optimize for Animations
使用半径质量控制 —— Use Radius Quality Control
最大半径 —— Max Radius
最小半径 —— Min Radius
查看半径像素大小 —— View (Radii in Pixel Size)
光子查找预计算 —— Precompute Photon Lookup
滤镜 —— Filter
发散开始 —— Falloff Start
发散停止 —— Falloff Stop
反射次数 —— Reflections
折射次数 —— Refractions
最大追踪深度 —— Max Trace Depth
二次反弹开关 —— Secondary Diffuse Bounces
二次反弹范围 —— Secondary Bounce Scale

图7-5　Final Gathering的属性窗口

7.1.3　Mental Ray 常用材质球

Mental Ray 材质的属性比较单一，和 Maya 自带的材质球不同，但可以理解成 Maya 自带的材质球是很多种属性的集合，而 Mental Ray 的材质是把这些属性分开来（例如有专门的用于改变阴影的材质节点）。一个材质只有一个或几个属性，使用的时候要用什么属性就连接什么属性。打开 Mental Ray 材质球列表的方法如图 7-6 所示。在这里讲解的是常用的材质球。

1）dgs_material（散光的光滑表面材料）

dgs_material 材质常用来制作镜子、有光亮的油漆或金属表面、闪亮的塑料等效果。总之，是用来模拟富有光泽的材料效果的。dgs_material 材质球的属性窗口如图 7-7 所示。

图7-6　Maya默认材质更改Mental Ray的材质属性

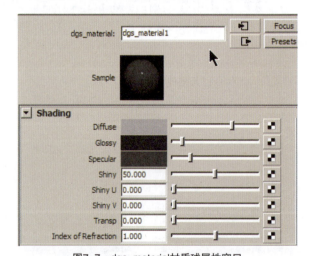

图7-7　dgs_material材质球属性窗口

提　示

　　dgs 材质不能赋给一个要生成阴影的物体，因为 dgs 材质不符合经典光学中可见光线射进物体后形成阴影的特征。

224

Maya材质

【参数说明】

- Diffuse（漫反射）：在这里是材质的颜色。
- Glossy：模糊反射。
- Specular：镜面反射。

⚠️ 注　意

Glossy 和 Specular 值都大于黑色才起作用。

- Shiny：决定各向同性的高光反射的模糊大小，值越高反射越清晰，值越低反射越模糊。
- Shiny U：控制 U 向反射的模糊。
- Shiny V：控制 U 向反射的模糊。
- Transp：透明度。

⚠️ 注　意

透明度会影响反射效果。

- Index of Refraction：材料的折射率。

2）dielectric_material（介电材质）

此材质用来模拟类似玻璃、水或其他液体。

这个材质使用菲涅耳公式计算 dielectric 的表面。dielectric 是材质通过面上的法线来识别的在分界面两边的介质。

两种类型的 dielectric 界面可以被支持，dielectric 材质与空气之间的界面多数被用来模拟像玻璃与空气之间的分界面，而 dielectric 材质与 dielectric 材质之间的界面则与玻璃和水之间的分界面类似。

正确地判断这两类界面对模拟真实的光学现象非常重要。比方说，当制作盛有白兰地的酒瓶的场景时，三种不同的折射界面同时存在，即玻璃和空气、玻璃和白兰地以及白兰地和空气，如图 7-8 所示。

图7-8　盛有白兰地的酒瓶效果

在赋予 dielectric 材质的对象和空气相接的表面，法线所指向的一侧被判定为空气。

在 dielectric 材质和 dielectric 材质相接的界面，法线所指向的那个 dielectric 材质被称为"Outside"。

除非 Ignore_normals 参数被勾选，否则使用 dielectric 材质，模型法线的朝向一定要正确。

这个材质不能作为生成阴影的材质使用，其属性窗口如图 7-9 所示。

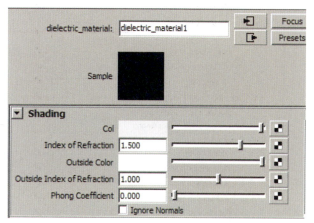

图7-9　dielectric_material材质球属性窗口

【参数说明】

- Col（余辉系数）：对应光源穿过每 1 个单位的材质的消耗。设为 0.5 的话则意味着 50 ％ 的光能被每个单位长度的材质所吸收。长度以世界坐标系为标准。
- Index of Refraction：不反光 dielectric 材料的折射率。
- Outside Color（外界色）：此材质是一个 dielectric 和另一个 dielectric 之间的界面，则 Outside Color 是外层的 dielectric 材质的余辉系数。
- Outside Index of Refraction（外界折射系数）：使用在 Outside Color 的外层 dielectric 材质中。
- Phong Coefficient（Phong 系数）：是一种 Phong 参数，可以通过多次计算 Phong 的高光区，产生一种被面光源照射的假象。如果这个参数为 0，那么在明亮的光照下，就不会虚拟高光，而由反射的光线来生成高光特效了。
- Ignore Normals（忽略正常值）：通常将光线射入或者射出物体与当前表面的法线的方向作为判断的依据（是否与法线的方向靠近）。如果当前的物体模型太差，或者表面的法线无法确定能否用于渲染计算，那么这个参数就能让 dielectric 材质自动计算光线进出表面的两种情况的结果。

3）mi_car_paint_phen（车漆材质）

mi_car_paint_phen 是一个集成 MR 众多材质属性的复合材质，是专门为模拟车漆材质而设立的，材质球的属性窗口如图 7-10 所示。

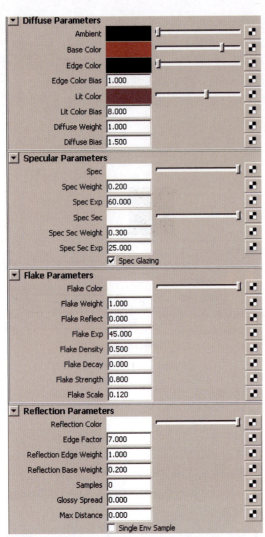

图7-10　mi_car_paint_phen材质球的属性窗口

【参数说明】

（1）Diffuse Parameters：漫反射参数。

- Ambient：环境色。
- Base Color：底部颜色。
- Edge Color：边缘颜色。
- Edge Color Bias：边缘颜色偏移。
- Lit Color：光斑颜色。
- Lit Color Bias：光斑偏移。
- Diffuse Weight：漫反射权重。
- Diffuse Bias：漫反射偏移。

（2）Specular Parameters：高光参数。

- Spec：高光颜色。
- Spec Weight：高光权重。
- Spec Exp：高光扩散。
- Spec Sec：二级高光颜色。
- Spec Sec Weight：二级高光权重。
- Spec Sec Exp：二级高光扩散。
- Spec Glazing：釉面抛光。

（3）Flake Parameters：颗粒参数。

- Flake Color：颗粒颜色。
- Flake Weight：颗粒权重。
- Flake Reflect：颗粒反射。
- Flake Exp：颗粒范围。
- Flake Density：颗粒密度。
- Flake Decay：颗粒衰减。
- Flake Strength：颗粒强度。
- Flake Scale：颗粒大小。

（4）Reflection Parameters：反射参数。

- Reflection Color：反射颜色。
- Edge Factor：反射边缘。
- Reflection Edge Weight：反射边缘权重。
- Reflection Base Weight：底部反射权重。
- Samples：采样。
- Glossy Spread：反射平滑度。
- Max Distance：最大距离。
- Single Env Sample：根据环境球采样。

用这个材质球所渲染出来的车漆效果如图7-11所示。

图7-11　车漆效果实例图

4）mib_glossy_reflection（光滑反射材质）

mib_glossy_reflection材质常用来制作带有光滑反射的效果，如金色、大理石等。这种材质的优点是只对有这种材质的物体多重采样，与dgs的全图多场采样不同，效率更高。

反射距离的引入，使得采样点进一步减少。使用模拟法线扰动的方法获得更逼真的反射效果。

mib_glossy_reflection光滑反射材质球的属性窗口如图7-12所示。

【参数说明】

- Base Material：基础材质连接接口。
- Reflection Color：反射颜色。
- Max Distance，控制反射距离，取0为无限远。一个合适的值能提高渲染速度和质量。

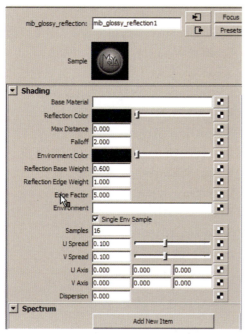

图7-12 mib_glossy_reflection材质球属性窗口

- Falloff：反射衰减值。
- Environment Color：环境颜色。
- Reflection Base Weight：基础反射权重。
- Reflection Edge Weight：边缘反射权重。
- Edge Factor：边缘因素。

📝 提 示

　　Reflection Base Weight、Reflection Edge Weight、Edge Factor 这 3 个参数用来对菲涅耳效应进行控制。

- Environment：环境贴图指定接口。
- Samples：采样值。
- U Spread/V Spread：U 方向 /V 方向的反射散布。
- U Axis/V Axis：反射图像的 U 方向 /V 方向的旋转值。
- Dispersion：散射值。
- Add New Item：插入新分类。

5）mib_glossy_refraction（光滑折射材质）

mib_glossy_refraction 材质常用来制作带有光滑折射的效果，如水、玻璃等。

mib_glossy_refraction（光滑折射）材质球属性窗口如图 7-13 所示。

【参数说明】

- Top Material：上部材质接口。
- Deep Material：深处材质接口。
- Back Material：背面材质接口。
　　这三个接口可以控制折射物体不同位置的折射率等信息。

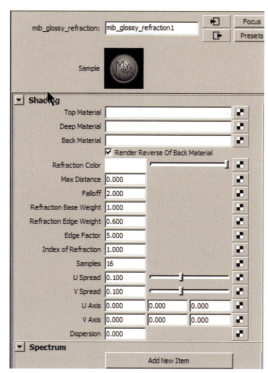

图7-13 mib_glossy_refraction材质球属性窗口

- Render Reverse Of Back Material：渲染背部材质开关。
- Refraction Color：折射颜色。
- Max Distance：最大距离，取 0 为无限远。一个合适的值能提高渲染速度和质量。
- Falloff：反射衰减值。
- Refraction Base Weight：基础反射权重。
- Refraction Edge Weight：边缘反射权重。
- Edge Factor：边缘因素。
- Index of Refraction：反射指数。
- Samples：采样值。
- U Spread/V Spread：U 方向 /V 方向的反射散布。
- U Axis/V Axis：反射图像的 U 方向 /V 方向的旋转值。
- Dispersion：散射值。
- Add New Item：插入新分类。

6）misss_fast_skin（皮肤材质）

misss_fast_skin 材质用于模拟 Subsurface Scattering（次表面散射）效果，简称 SSS（又称 3S）。SSS 允许光线穿透它们，在逆光和侧光的时候，都可以模糊地看到物体内部。SSS 皮肤材质属性窗口如图 7-14 所示。

【参数说明】

- Ambient：环境颜色。
- Overall Color：整体颜色。
- Diffuse Color：漫反射颜色。
- Diffuse Weight：漫反射权重。

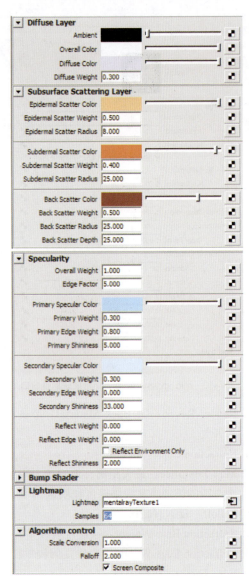

图7-14 SSS 皮肤材质属性窗口

- Epidermal Scatter Color：表皮 SSS 效果颜色。
- Epidermal Scatter Weight：表皮 SSS 效果力度。
- Epidermal Scatter Radius：表皮 SSS 效果的半径颗粒。
- Subdermal Scatter Color：真皮 SSS 效果颜色。
- Subdermal Scatter Weight：真皮 SSS 效果力度。
- Subdermal Scatter Radius：真皮 SSS 效果的半径颗粒。
- Back Scatter Color：背面 SSS 效果颜色。
- Back Scatter Weight：背面 SSS 效果力度。
- Back Scatter Radius：背面 SSS 效果的半径颗粒。
- Back Scatter Depth：背面 SSS 效果的深度。
- Overall Weight：全局高光权重控制。
- Edge Factor：边缘控制。
- Primary Specular Color：第一高光颜色。
- Primary Weight：第一高光强度。
- Primary Edge Weight：第一高光锐度值。

- Primary Shininess：第一高光范围。
- Secondary Specular Color：第二高光颜色。
- Secondary Weight：第二高光强度。
- Secondary Edge Weight：第二高光锐度值。
- Secondary Shininess：第二高光范围。
- Reflect Weight：反射光强度。
- Reflect Edge Weight：反射高光锐度值。
- Reflect Environment Only：仅反射环境。
- Reflect Shininess：反射光范围。
- Lightmap：光子贴图。
- Samples：采样值。
- Scale Conversion：按比例转化。
- Falloff：散开。
- Screen Composite：屏幕合成开关。

7.1.4　Mental Ray 渲染演示

　　之前介绍了很多关于渲染器的属性和材质球的设置，但是这并不能学会如何使用 Mental Ray 这个插件，接下来将一步一步由浅入深地介绍它的使用方法。

　　在这个案例中初步应用 Mental Ray 渲染器中最终聚集（Final Gathering）的渲染计算方法与 Maya 材质和灯光相结合使用的方法，先对渲染器设置，用灯光对模型进行多点照射，添加简单的材质，最后用底板对所有几何形体进行烘托，使整个画面渲染得亮丽多彩，最终效果如图 7-15 所示。本案例中物体与地面之间的光线和颜色相互影响的效果，使用 Maya 默认渲染器是不能够达到的。

图7-15 渲染实例图

1）渲染器预设置

1 打开光盘 \Project\7.1.3 Show MR \scenes\7.1.3 Show

MR.mb。

2 打开渲染器🎬将渲染器中的 Render Using 设为 Mental Ray。

3 开启 Final Gathering，使用默认设置（图 7-16）进行渲染，效果如图 7-17 所示。

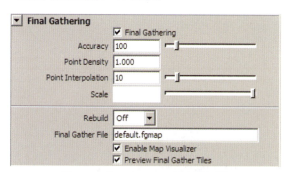

图7-16　Final Gathering的属性设置

图7-17　默认设置渲染效果

2）灯光设置

本场景中的灯光参照了摄影用光，使得场景的光线更接近真实，主要光源放到侧面，来体现物体的立体感，辅助灯光在多角度布光，这样才能使物体更亮，灯光的打法及设置具体如下。

1 创建一盏聚光灯，命名为spotLight1，具体位置如图7-18所示。

这盏聚光灯设置强度为15000，Decay Rate（衰减）为Quadratic。使用光线追踪阴影，作为场景的左侧主灯，如图7-19所示。

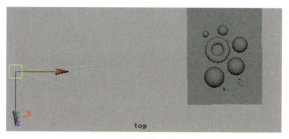

（a）顶视图

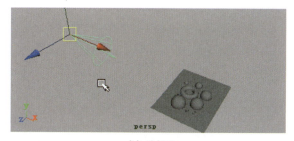

（b）透视图

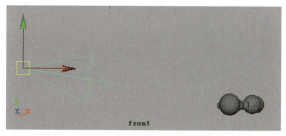

（c）前视图

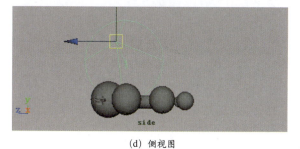

（d）侧视图

图7-18　聚光灯1的位置

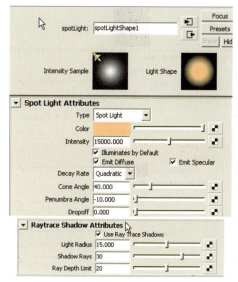

图7-19　聚光灯1的属性设置

2 再创建一盏面光源，命名为 areaLight1。模拟柔光箱效果，作为顶光。具体位置如图 7-20 所示。

Maya材质

（a）顶视图

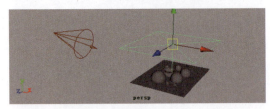

（b）透视图

（c）前视图

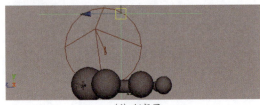

（d）侧视图

图7-20　面光源的位置

修改这盏面光源的强度为 0.013 并打开阴影，具体设置如图 7-21 所示。

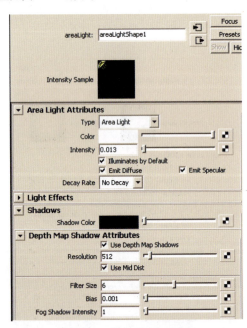

图7-21　面光源的属性设置

3 创建一盏聚光灯，命名为 spotLight2，灯光颜色为红色，打出暖色灯光为模型补光，具体位置如图 7-22 所示。

（a）顶视图

（b）透视图

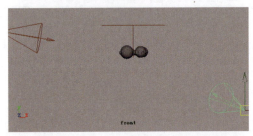

（c）前视图

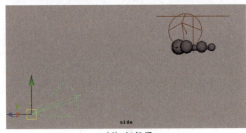

（d）侧视图

图7-22　聚光灯2的位置

这盏灯光的灯光颜色为红色，强度为 0.6。具体设置如图 7-23 所示。

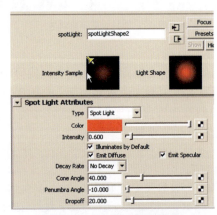

图7-23　聚光灯2的属性设置

4 再创建一盏聚光灯，命名为 spotLight3，灯光取暖色打出亮部的细节。具体位置如图 7-24 所示。

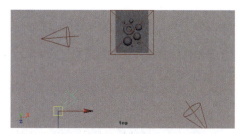

（a）顶视图

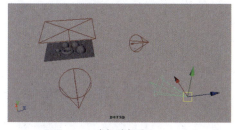

（b）透视图

（c）前视图

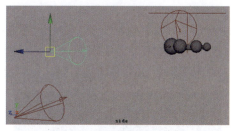

（d）侧视图

图7-24　聚光灯3的位置

这盏灯光采用暖黄色的灯光颜色，灯光的强度为 0.7。具体设置如图 7-25 所示。

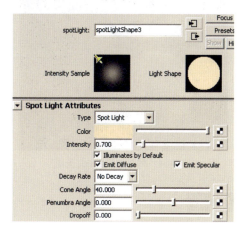

图7-25　聚光灯3的属性设置

5 再创建一盏聚光灯，命名为 spotLight4，灯光取暖色打出背面亮部细节。具体位置如图 7-26 所示。

（a）顶视图

（b）透视图

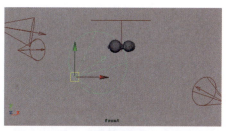

（c）前视图

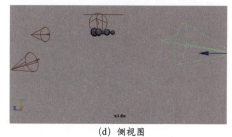

（d）侧视图

图7-26　聚光灯4的位置

这盏灯光的颜色为浅橘红色，灯光强度为 1。具体属性设置如图 7-27 所示。

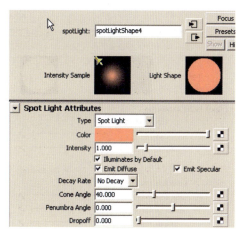

图7-27　聚光灯4的属性设置

6 再创建一盏聚光灯，命名为 spotLight5，灯光取暖色打出背面亮部细节。具体位置如图 7-28 所示。

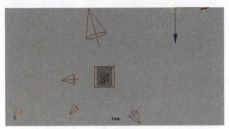

(a) 顶视图

(b) 透视图

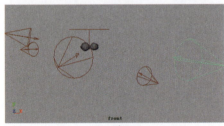

(c) 前视图

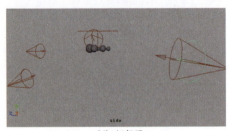

(d) 侧视图

图7-28　聚光灯5的位置

这盏灯光的颜色也是暖黄色的，强度为 0.4。具体属性设置如图 7-29 所示。

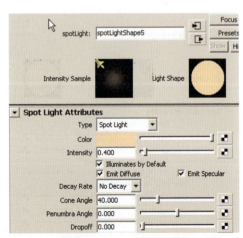

图7-29　聚光灯5的属性设置

7 使用 Mental Ray 的 Final Gathering 的默认设置渲染，效果如图 7-30 所示。可以看出，开启 Final Gathering 时地面上出现了模型反射回来的微弱的光，不太明显，待把材质赋予这些模型后效果就明显了。

图7-30　Final Gathering开启渲染效果

3）材质设置

分别为每一个模型赋予 Blinn 材质，由于这个案例中的物体没有特殊的纹理效果，因此只设置材质的基本颜色即可，不需要其他质感，要体现的是灯光和渲染。最终材质效果如图 7-31 所示。

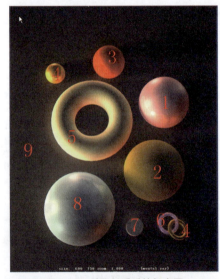

图7-31　赋予材质后的灯光图

提　示

图 7-31 中的编号与图 7-32 中的编号相对应。

各材质球颜色设置如图7-32所示。

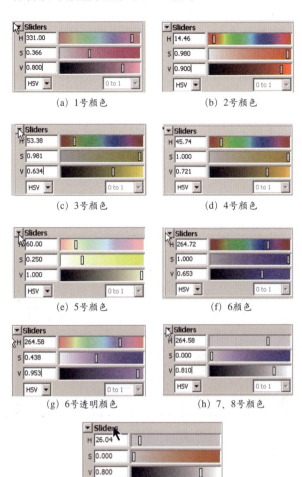

(a) 1号颜色   (b) 2号颜色

(c) 3号颜色   (d) 4号颜色

(e) 5号颜色   (f) 6颜色

(g) 6号透明颜色   (h) 7、8号颜色

(i) 9号颜色

图7-32 材质球颜色设置

4）通过材质球控制Final Gathering（最终聚集）效果

在材质属性的 mental ray 选项卡中，有个 Irradiance Color（发光颜色）属性，是用于控制物体是否接受 Final Gathering 的影响的，默认是白色，代表完全接受 Final Gathering 的影响，如图 7-33 所示。

图7-33 完全接受Final Gathering的影响

现在看看这个选项有什么用。虽然物体颜色已经反射到地面了，但并不强烈，那么可以让它们更明显些吗？Irradiance Color 的 V 值为 1 时渲染的效果如图 7-34 所示。

选择地面，进入它的材质属性的 mental ray 选项卡里面，更改 Irradiance Color 里的 V 值，想要反射效果更明显就把 V 值调高，例如 1.5，渲染后的效果如图 7-35 所示。与图 7-34 对比一下，更改过 V 值以

后 Final Gathering 的影响更加明显了。

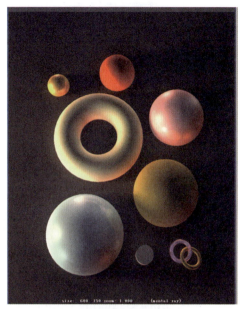

图7-34 反射渲染 V值为1时

图7-35 反射渲染V值为1.5时

图7-35（续）

5）优化Final Gathering场景

默认情况下，Final Gathering Options 里的 Min Radius（最小半径）和 Max Radius（最大半径）都为0，它们决定着光子在场景中的分布。默认情况下是自动检测场景大小并自动分布光子的。

执行 Create → Measure Tools → Distance Tool（测量工具）命令，在顶视图中创建一个测量工具为场景测量，大概会得到38.49，如图 7-36 所示。

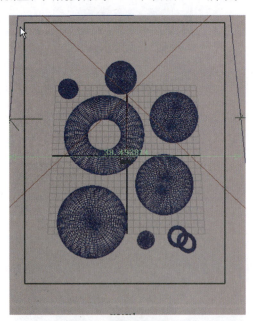

图7-36　测量工具测量场景

📖 **提示**

测量工具的应用方法：选择好测量工具，鼠标在 Maya 界面的一端单击一下，再到 Maya 界面的另一端单击一下，就能将两次单击的中间的距离测算出来。

通常 Max Radius 值是场景大小的10%，Min Radius 是 Max Radius 值的10%，即 Min Radius 是0.38，Max Radius 是 3.8，设置完成后再次渲染理论上来说会减少渲染的时间，在小场景中无法体现，但对于大场景而言，合理地利用光子有利于加快渲染速度。

6）进一步设置材质

调整 Final Gathering 后，下面要为背景设计材质。单色的背景过于平淡，因此这里为地面设计了白色粗糙的底纹。通过环境颜色的影响，它会变得五彩缤纷。

最终的材质球节点网络如图 7-37 所示。

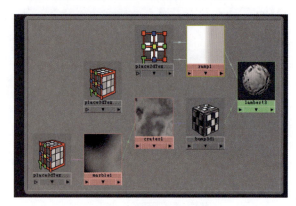

图7-37　材质球节点网络

1 在 Hypershade（材质编辑器）里创建一个 Crater3D 程序纹理和一个 Marble3D 程序纹理，将 Marble3D 连接到 Crater3D 属性的 Channel 上，将 Crater 连接到 lambert3 材质的 Bump 贴图上，Bump 贴图的属性连接如图 7-38 所示。

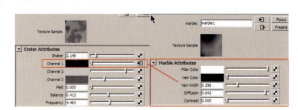

图7-38　Bump贴图属性连接

2 创建一个 Ramp 连接到 lambert3 材质的 Color 属性上，Ramp 的颜色如图 7-39 所示。

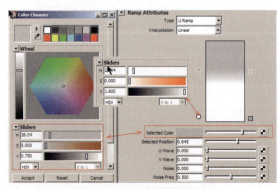

图7-39　Ramp节点颜色设置

234

Maya材质

3 进行渲染得到如图 7-40 所示的效果。

图7-40 渲染效果

7）灯光阴影设置

通过图 7-40，可以看到渲染效果过亮了，阴影细节没有了，下面要进行灯光排除的操作，以加强阴影。

1 在 Maya 中打开灯光连接表 Windows→Relationship Editors→Light Linking→Light-Centric 进行排除，将 spotLight1、spotLight2、spotLight3 灯光与模型 food_part_01 断开连接，如图 7-41 所示。

图7-41 灯光连接表

📝 **提示**

灯光与模型之间断开照明关系，灯光对模型就不进行照明了。

渲染效果如图 7-42 所示。

2 进行过灯光排除后渲染出的图片可以看到亮部的细节了，阴影也不会因为过亮而失去应有的细节。这样实例就制作完成了，现在把渲染品质设置到产品级，渲染尺寸设置为 1024×1280，渲染效果如图 7-43 所示。

图7-42 制作灯光链接后的渲染效果

图7-43 最终效果

7.2 高动态范围图像（HDRI）

我们在制作角色和道具时，通常会使用一些图片来模拟周围的环境，但是普通的图片格式不能产生足够的层次，使反射出来的效果大打折扣。基于这样的需求，产生了高动态范围图像（High-Dynamic Range Image，HDRI）。HDR 技术诞生于 1994 年，高端的渲染器，例如 Mental Ray、FinalRender、Vray 等，都拥有这一功能。

7.2.1 HDRI 照明

简单说，HDRI 是一种亮度范围非常广的图像，它比其他格式的图像有着更大亮度的数据储存，而且

HDRI 记录亮度的方式与传统的图片不同，不是用非线性的方式将亮度信息压缩到 8bit 或 16bit 的颜色空间内，而是用直接对应的方式记录亮度信息，可以说它记录了图片环境中的照明信息。而一般电脑上使用的都是 RGBA 图像，每一个颜色成分的储存范围都在 0 ～ 255 之间，阿尔法通道也是一样。但实际上一张图片所拥有的像素绝不止 255 位，RGBA 图像只适合在显示器上观看。RGBA 图像无法找到每个像素的能量强度，但这是非常重要的信息。当图像需要在 3D 场景中做光源照明时，就需要这种能量信息。因此可以使用这种带有能量信息的图像来"照亮"场景。有很多 HDRI 文件是以全景图的形式提供的，也可以用它做环境背景来产生反射与折射。

> ⚠️ **注 意**
>
> HDRI 与全景图有本质的区别，全景图指的是包含了 360° 范围场景的普通图像，可以是 JPG、BMP、TGA 格式等，属于 Low-Dynamic Range Radiance Image，它并不带有光照信息。

HDRI 能将图片上的能量值与像素值分别储存，严格地说它是一个真实的环境，像素的储存范围绝对超过 0 ～ 255 的限制。一张普通的 RGBA 图片最多储存 255 个能量值，但一张 HDRI 图片却可以储存 10000 个能量值。由此可知拥有这么高能量值的图片作用于三维场景中用来反射和照明，渲染出的图片就能获得更多细节效果。

所以，在三维制作中，结合 Final Gathering，常将它在有强反光、强折射类物体的场景中作为环境贴图，能够给物体很强烈的反光及照明效果。

HDRI 图片和 JPG 图片的反光效果对比如图 7-44 所示。

(a) HDRI 图片   (b) JPG 图片

图7-44　两种图片格式的对比效果

7.2.2　体验 HDRI 的魅力——制作车漆材质

HDRI 图可以把车漆材质渲染得亮度更高，而且在不用灯光的情况下可以创建更真实的阴影效果，在本案例中不仅使用了 HDRI 图像，还介绍了汽车漆材质的使用方法。

1）创建HDRI照明

HDRI 照明是通过在 Mental Ray 渲染设置的 Environment（环境）设置中添加一张 HDRI 图像实现的，这个图像形成 360° 的立体环境，从而模拟真实环境及光照效果对物体的影响。创建 HDRI 步骤如下。

1 打开随书光盘，\Project\7.2.2 HDRI Car\scenes\ 7.2.2 HDRI Car.ma 文件中的模型已经被赋予了材质。

2 渲染器设置改为 Mental Ray，单击渲染设置最下方的 Environment 选项卡中的 Images Based Lighting 选项后面的 Create 按钮，弹出图片连接面板，指定 HDRI 图，在此面板下方的 Photon Emission 选项卡中勾选 Emit Photons（发射光子）。在全局渲染面板打开 Final Gathering，属性设置如图 7-45 所示。

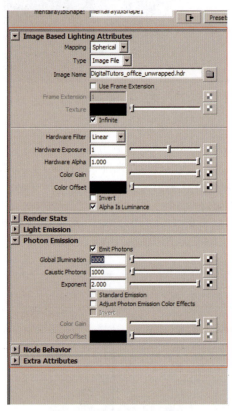

图7-45　Final Gathering设置

3 现在进行测试渲染，HDRI 的效果如图 7-46 所示。场景内没有灯光，渲染设置基本上都是默认设置，仍能渲出如此精细的结果，这就是 HDRI 的强大之处。

图7-46　HDRI渲染效果

Maya材质

4 虽然效果不错，但在车体下方还是会有一些黑灰色的斑点，这是光子数量太少导致的。提高渲染精度，属性设置如图7-47所示。

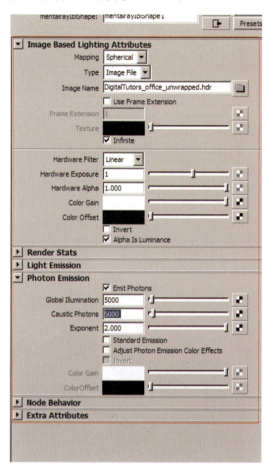

图7-47 渲染精度设置

渲染结果如图7-48所示。刚才的问题此处已经全部解决了。

图7-48 渲染效果

2）制作汽车华丽的外衣

Mental Ray 中有专门的汽车漆材质球，可以用来制作汽车外衣，除此之外它还能制作金属漆质感的物体。

1 选择模型赋予 MR 车漆材质 Mi_car_paint_phen 材质，如图7-49所示。

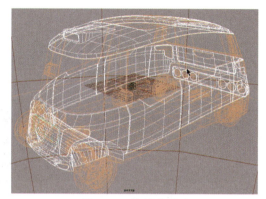

图7-49 选择车体模型

2 材质属性属性设置，在这主要更改的是车漆的颜色和高光、斑点的属性，如图7-50所示。

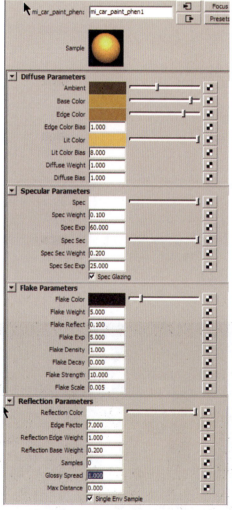

图7-50 Mi_car_paint_phen属性设置

3）最终渲染设置

1 模型已经被赋予 Mental Ray 车漆材质 mi_car_paint_phen，现在进行测试渲染，看看车漆材质的效果，如图7-51所示。可以看到车体有些许颗粒，车体和摄像机角度很正的地方颜色比较暗，反之比较亮，亮点是真实的车漆材质所独有的，它模拟了汽车漆中的碎片效果，亮点调节的好坏是做好车漆材质的关键。

图7-51　渲染效果

2 将渲染质量设置为 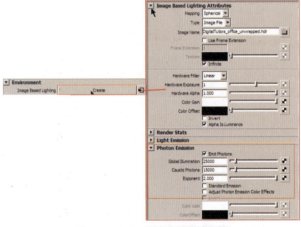（成品级）进行
渲染，然后将 HDRI 图中光子进行设置，如图 7-52 所
示。光线追踪的属性设置和 Final Gathering 的属性设
置如图 7-53 所示。

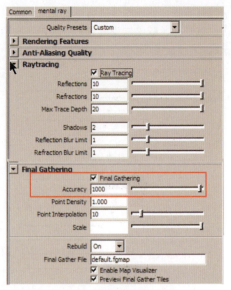

图7-53　成品渲染属性设置

最终渲染效果如图 7-54 所示。

图7-54　最终渲染效果

图7-52　HDRI图中光子属性设置

【作品欣赏】

图7-55　作品欣赏1（完美动力动画教育　曹怡晨临摹作品）

图7-56 作品欣赏2（完美动力动画教育 蔡笑龙临摹作品）

图7-57 作品欣赏3（完美动力动画教育 周彪临摹作品）

对于拥有较强反射、折射属性的物体，运用HDRI照明着实是明智之举，制作如图7-55～图7-57中的这些作品时，如果使用真实的反射效果势必会增加渲染的时间，而如果使用假反射得到的最终效果必然会大打折扣。使用HDRI照明则不仅可以保证反射的品质，还能节约渲染时间，可谓是一举两得。

7.3 焦散

焦散在现实生活中随处可见。例如：光线穿过游泳池的水面并反射到游泳池的墙壁上，由此在墙壁上形成的明亮的光线汇聚就是焦散。再比如，桌面上放着一个透明玻璃杯，光线穿过玻璃杯后在桌面上会形成一个很亮的亮点，这个亮点也是焦散，如图7-58所示。如果用定义来描述，焦散就是由光的折射和反射产生的光线汇聚。那么如何通过Mental Ray渲染出这种效果呢？

图7-58 焦散示意图

7.3.1　制作焦散需要知道的

焦散是一种很容易识别的间接照明效果，其产生的原理其实很简单：间接照明光线（即光子）从光源发射出来后，先经过一次（或多次）Specular（高光）表面反、折射作用，再投射到某个 Diffuse（漫反射）表面上，最后以 Diffuse（漫反射）的形式被摄影机记录下来。此过程中的 Specular（高光）表面被称为"焦散投射物体"，Diffuse（漫反射）表面称为"焦散接收物体"

物理学中的光子指的是光线中携带能量的粒子，是光线辐射能量的最小单位，人所看到的光是由无数的光子组成的。光子具有反射和衰减特性，例如阳光照射到地砖又反射到屋顶，其强度随着反射次数的增加是逐步衰减的。

Mental Ray 中的光子模拟的正是自然界中光子的传递方式。Mental Ray 中的光子不是默认存在的，而是需要通过 Maya 中的灯光作为发射器发射产生。

> **提示**
>
> 光子发射器及光子属性参考 7.1.2 节中焦散和全局光在灯光中的属性。

焦散效果通过计算光子的状态（光子的数量、质量、颜色等信息）产生，焦散强度与对象的透明度和对象与投影表面的距离、光线本身的强度有关。

焦散被运用于很多渲染插件中，但在 Mental Ray 中表现最好。由于它可以计算很精致、准确的光影，所以在建筑、动画、游戏的渲染中都发挥了重要的作用。它可以模仿透明物体、金属等的光泽，所以很多后期视觉特效编辑软件中也嵌入这一制作技术。

7.3.2　焦散的应用——制作戒指

这个例子应用焦散制作戒指，体现的是金属的亮度以及金属对周围环境的影响，完成的最终效果如图 7-59 所示。

图7-59　实例渲染

1 打开随书光盘 \Project\7.3.2 Caustic\scenes\ 7.3.2 Caustic_base。场景中有三枚戒指的模型，基本灯光已经设置好了，灯光是几盏聚光灯（Spot Light），用聚光灯方便控制，有利于达到最佳的光影效果。

2 主光为 spotLight2，打开它的属性面板找到 Shadows 选项卡，看到主光使用了光线追踪阴影，将渲染器设置为 Mental Ray，单击渲染看一下效果，如图 7-60 所示。

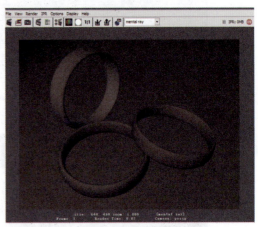

图7-60　渲染效果

3 因为要表现的是焦散效果，所以必须使用 Caustics and Global Illumination 中的焦散（Caustics），我们已经直到使用 Caustics 效果，必须配合灯光发射光子，为了方便控制焦散的范围，需要添加一盏聚光灯（Spot Light），聚光灯（Spot Light）是控制照明区域最方便最直观的灯光。在菜单中找到 Create → Light → Spot Light。

4 从灯光的角度观察物体，调整好范围，回到透视图中，单击渲染，如图 7-61 所示。

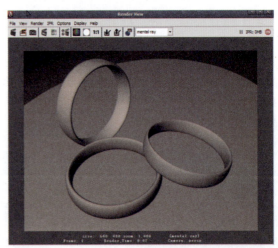

图7-61　渲染效果

5 通过渲染发现光线太亮了，这里需要用 Spot Light 发射光子而不参与照明，所以将聚光灯（Spot Light）的灯光强度设置为 0，取消照亮高光选项勾选。再次渲染便可以得到理想的效果。

Maya材质

2）调节材质质感

现在来设置戒指的材质。首先需要这个戒指模型产生 Caustics 效果，所以要把戒指的材质设定为一种抛光金属材质（一般生活中能产生焦散效果的物体都是有透明或者表面抛光的特性，比如水、玻璃制品、塑料制品、抛光金属等）。

1 新建 Blinn 材质，赋予戒指模型，调节材质的颜色属性如图 7-62 所示。

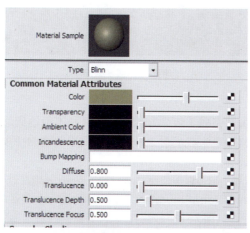

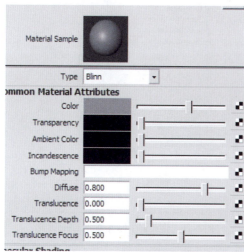

图7-62　Blinn属性设置

单击渲染，如图 7-63 所示。

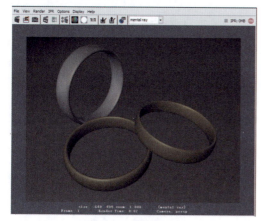

图7-63　材质渲染

2 如图 7-64 所示发现戒指不够明亮，原因是 Diffuse 值太高，光滑表面的物体 Diffuse 值都不高，降低 Diffuse 值会让模型渲染时更加透亮。

图7-64　Diffuse值设置

3 为了把戒指做得更加有光泽，在高光属性中添加颜色倾向，并且调整相应的高光属性和反射属性，如图 7-65、图 7-66 所示。

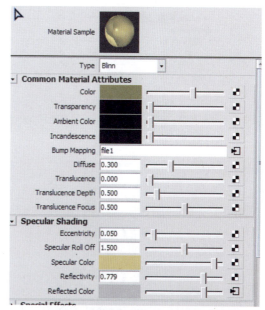

图7-65　金色环的高光属性和反射属性设置

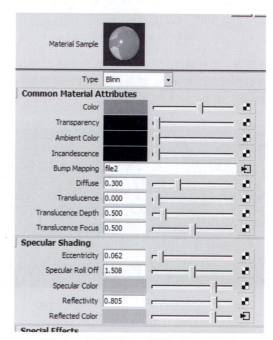

图7-66　银色环的高光属性和反射属性设置

4 为了更好地体现戒指上的光晕效果，在材质球的 Reflected Color（反射颜色）属性中，添加一个渐变属性来模拟，如图 7-67 所示。

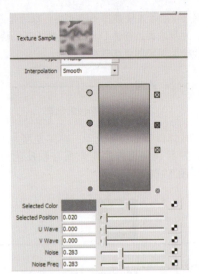

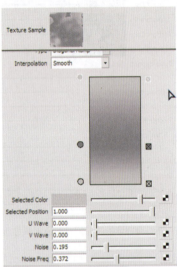

图7-67　渐变属性设置

5 在戒指上添加雕刻文字的效果，首先要在 Photoshop 中制作出一张文字图，然后把其连接在材质球的凹凸属性上，如图 7-68 所示。

图7-68　文字图片及凹凸属性设置

6 渲染看一下现在的效果，如图7-69所示。可以看到现在的效果并不真实，缺乏反射。

图7-69　渲染效果

3）设置光子及渲染属性

虽然完成了灯光和质感，但是还不能达到想要的效果，接下来我们就来制作本案例中关键的一步——焦散效果。

1 在渲染器设置中勾选 Final Gathering 选项及 Caustic and Global Illumination 中的 Caustics 选项，如图 7-70、图 7-71 所示。

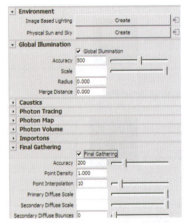

图7-70　渲染器中Final Gathering设置

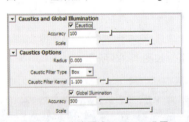

图7-71　渲染器中Caustics设置

2 选择 Spot Light 打开属性面板中的 Mental Ray 选项卡，勾选 Caustic and Global Illumination 中的 Emit Photons（发射光子）选项，如图 7-72 所示。

图7-72　Spot Light属性设置

3 要记住的是一定要开启渲染设置中的光线追踪属性，如图7-73所示。

4 再次进行渲染，最终效果如图7-74所示。

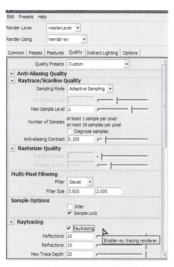

图7-73　光线追踪设置

图7-74　最终渲染效果

【作品欣赏】

图7-75　作品欣赏1（完美动力动画教育　吴兰兰临摹作品）

图7-76　作品欣赏2（完美动力动画教育　祝昕璞临摹作品）

7.4　Mental Ray建筑全局照明的应用

在制作建筑的时候，如果使用 Maya 默认的渲染器，通常要用大量的灯光来体现自然光照的效果，尽管如此还是达不到我们想要的过渡效果，往往看起来光线不均匀，使用 Mental Ray 的全局照明，可以简单快速地实现理想的效果。

7.4.1　全局照明介绍

全局照明是三维动画制作软件特有的一种灯光照明方式。在现实世界中，光线从一个曲面反弹到另一个曲面，可以使阴影变得柔和，由此带来的间接照明也比直接照明更加均匀。Mental Ray 的全局照明就是通过计算光子在场景中的反弹，来实现真实光线照射下物体产生的阴影以及物体表面的漫反射效果。

全局照明使用的光子与焦散效果使用的光子相同，计算原理也相似，都是光线照射到物体后通过漫反射、模糊反射、镜面反射等形式对物体进行照亮，这种照明方式统称为间接照明。

> **提　示**
>
> Maya 的 Software（软件渲染器）渲染灯光时不计算光线的反弹效果，通常使用灯光阵列的方式来实现全局照明效果（详见 1.2.6 节 GI ——灯光阵列模拟全局光照）。

7.4.2　全局照明的应用——制作室内场景

这个案例中通过大量的光子反射来模拟太阳光的效果，实现全局照明。最终渲染效果如图 7-77 所示。

图7-77　最终渲染效果

1）创建灯光

1 打开随书光盘 \Project\7.4.2 GI \scenes\7.4.2 GI_base。这是一个室内场景，主光源从窗户和门照进屋子，屋内

没有任何灯光照明，所以 GI 的作用将得到最大的发挥。

2 设置一个主光源，一盏平行光，灯光强度为 1.5，阴影采用光线追踪，再创建一盏面积光源作为光子发射器，放在窗户和门的位置上，灯光强度设置为 0 不参与照明，如图 7-78 所示。

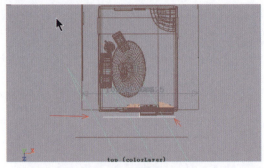

（a）顶视图

（b）透视图

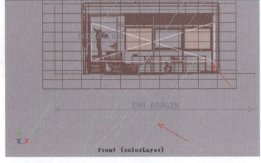

（c）前视图

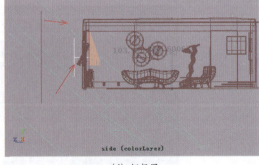

（d）侧视图

图7-78　设置光源

3 在 Mental Ray 的渲染器选项卡 Caustics and Global Illumination 中勾选 Global Illumination，属性设置使用默认值，在灯光属性上勾选 Emit Photons（发射光子）选项，属性设置为默认，渲染效果如图 7-79 所示。

图7-79　渲染效果

2）设置光子

默认设置的光子数量和强度还有全局光照的精细度都没有达到要求，因此需要调整光子的融合。

1 在渲染器中打开光子体积的属性设置，修改光照范围为1.3，将全局光照精细度调整为128。这样是为了渲染出来的效果更好而设定的，如图7-80所示。

图7-80　渲染器属性设置

2 在灯光属性中将光子的 Photon Intensity 设置为1000000，如图7-81所示。

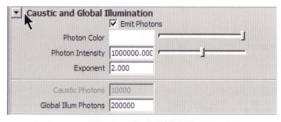

图7-81　灯光属性设置

3 展开 Final Gathering Options 的属性窗口，更改 Max Radius 数值为30，更改 Min Radius 数值为3，更改 Reflections 值为4，更改 Refractions 值为4，更改 Max Trace Depth 值为4，如图7-82所示。测试渲染，如图7-83所示。

4 经过设置室内的光子没有了颗粒感，这是 Final Gathering 融合效果的作用。此时发射的光子和强度值已经很高了，但室内的亮度还是不够，调节 Exponent 参数，此数值越小越亮，可以改变光子亮度又不会增加渲染时间，属性设置如图7-84所示。

5 渲染场景，发现房间内的照明在没有增加光子强度的情况下被提亮了，如图7-85所示，这样的方法不但达到了效果还节约了时间。

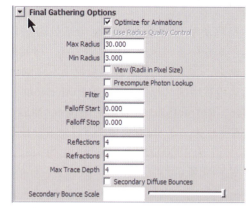

图7-82　Final Gathering Options参数设置

图7-83　测试渲染

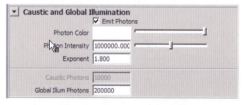

图7-84　Exponent参数设置

图7-85　渲染效果

3）最终渲染设置

在最终渲染设置之前，还要为场景添加材质效果，鉴于本案例重点讲解全局照明方法，材质制作方法此处略去，在随书光盘的视频教程中有详细讲解。

渲染设置中的 Ray Tracing 的 Reflections 反射值更改为 6，Refractions 折射值更改为 6，Max Trace Depth 值更改为 12，Shadow 值为 5，光子参数 Photon Intensity 值为 1000000，exponent 值为 1.8，如图 7-86、图 7-87 所示。

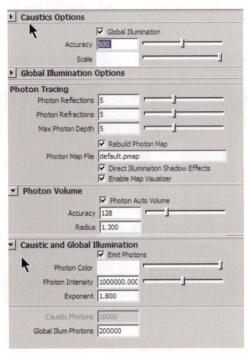

（a）渲染属性设置

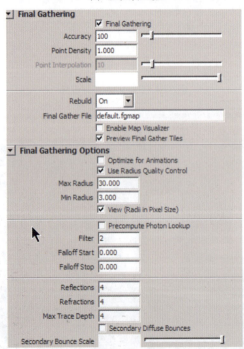

（b）光子属性设置

图7-86　渲染设置和光子属性设置

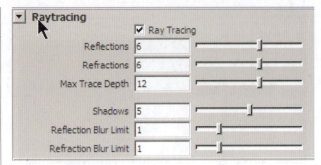

图7-87　Ray Tracing渲染属性设置

渲染效果如图 7-88 所示。

图7-88　渲染效果

赋予材质的场景还是有些暗，调节光子参数 Exponent 为 1.65，再次渲染如图 7-89 所示。

图7-89　最终效果

图7-90 作品欣赏1（完美动力动画教育 赵鹤临摹作品）

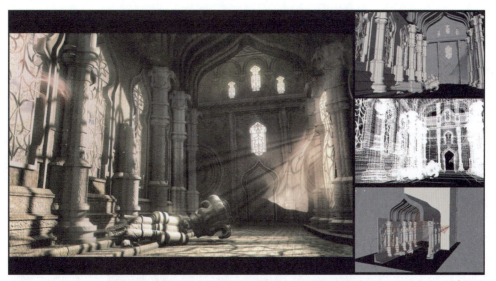

图7-91 作品欣赏2（完美动力动画教育 刘昆杰临摹作品）

图7-92 作品欣赏3（完美动力动画教育 高兴临摹作品）

全局照明实际模拟的是现实中的自然光，如图 7-90～图 7-92 作品中的效果，全局照明能使阴影更加柔和、自然。

7.5 次表面散射（SSS）

在真实世界中，许多物体是半透明的，比如皮肤、果汁、玉、蜡、大理石、牛奶等。这些半透明的材质受到数个光源的透射，物体本身就会受到材质的厚度影响显示出不同的透光性，光线在这些透射部分也可以互相混合、干涉。说得简单一些就是：光射进入表面，在材质里散射，然后从与射入点不同的地方射出表面，例如：用手电筒照射手心，在手背可以看到透射过来柔和的光线。

在生产中制作上述半透明物体，效果很难出来，Maya 的默认渲染器只能通过 Sampler Info 节点和 Ramp 提取边缘亮度，并添加环境色来模拟这种效果，但是很不理想，现在在 Mental Ray 中使用 SSS 节点就可以完美地解决这个问题了。

SSS 是 Subsurface Scattering 的缩写。赋予 SSS 材质的物体允许光线穿透它们，在逆光和侧光的时候，可以模糊地看到物体内部。

SSS 使照明的整体效果变得柔和，一个区域的光线会渗透到表面的周围区域，而小的表面细节就看不清了。光线穿入物体越深，衰减和散射得越严重。以皮肤为例，在照亮区到阴影区的衔接处，散射往往会引起微弱的倾向红色的颜色偏移，这是由于光线照亮表皮并进入皮肤，接着被皮下血管和组织散射和吸收，然后从阴影部分离开。散射效果在皮肤薄的部位比较明显，比如鼻孔和耳朵的周围。

下面以为一只手添加 SSS 材质为例，讲解 SSS 的应用。这里面使用的是几个节点，每个节点都有自己的作用，将其组合才能够完成整个手的制作，这里还要强调的是 SSS 效果出现的必要条件是模型后面有灯光的照射。

1 打开场景：光盘\Project\7.5 SSS\scenes\7.5 SSS_base，场景中是一只手的模型。

2 在 SSS 的材质球的 Lightmap 属性上单击鼠标左键，系统会自动创建一个 Mentalray Texture 文件，在属性后面的箭头单击进去，勾选 Writable 选项。详细设置如图 7-93～图 7-96 所示。

3 在 Hypershade 中选择 misss_fast_skin 的材质组，进入它的属性面板中，在 Custom Shaders 下找到 Light map Shader，在上面单击鼠标左键，在节点面板中选择 misss_fast_lmap_maya 节点，如图 7-97 所示。

Maya材质

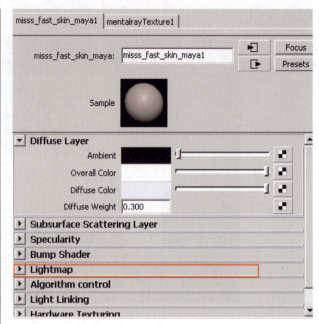

图7-93　Lightmap的位置

图7-94　连接贴图修改属性

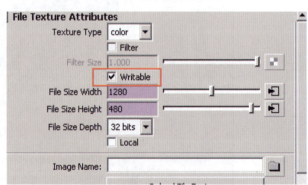

图7-95　创建一个Mentalray Texture

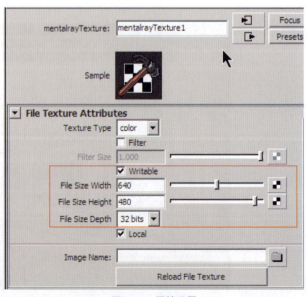

图7-96　属性设置

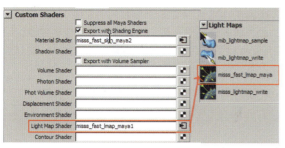

图7-97 选择节点

4 在 Hypershade 中选择 misss_fast_lmap_maya 节点，将前面设置好的 Mentalray Texture 节点用鼠标中键拖动给 misss_fast_lmap_maya 节点的 Light map 属性，如图 7-98 所示。

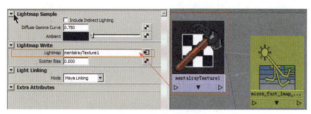

图7-98 连接节点

完成后的节点网络如图 7-99 所示。

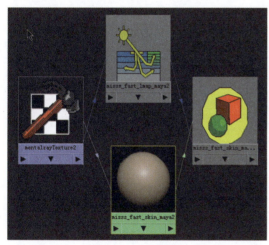

图7-99 节点网络

5 将连接好的 misss_fast_skin 材质赋予手的模型，然后在手的正面和背面各创建两盏点光源，光源位置以及属性设置如图 7-100、图 7-101 所示。

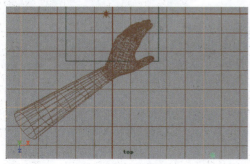

（a）顶视图

图7-100 光源位置

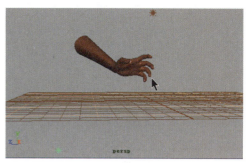

（b）透视图

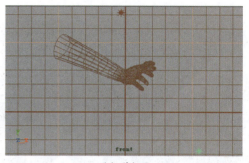

（c）前视图

（d）侧视图

图7-100（续）

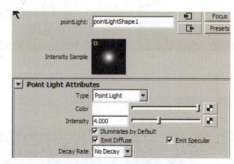

（a）光源1属性设置

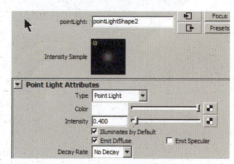

（b）光源2属性设置

图7-101 光源属性设置

⚠ 注　意

Maya 2008 以前的版本需要手动连接 SSS 节点，在 Maya2008 中创建 misss_fast_skin 材质时会自动连接 misss_fast_lmap_maya 节点和 Mentalray Texture 节点。

设置完成后测试渲染，如图 7-102 所示。

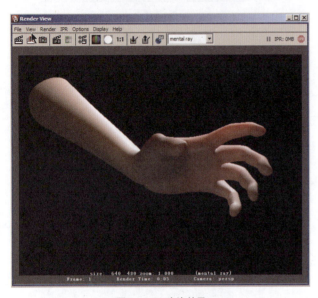

图7-102　渲染效果

6 由图 7-102 可以看出 SSS 材质的效果了，但是皮肤的颜色和纹理不够真实，现在来制作皮肤的纹理，回到 Maya 材质节点创建列表，创建 Cloud 节点，具体属性设置如图 7-103 所示。

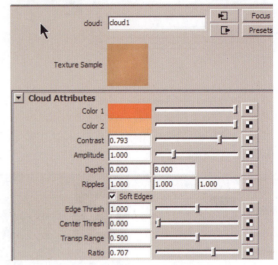

图7-103　Cloud节点属性设置

7 将 Cloud 节点连接到 misss_fast_skin 材质的 Epidermal Scatter Color（表皮颜色）上，如图 7-104 所示。
渲染效果，如图 7-105 所示。
对表皮颜色进行修改后，渲染结果更加接近真实了，提高渲染品质进行最终效果的渲染，如图 7-106 所示。

图7-104　材质节点连接方式

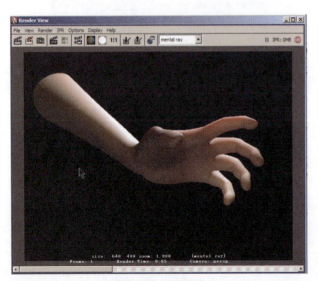

图7-105　渲染效果

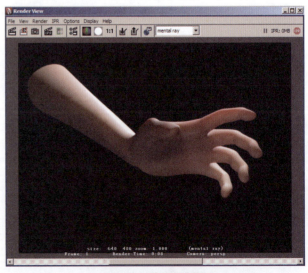

图7-106　最终渲染效果

图7-107　作品欣赏1（完美动动画教育　冯航临摹作品）

图7-108　作品欣赏2（完美动力动画教育　黄鹤临摹作品）

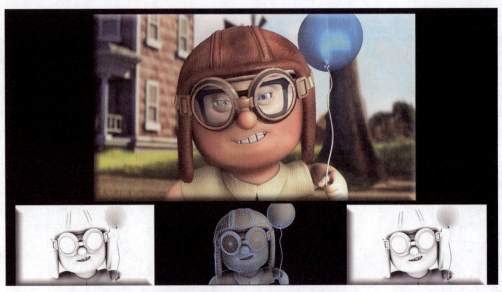

图7-109 作品欣赏3（完美动力动画教育 曹甡临摹作品）

SSS效果在角色皮肤中的应用是较为普遍的，它可以使角色看起来更圆润。除此之外SSS还可以应用到类似于皮肤半透明效果的物品中，例如：蜡烛、硅胶制品、翡翠等。

7.6 本章小结

（1）Mental Ray常用材质球及其适合制作的质感见表7-1。

表7-1 Mental Ray常用材质球及其适合制作的质感

材质球名称	适合制作的质感
dgs_material	常用来做镜子、有光亮的油漆或金属表面、闪亮的塑料
dielectric_material	用来模拟类似于玻璃、水和其他液体的材质
mib_glossy_reflection	常用来制作带有光滑的反射效果。如金色、大理石等
mib_glossy_refraction	常用来制作带有光滑的折射效果。如水、玻璃等
mi_car_paint_phen	专门为模拟车漆材质而设立的
misss_fast_skin_maya	专门模拟皮肤和玉石等带有次表面散射的物质

（2）Mental Ray插件第一次使用需要在Plug-in Manager中加载。

（3）在三维制作中，常将HDRI图像作为有强反光、强折射类物体的场景的环境贴图，能够给物体很强烈的反光及照明效果。

（4）使用灯光作为光子发射器时，灯光强度并不影响光子，强度值为0或者10时都不会影响光子。

（5）全局光照明就是发射光子到物体并反射到另一个物体，不停地反射和衰减，它模拟光的反射和衰减效果。

（6）制作SSS节点时，在Maya 2008中创建misss_fast_skin材质时会自动连接misss_fast_lmap_maya节点和Mentalray Texture节点，这是一个快捷方法。

7.7 课后练习

观察图7-110，制作这个幻想的作品（模型文件光盘位置：Project\7.7 Homework\scenes\7.7 Homework_base），制作时注意如下方面：

（1）通过光的明暗变化营造空间感。

（2）色调统一但是要有变化。

图7-110 幻想

7.8 作业点评

图 7-111 的作品在如下方面完成得比较精彩：

（1）整个画面颜色亮丽，贴图细腻、清晰。

（2）使用 Mental Ray 渲染，质感明确，灯光效果与背景相融合。

图7-111 稻草人（完美动力动画教育 姚辉临摹作品）

图 7-112 的作品完成得比较失败，具体表现为：

（1）整个画面过于平淡，构图很突兀，贴图不清晰，灯光效果不明显。

（2）模型比例不正常，玻璃效果不突出，贴图效果拉伸。

（3）反射效果没做到位，玻璃的质感没有出来。

图7-112　室内作品

8

少走弯路——
初学者常见
问题归纳

Maya 的材质灯光制作是一个系统且复杂的过程，通过前面章节的学习，相信读者对材质灯光已经有了比较全面的了解。尽管如此，对于初学者来说，还是容易遇到一些常识性的问题，这些问题会对你的学习产生困扰，甚至打击你学习的信心。为了使读者少走弯路，我们结合多年的工作及教学经验，从灯光、材质、贴图、渲染四方面对初学者容易碰到的问题进行归纳，分别指出现象、分析原因并给出解决的办法。

8.1 灯光部分常见问题及技巧

问题 1：使用光线追踪阴影，渲染时却没有阴影效果。

【现象】 当场景灯光使用光线追踪阴影（Raytrace Shadow）时，渲染后没有阴影效果。

【分析】 由于光线追踪阴影是基于光线追踪算法的，渲染器的光线追踪选项相当于一个开关，只有打开开关才能有相应的效果。

【解决办法】 打开渲染器的光线追踪设置（Ray-tracing Quality）的 Raytracing 选项。前后效果对比如图 8-1 所示。

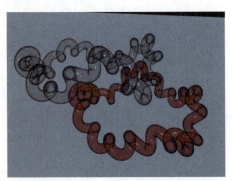

(a) 不打开光线追踪设置

(b) 打开光线追踪设置

图8-1　光线追踪阴影对比

问题 2：灯光具有穿透性。

【现象】 细心的读者在制作灯光时会发现，灯光不打开阴影对场景照明时，灯光具有穿透性，现实中物体和物体之间的遮挡没有体现出来。

【分析】 这是 Maya 灯光的特点之一，没有阴影

的灯光会默认照亮其照射范围内的物体。

【解决方法】 在灯光属性中，打开灯光阴影的属性，灯光有了墙壁的遮挡，即可解决光线穿透物体的问题。前后效果对比如图 8-2 所示。

(a) 不打开阴影的光照效果（窗外一盏点光源）

(b) 打开阴影的光照效果（窗外一盏点光源）

图8-2　灯光阴影对比

问题 3：文件体积很大，操作过程中容易崩溃。

【现象】 初学者使用 Maya 制作材质时，文件容易越做越大，轻则使文件体积变大，重则文件崩溃无法打开。

【分析】 这是由于初学者使用 Maya 制作作品时，多数习惯从头做到尾，期间不会太注意清理场景中的历史和废节点，当场景越做越大时，这些垃圾文件也会越积越多。

【解决方法】 为了避免这种情况，可以在保存文件前先清理不必要的灯光链接信息，并删除场景的构造历史。使用 File → Optimize Scene Size（自动优化场景）命令即可，这样不但可以使场景文件的出错率降低，而且还能给文件瘦身。

技巧 1 使用灯光视角观察场景可以提高灯光制作效率

调整有方向的灯光时，例如 Directional Light（平行光）、Spot Light（聚光灯）、Area Light（面光源），如果用移动、旋转、缩放的方式来控制灯光的方向和照射范围，需要借助四视图来精确控制，比较麻烦，而使用 Panels → Look Through Selected（通过所选物体视角观察场景）来调整灯光的方向和距离，可以大大提高制作灯光的工作效率。

技巧2 带有目的性并按照顺序制作灯光，会让你保持清晰的制作思路

不论制作场景灯光还是角色灯光都要目的明确，制作初期使用不带有颜色的灯光，一盏做好再做下一盏，这样会更容易控制。给灯光命名也是管理灯光的好方式，制作好整个场景的黑白灰（明暗）关系后，再给需要的灯光赋予颜色并调节整体的光影气氛。

8.2 材质部分常见问题

问题1：制作透明材质时，渲染出的颜色与属性设置的颜色不符。

【现象】 制作透明材质时，为材质球的Transparent（透明）属性调节颜色，渲染结果却和设置的颜色相反。

【分析】 这是由于材质球的Color（颜色）属性为灰色，当材质球的Color（颜色）属性及Transparent（透明）属性被设置了不同颜色后渲染结果就会出现一定的偏差。

【解决办法】

办法1 将Color（颜色）属性和Transparent（透明）属性设置为相同的颜色。

办法2 将Color（颜色）属性设置为黑色，这样渲染的结果就会是透明的颜色了。

【结论】 使用透明颜色来控制物体整体颜色时，要设置材质球Color属性为黑色，即V=0。否则渲染结果为透明颜色的补色或其他颜色。材质球的颜色属性对透明材质的影响如图8-3所示。

(a) 关闭材质球颜色属性

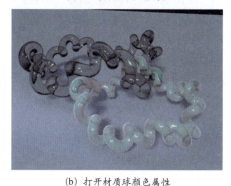

(b) 打开材质球颜色属性

图8-3 材质球的颜色属性对透明材质的影响

问题2：使用带有透明通道的贴图制作材质时无法得到正确的阴影。

【问题】 当案例中的模型是一个面片，需要通过带有透明通道的贴图来映射贴图呈现的图案时（例如：用单一面片制作树叶），却无法得到正确的阴影。

【分析】 这是由于Maya的深度贴图阴影无法识别贴图的透明通道，因此会投射出模型的阴影。

【解决办法】 要得到正确的阴影，需要使用灯光的光线追踪阴影，并需要将材质球光线追踪（Raytrace Options）属性中的Shadow Attenuation属性设置为0。前后效果对比如图8-4所示。

(a) Shadow Attenuation属性为0.5

(b) Shadow Attenuation属性为0

图8-4 特殊阴影效果处理

问题3：制作玻璃材质时，模型的层数太多导致渲染结果偏暗。

【现象】 在制作玻璃材质或其他透明物体时，我们需要使用渲染器的光线追踪算法来计算玻璃效果的反射和折射。通常制作玻璃材质的模型都是两层的，如果遇到特殊情况模型的层数很多，在使用光线跟踪渲染折射效果时，就会导致渲染结果偏暗。

【分析】 玻璃材质的最终效果除了与材质属性、渲染器算法有关之外，还跟模型有密切关系，产生这种现象是由于模型的层数超出了光线跟踪所计算的折射次数，导致光线无法穿透模型从而不能得到正确的折射效果。

【解决办法】 在Reader Setting（渲染器设置）的Raytracing Quality（光线追踪选项）中有一个Refraction

（折射次数）属性，设置这个属性的数值大于模型的层数即可，通常渲染玻璃效果，渲染器的折射次数设到 6 以上。光线追踪折射次数对效果的影响如图 8-5 所示。

(a) 折射次数大于模型层数

(b) 折射次数小于模型层数

图8-5　光线追踪折射次数对效果的影响

【结论】　使用光线追踪计算折射效果时，Refractions（折射次数）要大于模型的层数。

8.3　贴图部分常见问题及技巧

问题 1：Mental Ray 渲染器使用贴图控制透明属性时，渲染结果错误。

【现象】　使用 Mental Ray 渲染器渲染透明物体时（使用贴图控制透明属性），在渲染属性默认情况下，渲染结果并不正确，需要透明的区域不透明。

【分析】　这是由 Mental Ray 渲染器无法识别贴图的透明通道所导致的。

【解决办法】　将 File（透明贴图文件）属性下的 Color Balance（色彩平衡）中的 Alpha Is Luminance（Alpha 取决于亮度）选项勾选。

问题 2：Maya 文件复制到其他计算机，打开后贴图丢失。

【现象】　在本机制作的材质文件，保存后在其他计算机上打开，会出现贴图丢失的情况。

【分析】　由于贴图的文件属于 Maya 的外部素材，与 Maya 节点连接时都会有各自的贴图路径信息，这

些信息在保存文件时会保存到 Maya 节点中。如果这个文件复制到其他计算机上，由于两台计算机上的贴图路径信息不同或者另一台计算机上根本就没有这些贴图，则会出现贴图丢失的情况。

【解决方法】　要想顺利地在其他计算机上打开制作好的场景或角色文件，最好把带有贴图的场景文件，放在一个工程目录里。将贴图文件统一存放在工程目录下的 sourceimages 文件夹下。复制整个工程目录到其他电脑，这样文件的相对路径不会改变，也就不会丢失贴图文件。

技巧 1　如果使用 Mental Ray 渲染器渲染时，因不支持的贴图文件格式而出错，可以通过查看报错信息将出错的贴图格式更换为 JPEG 格式。

技巧 2　透明贴图的透明原理——黑透白不透，在 Maya 内部节点调节透明时刚好相反——白透黑不透，原理在于 Maya 中黑色为 0、白色为 1，在 Maya 中很多选项的开关就是 0 和 1，也就是 off 和 on。

技巧 3　要有计划地设置物体输出 UV 的分辨率大小，这样方便贴图的绘制并能保证渲染精度。

技巧 4　使用带有 Alpha 通道格式（TGA、TIFF、PNG、IFF 等）的贴图时，在材质球上给 Color（颜色）属性赋予该贴图，那么 Maya 会自动将贴图的 Alpha 信息连接到材质球的 Transparency（透明）属性上。如果不需要连接透明属性，也可以手动将透明属性的链接断开，或者在材质编辑器里面手动连接单一属性。

8.4　渲染部分常见问题及技巧

问题 1：渲染结果无法得到反射和折射的效果。

【现象】　在渲染反射和折射效果时，在材质球选项中设置了 Raytracing Quality（光线追踪）属性，渲染结果却无法得到反射和折射的效果。

【分析】　原因是此效果是基于渲染器的光线追踪算法的，只设置材质球的 Raytracing Quality（光线追踪）属性，而不打开渲染器的光线追踪选项，必然无法得到反射和折射的效果。

【解决办法】　打开渲染器的 Raytracing Quality（光线追踪）选项。

问题 2：渲染后发现摄像机角度不正确。

【现象】　在渲染场景时经常会发现渲染出的摄像机角度不正确。

【分析】　原因是单击渲染按钮后，渲染器默认渲染是当前操作视图的摄像机。

【解决办法】　发现渲染有误时首先按【Esc】键取消渲染，然后按照以下两种方法设置。

方法 1 将当前视图切换到你想要渲染的摄像机视图。

方法 2 在 Render View(渲染窗口)中单击右键选择 render → render → (需要渲染的摄像机)指定想要渲染的摄像机。

问题 3：图片出现锯齿。

【现象】 在渲染的过程中,图片上会出现小的锯齿。

【分析】 因为渲染器在没有设置之前,都是低质量的渲染,以保证渲染的速度。

【解决办法】 渲染器设置中,Multi-Pixel Filtering (抗锯齿选项)有 5 种过滤方式,可根据不同的需要(画面锯齿的模糊或清晰)进行设置。

技巧 1 巧用 IPR(实时渲染更新)。

在制作灯光或者材质时,使用 IPR(实时渲染更新)方式可以实时地看到修改后的渲染效果,很方便也很实用,但也有需要注意的地方:使用 Maya Software 渲染器时,打开 Raytracing Quality(光线追踪选项),IPR(实时渲染更新)方式无法正常使用,所以这时最好使用阴影贴图,等调节好效果后,再换成光线追踪阴影并正常渲染。使用 Mental Ray 渲染器时,打开 Raytracing Quality(光线追踪选项),IPR(实时渲染更新)方式可以正常使用。

技巧 2 使用渲染窗口中的 Snapshot(快照功能),可以快速定位渲染区域并确定渲染摄像机。

技巧 3 在操作 Maya 时如果遇到内存溢出警告,导致无法渲染,可以重启 Maya 程序并关闭不需要的程序,以释放虚拟内存。

技巧 4 如果遇到不能正常渲染时(各种设置均无问题),可以尝试将场景另存为"再渲染"一般就会解决问题。

技巧 5 在渲染窗口中使用 render region(区域渲染功能),只渲染框选的区域,可以提高制作效率,减少渲染时间。

技巧 6 按【3】键将模型进行圆滑显示,使用 Mental Ray 渲染,渲染后可以使模型保持圆滑后效果,而使用 Maya Software 渲染器渲染,则是圆滑前的效果。

附　录
课程实录其他
分册内容提示

Maya材质

参 考 文 献

1 孙韬，叶南. 解构人体——艺术人体解剖 [M]. 北京：人民美术出版社，2005.

2 萨拉·西蒙伯尔特. 艺用人体解剖 [M]. 徐焰，张燕文，译. 杭州：浙江摄影出版社，2004.

3 李鹏程，王炜. 色彩构成 [M]. 上海：上海人民美术出版社，2006.

4 齐秀芝，李琦，路清. 动画中的表演：奔跑在现实与虚拟间 [J]. 电影评介，2007（17）：22-23.